EUL VERLAG

MITTELSTAND

Herausgegeben von Prof. Dr. Martin Kaschny, Koblenz, Prof. Dr. Michael Kaul, Koblenz, und Prof. Dr. Holger Reinemann, Koblenz

Band 1
Matthias Wolters und Martin Kaschny
Geschäftsprozessmanagement in KMU – Dargestellt anhand der Auftragsabwicklung in der Gebäudetechnik
Lohmar – Köln 2010 ◆ 188 S. ◆ € 48,- (D) ◆ ISBN 978-3-89936-967-0

Band 2
Johannes Alt und Martin Kaschny
Alternative Finanzierungsformen im Mittelstand
Lohmar – Köln 2015 ◆ 216 S. ◆ € 55,- (D) ◆ ISBN 978-3-8441-0422-6

Band 3
Stefan Müller und Martin Kaschny
Innovationsprozesse – Eignung für KMU und Entwicklung eines agilen Innovationsmodells
Siegburg – Köln 2018 ◆ 240 S. ◆ € 60,- (D) ◆ ISBN 978-3-8441-0546-9

JOSEF EUL VERLAG

Reihe: Mittelstand · Band 3

Herausgegeben von Prof. Dr. Martin Kaschny, Koblenz, Prof. Dr. Michael Kaul, Koblenz, und Prof. Dr. Holger Reinemann, Koblenz

Stefan Müller
Prof. Dr. Martin Kaschny

Innovationsprozesse

Eignung für KMU und Entwicklung eines agilen Innovationsmodells

EUL VERLAG

Bibliografische Information der Deutschen Nationalbibliothek

Die Deutsche Nationalbibliothek verzeichnet diese Publikation in der Deutschen Nationalbibliografie; detaillierte bibliografische Daten sind im Internet über <http://dnb.d-nb.de> abrufbar.

ISBN 978-3-8441-0546-9
1. Auflage März 2018

JOSEF EUL VERLAG GmbH
Zeithstr. 356
53721 Siegburg
Tel.: 0 22 05 / 90 10 6-80
Fax: 0 22 05 / 90 10 6-88
E-Mail: info@eul-verlag.de
https://www.eul-verlag.de

Bei der Herstellung unserer Bücher möchten wir die Umwelt schonen. Dieses Buch ist daher auf säurefreiem, 100% chlorfrei gebleichtem, alterungsbeständigem Papier nach DIN 6738 gedruckt.

Inhaltsverzeichnis

Abbildungsverzeichnis

Tabellenverzeichnis

Abkürzungsverzeichnis

AF#	Anforderungsnummer
AG	Auftraggeber
AP#	Arbeitspaketnummer
BCG	Boston Consulting Group
FDD	Feature Driven Development
FMEA	Fehlermöglichkeits- und -einflussanalyse
FS	Flexible Sprinter
IM	Innovation Manager
IT	Innovation Team
k. A.	keine Angaben
KMU	kleine und mittlere Unternehmen
KW	Kapitalwert
LS#	Low-Sprint Nummer
IO	Innovation Owner
PO	Product Owner
ROI	Return on Investment
RPZ	Risiko-Prioritätszahl
RUP	Rational Unified Process
SOTF	Survival-of-the-Fittest
ST	Scrum Team
SL	Sprint Leiter
SM	ScrumMaster
US#	User Story Nummer

1. Zielsetzung und Vorgehensweise

Gegenstand dieses Buches sind die Analyse von Innovationsprozessmodellen und die anschließende Entwicklung eines zeitgemäßen Innovationsmodells, das sich besonders für kleine und mittlere Unternehmen eignet und den Einsatz agiler Methoden berücksichtigt. Dabei wird untersucht, welche aktuellen Modelle zu diesem Zweck herangezogen und welche Methoden und Instrumente unterstützend eingesetzt werden können. Das erste Kapitel beinhaltet hierzu eine allgemeine Hinführung zur Thematik und beschreibt anschließend die Forschungsfrage, die mittels Literaturanalysen und aktueller Studien beantwortet werden soll. Ferner werden der Aufbau und die Vorgehensweise beschrieben.

1.1 Allgemeine Hinführung

Unternehmen befinden sich in einem ständigen wirtschaftlichen Veränderungsprozess und sehen sich immer wieder neuen Herausforderungen gegenübergestellt. Während das Geschäftsumfeld an Komplexität und die Anzahl an kompetenten Mitbewerbern und neuen Technologien im Markt immer weiter zunehmen, wird vermehrt der Wandel innerhalb unternehmerischer Prozesse und Strategien gesucht, um am Markt weiter bestehen zu können. Die daraus resultierenden, instabilen Wettbewerbs- und Marktbedingungen, aber auch immer kürzeren Produktlebenszyklen, die vermehrt mit einer individualisierten Nachfrage einhergehen, erfordern somit mehr denn je eine zeitgemäße Reaktion und Anpassung an die neu gestellten Anforderungen zur Sicherstellung von Wettbewerbsvorteilen.[1] Maßnahmen wie Outsourcing, Downsizing bzw. vollständige Ausschöpfung von Rationalisierungspotentialen[2] erfreuen sich weiterhin großer Beliebtheit und werden trotz ihres negativ behafteten Charakters als Allheilmittel eingesetzt. Jedoch lässt sich in den vergangenen Jahren vermehrt ein Umdenken feststellen. Unternehmen wie Apple, Audi oder LEGO haben bewiesen, dass, wenn trotz effizienter Prozesse und optimierter Kosteneinsparungen der wirtschaftliche Erfolg ausbleibt, der Schritt nur noch in eine Richtung gehen kann: Innovationen[3]. Dieser Umstand wird wie folgt beschrieben:

1 Vgl. Higgins/Wiese: Innovationsmanagement, 1996, S. VII.
2 Vgl. Kriegesmann/Kerka: Innovationskulturen für den Aufbruch zu Neuem, 2007, S. 5 f.
3 Eine hinreichende Begriffserläuterung folgt in Kapitel 2.2.

„Unternehmen in Deutschland müssen intelligente Mittel und Wege finden, um Innovation zu betreiben. Nur so können sie ihre im internationalen Vergleich sehr ehrgeizigen Wachstumsziele erreichen und auf Dauer im globalen Wettbewerb bestehen“ [4]

Das Thema Innovation ist allerdings nicht nur für Großunternehmen oder Konzerne von hoher Relevanz. Auch der deutsche Mittelstand ist stark von diesem steigenden Wettbewerbsdruck betroffen und demzufolge mit den damit einhergehenden Risiken konfrontiert. Der Drang, immer häufiger und schneller neue Ideen in neuen Produkten zu umzusetzen und in den Markt einzuführen, ist dabei mit einem erhöhten Anspruch an die damit verbundenen unternehmerischen Innovationsprozesse verknüpft, die zudem von einer zunehmenden Komplexität geprägt sind.[5] Diese effizient zu managen, stellt eine Herausforderung dar. Häufig unterliegt die Unternehmensleitung kleinerer Marktteilnehmern förmlich den Anforderungen des Alltagsgeschäfts, so das oft keine Freiräume zur effizienten Entwicklung und Verfolgung einer geeigneten Innovationsstrategie möglich ist.[6] Die schnelle Identifikation von Marktrends, das Eingehen auf sich verändernde Kundenanforderungen bei bestehenden Prozessen oder Produken stellen nur wenige Beispiele dar, aus denen mögliche Wettbewerbsvorteile entwickeln werden können.[7] Bei den allermeisten Unternehmen stehen hierfür nur begrenzte finanzielle und personelle Ressourcen zur Verfügung. Wenig erfolgreiche Innovationen können dagegen gerade bei mittelständischen Unternehmen schnell existenzbedrohende Konsequenzen nach sich ziehen.

Wie diese Herausforderungen bewältigt werden können, soll nachfolgend u.a. mit Hilfe der aktuellen Ergebnisse der Innovationsforschung beantwortet werden. Gleichwohl berücksichtigen die meisten Modelle zur Beschreibung des Innnovationsprozesses nur bedingt die Erfordernisse mittelständischer Unternehmen.[8] Es gilt daher nachfolgend zu beantworten, inwieweit traditionelle Modelle und Methoden, die in Großunternehmen bereits seit Jahren erfolgreich Anwendung finden, mit neuen Mitteln wie den agilen Methoden so kombiniert werden können, dass Sie den Anforderungen kleinerer und mittlerer Unternehmen gerecht werden.

---

4 Feldmann: Innovation – Deutsche Wege zum Erfolg, 2013, abgerufen am 02.11.2014.
5 Vgl. Schoeneberg: Komplexitätsmanagement in Unternehmen, 2014, S. 65.
6 Vgl. Thom/Müller: Leadership – Best Practices und Trends, 2006, S. 251.
7 Vgl. von Ahsen: Bewertung von Innovationen im Mittelstand, 2010, S. 1.
8 Vgl. von Ahsen: Bewertung von Innovationen im Mittelstand, 2010, S. 2.

1.2 Ziele

Ziele des vorliegenden Buches sind die Darstellung und Analyse wissenschaftlich fundierter Innovationsprozessmodelle sowie der in der Praxis angewandter agilen Methoden. Im Anschluss wird aus den vorliegenden Ergebnissen ein Innovationsprozessmodell für kleine und mittlere Unternehmen (KMU) entwickelt. Hierzu sind die folgenden drei Forschungsfragen zu beantworten:

a) **Worin unterscheiden sich die ausgewählten Innovationsprozessmodelle und agilen Methoden?**
b) **Welche Merkmale der Modelle eignen sich für eine Überführung in ein zeitgemäßes Modell für KMU?**
c) **Wie könnte ein zeitgemäßes Innovationsprozessmodell für KMU aussehen?**

1.3 Aufbau und Vorgehensweise

Für ein besseres Verständnis des zugrunde liegenden Sachverhalts und eine sequentiell-logische Bearbeitung der beschriebenen Aufgabenstellung gliedert sich das vorliegende Buch in fünf Hauptkapitel: In Kapitel eins konnten bereits die zu Grunde liegende Problemstellung und die damit verbundenen zu beantwortenden Forschungsfragen dargelegt werden.

In Kapitel zwei werden sowohl die theoretischen Grundlagen hinsichtlich der Definition von KMU, des Innovationsbegriffs, die sachlogischen Zusammenhänge zwischen diesen beiden Begriffen als auch Grundlagen des Projektmanagements erläutert. Dies dient einem besseren Verständnis der zu Grunde liegenden dem theoretischen Sachverhalte. Kapitel drei umfasst die Darstellung und Analyse ausgewählter Innovationsprozessmodelle und agiler Methoden. Hierzu werden zu Beginn KMU-spezifische Erfolgsfaktoren identifiziert und als Bewertungskriterien für die nachfolgenden Untersuchungen definiert. Anschließend erfolgt die detaillierte Vorstellung der phasengesteuerten Modelle sowie eine komprimierte Darstellung weiterer innovationsbezogener Wertschöpfungsprozesse. Diese werden allerdings aufgrund des begrenzten Rahmens dieses Buches aus der weiteren Untersuchung weitestgehend ausgeschlossen werden. Am Ende der Vorstellung jedes Modells erfolgt auf Basis der ermittelten Kriterien eine Bewertung hinsichtlich der identifizierbaren Stärken und

Schwächen und hinsichtlich der Eignung der Heuristik bzw. der spezifischer Eigenschaften für die Entwicklung eines neuen Innovationsprozess-Modells, das für KMU geeignet ist. Im Anschluss erfolgt die Darstellung und Analyse der ausgewählten agilen Methoden, die hinsichtlich der strukturellen Herangehensweise mit der vorherigen Untersuchung deckungsgleich ist. Die Auswahl erfolgte anhand ihrer Relevanz und ihres Bekanntheitsgrades in der Praxis und beschränkt sich auf die Beschreibung der jeweiligen Methode. Auch hier werden Bewertungskriterien definiert und jeweils das vorliegende Framework bzw. die Eigenschaften validiert. Die Anzahl der Untersuchungsgegenstände beläuft sich auf insgesamt 14 Innovationsprozessmodelle und fünf agile Methoden, deren relevante Ergebnisse am Ende komprimiert zusammengefasst und in einer Übersichtsmatrix dargestellt werden.

Den Kern des Buches stellt die Entwicklung eines Innovationsprozessmodells in Kapitel vier dar. In diesem werden die aus Kapitel drei gewonnenen Erkenntnisse verwertet und innerhalb eines für KMU-tauglichen Frameworks implementiert, geeignete Rollen und Instrumente definiert und eine detaillierte Vorgehensweise innerhalb der einzelnen Phasen dargelegt und mittels einer Ergebnisbetrachtung und kritischen Würdigung abgeschlossen.

Den Abschluss dieses Buches stellt Kapitel fünf dar, das die zentralen Erkenntnisse der Untersuchung zusammenfasst und einen Ausblick hinsichtlich weiterer Untersuchungen und der praktischen Umsetzung des Modells gibt.

2. Begriffsbestimmung und Grundlagen

2.1 Definition von kleinen und mittleren Unternehmen

Innerhalb der Wirtschaftswissenschaften existiert keine einheitliche Definition für kleine und mittlere Unternehmen (KMU). Jedoch werden für wissenschaftliche Untersuchungen primär zwei Sichtweisen herangezogen: die Definition des Instituts für Mittelstandsforschung, des IfM-Bonn, und die Definition der Europäischen Kommission, die durch das Amtsblatt der Europäischen Union vom 20.05.2003 veröffentlicht wurde. Die Differenzierung der jeweiligen Unternehmensformen erfolgt dabei anhand quantitativer und qualitativer Kriterien.[9]

Gemäß des IfM-Bonn wird sowohl unter Kleinstunternehmen als auch unter kleinen und mittleren Unternehmen allgemein der im deutschen Sprachgebrauch bekannte „wirtschaftliche Mittelstand" verstanden, der sich vom artverwandten Begriff des Familienunternehmens abgrenzt und anhand statistischer Merkmale abhebt.[10] Die quantitativ ausgelegte Klassifizierung erfolgt anhand der Merkmale „Beschäftigtenanzahl" und „Jahresumsatz". Dies Definition wird in Tabelle 1 dargelegt.

Tabelle 1: Schwellenwerte zur KMU-Definition gemäß IfM-Bonn[11]

Klassifizierung	Beschäftigtenanzahl	Jahresumsatz
Kleines Unternehmen	bis 9	Bis unter 1 Mio. EUR
Mittleres Unternehmen	bis 499	Bis unter 50 Mio. EUR
(KMU) zusammen	unter 500	unter 50 Mio. EUR

Unter Berücksichtigung dieser Abgrenzung waren 2012 auf Datenbasis des statistischen Bundesamtes 99,6 % der Unternehmen in Deutschland mittelständisch, was die hohe wirtschaftliche Relevanz von KMU in Deutschland deutlich macht. Jedoch waren diese nur für 35,3 % des Umsatzes mit einem Beschäftigtenanteil von 59,4 %

9 Vgl. von Ahsen: Bewertung von Innovationen im Mittelstand, 2010, S. 3.
10 Vgl. IfM-Bonn, abgerufen am 02.11.2014.
11 In Anlehnung an IfM-Bonn, abgerufen am 02.11.2014.

verantwortlich.[12] Diese Definition findet liegt zahlreichen deutschsprachigen Publikation zum Thema „kleine und mittlere Betriebe“ zu Grunde. International hat sich jedoch weitgehend die nachfolgende Definition der Europäischen Kommission durchgesetzt. Zur Differenzierung mittelständischer Betriebe wird hier zusätzlich die Jahresbilanzsumme berücksichtigt. Zudem werden hier die Schwellenwerte abweichend definiert. Demnach gilt ein Unternehmen als KMU, das einen bestimmten Jahresumsatz oder eine bestimmte Jahresbilanzsumme unter Berücksichtigung der Beschäftigtenanzahl über diesen Zeitraum nicht überschreitet. Die entsprechenden Werte sind nachfolgend in Tabelle 2 dargestellt.

Tabelle 2: Schwellenwerte zur KMU-Definition laut Europäischer Kommission[13]

Klassifizierung laut europäischer Union	Beschäftigtenanzahl	Jahresumsatz	Jahresbilanzsumme
Kleinstunternehmen	< 10	≤ 2 Mio. EUR	≤ 2 Mio. EUR
Kleines Unternehmen	< 50	≤ 10 Mio. EUR	≤ 10 Mio. EUR
Mittleres Unternehmen	< 250	≤ 50 Mio. EUR	≤ 43 Mio. EUR

Unter Berücksichtigung dieser Abgrenzung waren 2012 abweichend von der Definition des IfM-Bonn auf Datenbasis des statistischen Bundesamtes 99,5 % der Unternehmen in Deutschland als mittelständisch anzusehen. Jedoch waren diese nur mit 34,1 % des Umsatzes mit einem sozialversicherungspflichtigen Anteil an Beschäftigten von 54 % am Wirtschaftsgeschehen beteiligt.[14]

Die vorstehenden Definitionen und Differenzierungen orientieren sich primär an quantitativen Merkmalen. Dies wird von zahlreichen Autoren als unzureichend erachtet. Daher werden bei der Charakterisierung mittelständischer Betriebe auch qualitative Kriterien ebenfalls einbezogen.[15] Hierzu zählen u.a. die nachfolgenden Kriterien:[16]

- Das Unternehmen ist durch die Persönlichkeit des Geschäftsführers geprägt.

[12] Vgl. IfM-Bonn, 2012, abgerufen am 02.11.2014.
[13] In Anlehnung an KMU-Definition nach Europäischer Kommission, abgerufen am 02.11.2014.
[14] Vgl. IfM-Bonn, 2012, abgerufen am 02.11.2014.
[15] Vgl. von Ahsen: Bewertung von Innovationen im Mittelstand, 2010, S. 3 ff.
[16] Vgl. von Ahsen: Bewertung von Innovationen im Mittelstand, 2010, S. 4 f. Minder (2001), S. 8 ff.; Flueglistaller (2004), S. 11; Gelbmann et al. (2004), S. 252 ff.; Walther (2004), S. 36 f.; Mugler (2005), S. 17; Pfohl (2006), S. 18 ff.

- Mittelständische Unternehmen sind häufig technisch orientiert ist und verfügen über ein engmaschiges Netz zu Lieferanten und Kunden.
- Das Unternehmen kann schnell auf umweltbedingte Veränderungen reagieren und Anpassungen vornehmen.
- Der Betrieb verfügt über flache Hierarchieebenen.
- Es liegt eine weniger diversifizierte Produktpalette als bei Großunternehmen vor.
- Das Unternehmen verfügt nur über vergleichsweise geringe finanzielle und personelle Ressourcen.
- Bei Entscheidungsfindung wird kaum auf formale Planungs- und Kontrollinstrumente zurückgegriffen.

Weder berechtigt ausschließlich das Zutreffen aller Kriterien oder nur das Auftreten eines einzelnen Kriteriums zur Bezeichnung KMU. Die Anhäufung der bestehenden Gegebenheiten ist hierbei ausschlaggebend und kann bei der geeigneten Klassifizierung von Unternehmen hilfreich sein.

2.2 Grundlagen des Innovationsbegriffs

2.2.1 Begriffsdefinition

Nachfolgend werden Begriffe, die für das vorliegende Buch grundlegend sind, näher definiert. Dies sind der Begriff Innovation, eine Abgrenzung der unterschiedlichen Innovationstypen, die Grundlagen des Innovationsmanagements und des Innovationsprozesses. Innerhalb der wissenschaftlichen Literatur wird der Begriff Innovation unterschiedlich ausgelegt, wodurch sich keine einheitlich geltende Definition feststellen lässt. Innovation wird zumeist für Neuschöpfung, Veränderung, Umgestaltung oder Reform verwendet. Dies stellt allerdings eine recht unscharfe und verallgemeinernde Sichtweise dar. Eine Innovation ist nicht gleichzusetzen mit dem Begriff Invention. Dieser bezeichnet eine reine Erfindung, die z.B. in einer Patentschrift dokumentiert werden kann. Bei einer Innovation gilt es einem vorgesehenen Zielsystem gerecht zu werden, oftmals mit der Absicht, eine monetär begleitete Nutzenabschöpfung herbeizuführen.[17] Dies kann mit der erfolgreichen Einführung eines neuen Produktes am Markt, der Umsetzung einer Prozessinnovation, um so beispielsweise

[17] Vgl. Wentz: Die Innovationsmaschine, 2008, S. 12.

Kosten zu sparen oder die Realisierung einer neuen Konzeption, wie beispielsweise eines neuartigen Geschäftsmodells erfolgen. Demnach bedarf es – im reinen betriebswirtschaftlichen Sinne – für die korrekte Verwendung der Bezeichnung „Innovation“ stets einer abschließenden, unternehmensinternen/-externen, wirtschaftlichen Verwertung einer Invention. Innovationen bezeichnen dabei „neuartige Produkte, Prozess oder Konzeptionen, die erfolgreich eingeführt wurden“.[18] Innovationen können somit nicht nur erfolgreich eingeführt Produkte oder Prozesse, sondern auch neue Konzeptionen sein. Hierunter fallen beispielsweise neue Formen der Aufbauorganisation, neue Geschäftsmodelle, neue Formen der Preissetzung oder neue Formen des Vertriebs.[19] Für letzteres ist das Franchising ein historisches Beispiel.

2.2.2 Abgrenzung der Innovationstypen

Innovationen sind mit unterschiedlichen Zielsetzungen verbunden und erlauben die Klassifizierung in verschiedene Kategorien. Innerhalb der wissenschaftlichen Literatur und der Praxis haben sich hierzu drei primäre, ergebnisorientierte Ausprägungen entwickelt. Dies sind Produktinnovationen, Prozessinnovationen und konzeptionelle Innovationen.

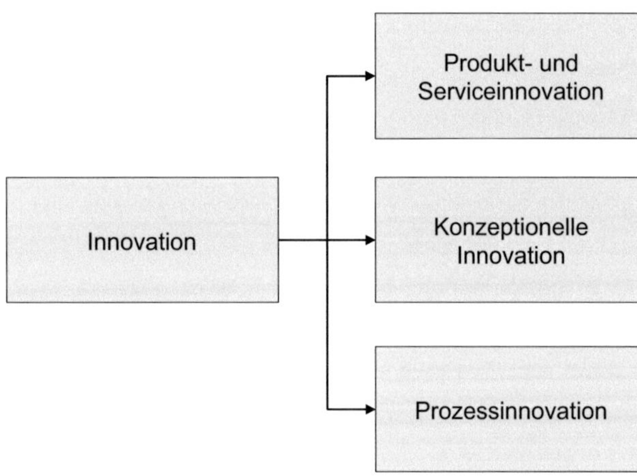

Abbildung 1: Klassifizierung von Innovationen[20]

---

18 Kaschny/Hürth: Innovationsaudit, 2009, S. 22; Kaschny et al, 2015, S. 20.
19 Vgl. Grant, 2016, S. 146, 171, 330.
20 Eigene Darstellung in Anlehnung an Kaschny/Hürth: Innovationsaudit, 2009, S. 22

Produktinnovationen

Unter Produktinnovation wird eine im Markt erbrachte Leistung verstanden, die in Form eines neuartigen, materiellen oder immateriellen Produktes der Bedürfnisbefriedigung des Kunden dient.[21] Die korrekte Klassifizierung erfordert, dass ein derartiges Produkt oder eine Dienstleistung durch seine Funktionen und Eigenschaften einen Nutzen für den Kunden generiert.[22] Jede Produktinnovation ist mit der Zielsetzung verbunden, sowohl die unternehmerische Wettbewerbs- und somit Überlebensfähigkeit am Markt als auch Gewinnsteigerung und die Schaffung bzw. den Erhalt von Arbeitsplätzen sicherzustellen.[23]

Verfahrensinnovationen

Verfolgt eine Innovation die Zielsetzung der Effektivitäts-, Effizienz- und Kreativitätssteigerung von unternehmerischen Ablauffolgen, die durch die Neugestaltung oder Anpassung von bestehenden Verfahren bzw. Prozessen herbeigeführt wird, ist von einer Verfahrensinnovation die Rede.[24] Das Anwendungsgebiet beschränkt sich demnach hauptsächlich auf unternehmensinterne Prozesse. Sie kann – wie dies bei der Einführung der Just-in-Time-Produktion geschah – aber auch unternehmensübergreifend sein. Hier erfolgt keine Markteinführung wie dies bei einer Produktinnovation der Fall ist. Es erfolgt jedoch die Adaption bzw. Implementierung im Unternehmen. Der Begriff Verfahrensinnovation entspricht somit dem Begriff Prozessinnovation. Mögliche Zielsetzungen, die mit einer Verfahrensinnovation einhergehen, sind die Steigerung der Produktivität oder die Reduzierung der Ausschussrate oder der Kosten eines Produktionssystems. Sie dienen somit der Gewinnmaximierung bzw. der Realisierung von Kosteneinsparungspotentialen.[25]

Konzeptionelle Innovationen

Konzeptionelle Innovationen werden bei der Betrachtung des Gegenstandsbereichs von Innovationen oftmals vernachlässigt. Gleichwohl ist unbestritten, dass beispielsweise Geschäftsmodellinnovationen Innovationen darstellen.

---

21 Vgl. Hessen: Innovationsportfoliomanagement, 2009, S. 27 f.
22 Vgl. Schori/Roch: Innovationsmanagement in KMU, 2012, S. 14 ff.
23 Vgl. Hessen: Innovationsportfoliomanagement, 2009, S. 28.
24 Vgl. Schori/Roch: Innovationsmanagement in KMU, 2012, S. 15 ff.
25 Vgl. Hessen: Innovationsportfoliomanagement, 2009, S. 28.

Aus ökonomischer Sicht bedeutende konzeptionelle Innovationen waren der Ratenkauf, das Franchising, das Bankgeheimnis, neuartige Spiele bzw. Sportarten oder neuartige Aufbauorganisationen.[26] Konzeptionelle Innovationen finden sich aber auch auf anderen Gebieten der Geisteswissenschaften. So stellt auf dem Gebiet der Politik die Demokratie eine bedeutende Innovation dar. Gleichwohl gibt es hier Überschneidungen mit Prozess-Innovationen.

Am Beispiel Ratenkauf lässt sich zeigen, dass dessen Erfindung mit den Gegenstandsbereichen Produkt oder Prozess nur unzureichend beschrieben wäre. Der Kern dieser ehemaligen Innovation besteht in der entsprechenden juristischen Gestaltung des Kaufvertrages. Vergleichbares gilt für zahlreiche weitere konzeptionelle Innovationen. Sie sind nur hinreichend zu verstehen, wenn die jeweiligen organisatorischen oder juristischen Regelungen betrachtet werden.

In Abbildung 1 werden beispielhaft die Zusammenhänge zwischen Produkt- und Prozessinnovationen aufgezeigt. Diese Darstellung ließe sich auch um konzeptionelle Innovationen ergänzen. So wird anhand neuer Geschäftsmodelle wie Google oder Facebook deutlich, dass hier nicht nur neue Geschäftsmodelle vorliegen, sondern gleichzeitig auch neuartige Dienstleistungen, die wiederum neuartige Prozessen voraussetzen.

Fachliche Zuordnung von Innovationen

Von der Unterscheidung der Innovationen nach dem Gegenstandsbereich ist die fachliche Zuordnung von Innovationen zu trennen. Produkt-, Prozess oder Konzeptinnovationen können auf unterschiedlichsten Fachgebieten erfolgen. Am meisten Beachtung finden gemeinhin technische Innovationen. Gleichwohl gibt es auch auf anderen Gebieten, wie der Volkswirtschaftslehre (z.B. Euro) der Kunst (z.B. neuer Kunststil), der Politik (z.B. digitale Abstimmung bei Wahlen), der Justiz (z.B. erstmalige juristische Regelungen bezüglich des Internets), dem Marketing (neuartiger Preismix, neue Formen der Kommunikation) oder dem Gesundheitswesen (z.B. Obama Care) Innovationen stattfinden.[27]

[26] Vgl. Grant, 2016, S. 146, 171, 330.

[27] Vgl. Kaschny et al, 2015, S. 26 f.

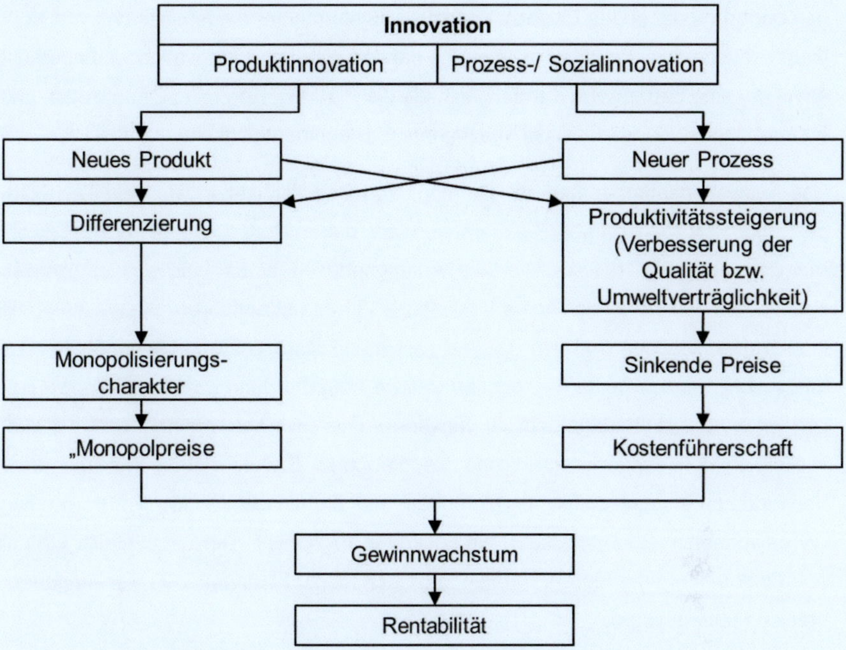

Abbildung 2: Interdependenzen unterschiedlicher Innovationstypen[28]

Die differenzierte Betrachtung der unterschiedlichen Schwerpunktsetzung einzelner Innovationstypen lässt bereits eine erste Schlussfolgerung der wechselseitigen Beziehungen und Abhängigkeiten zu. Die Einführung eines neuen Produktes erfordert nicht selten die parallele Entwicklung einer Prozessinnovation, die wiederum zu einer Sozialinnovation führen kann. Abbildung 2 stellt ein derartiges Zusammenspiel der verschiedenen Innovationstypen schematisch dar.

2.2.3 Innovationsmanagement

Wie bereits dargelegt werden konnte, liegt das Ziel einer Innovation darin, etablierte Lösungen zu übertreffen und Wettbewerbsvorteile zu generieren.[29] Damit dies gelingt, gilt es, einen zielgerichteten Ablauf der damit verbundenen wertschöpfenden Aktivitäten zu ermöglichen. Dies wird in der Literatur als dispositive Gestaltung einzelner Innovationsprozesse bezeichnet. Für das bewusste Managen von Innovatio-

28 In Anlehnung an Hessen: Innovationsportfoliomanagement, 2009, S. 29.
29 Vgl. Geschka: Innovations- und Technologiemanagement, 1999, S. 2.

nen bedarf es dabei des Einsatzes spezieller Instrumente, die jenseits des von Routineprozessen zum Einsatz kommen. Es handelt sich beim Innovationsmanagement somit um eine betriebliche Kerntätigkeit, die die Planung, Kontrolle, Organisation und Führungsentwicklung innovationsbezogener Managementtätigkeiten umfasst.[30]

Das Innovationsmanagement ist allerdings von Begrifflichkeiten wie dem Technologie- und F&E-Management abzugrenzen, da diese Managementbereiche sowohl räumlich als auch zeitlich zwar die Anfangsphasen eines Innovationsprozesses durchlaufen, jedoch in sich keine Innovationen im Markt einführen. Sie stellen somit in sich geschlossene und von Routine geprägte Teilprozesse und Wegbereiter des Innovationsmanagements dar, dessen weitere Aufgabe darin besteht, die gewonnenen Erkenntnisse marktgerecht zu verwerten. Das F&E-Management umfasst ausschließlich den systematischen und plangerechten Erwerb neuen Wissens unter Verwendung wissenschaftlicher Methoden und die anschließende Transformation der gewonnenen Erkenntnisse in ein konkretes Ergebnis.[31] Der sequentielle Verlauf der damit einhergehenden Aktivitäten lässt sich hierzu komprimiert in vier Aufgabenbereiche untergliedern:

- *Grundlagenforschung* zur Erweiterung des Wissensbestandes
- *Angewandte Forschung* zur Problemlösungsidentifikation
- *Vorentwicklung* zur Kompatibilitätsprüfung zum vorliegenden Portfolio
- *Entwicklung* zur konkreten Realisierung einer Invention

Das F&E-Management sieht aus einer vereinfachten Sicht somit nicht primär die Generierung monetär messbarer Werte vor, sondern die Verwertung vorliegender finanzieller und personeller Ressourcen zur Erkenntnisermittlung. Das Technologiemanagement begrenzt sich hingegen ausschließlich auf die Beschaffung, Speicherung und Verwertung natur- und ingenieurwissenschaftlichen Wissens[32] und konzentriert sich neben der Suche nach etwas Neuem primär auf den strategischen Erhalt und die Weiterführung bereits vorhandener Technologien (Vgl. Abbildung 3).[33]

[30] Vgl. Hauschildt: Innovationsmanagement, 1997, S. 25.
[31] Vgl. Vahs/Brem: Innovationsmanagement, 2013, S. 29 f.
[32] Vgl. Vahs/Brem: Innovationsmanagement, 2013, S. 26.
[33] Vgl. Hauschildt: Innovationsmanagement, 1997, S. 25.

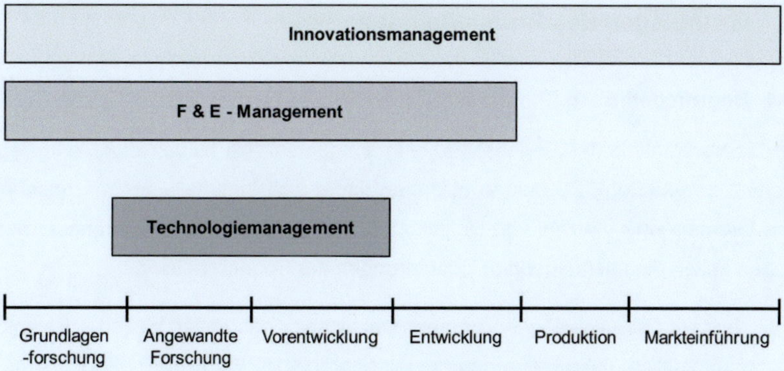

Abbildung 3: Abgrenzung des Innovationsmanagements[34]

Sowohl das F&E-Management als auch das Technologiemanagement stehen somit im Kontext eines stark technischen Verständnisses und vernachlässigen dabei administrative oder sozialen Aspekte. Das Innovationsmanagement greift dagegen sämtliche Aufgabenbereiche der beschriebenen Prozesse und Zielsetzungen von unterschiedlichen Innovationstypen auf, um beispielsweise eine (Serien-)Produktion oder die Verbesserung eines Prozesses zu ermöglichen. Jede Entstehung einer Idee ist eng verbunden mit dem Wunsch der Überführung von etwas Nichtgreifbarem in die Realität. Dies kann in Form eines materiellen oder eines nicht-materiellen Ergebnisses erfolgen. Ein derartiges Ergebnis kann eine reine Invention oder sogar eine Innovation sein. Ist eine Invention eng mit unternehmerischem Handeln verknüpft bzw. entsteht diese aus einer betriebsbedingten Notwendigkeit heraus, ist eine derartige Transformation stets mit unterschiedlichen innerbetrieblichen Aufgaben und Prozessen verbunden. Eine der Hauptherausforderungen stellt der Umgang mit der einhergehenden, stetig ansteigenden Komplexität auf dem Weg zur Innovation dar. Die systematisierte Abarbeitung der damit verbundenen Aufgaben wird innerhalb der wissenschaftlichen Literatur häufig mit den Methoden des traditionellen Projektmanagements in Verbindung gebracht.

34 In Anlehnung an Macharzina, in Vahs/Burmester: Innovationsmanagement, 1999, S. 48.

2.3 Grundlagen des Projektmanagements

2.3.1 Begriffsdefinition

Für das Verständnis des Begriffs „Projektmanagement“ gilt es vorrangig, den Begriff „Projekt“ zu erläutern. Zu beiden Begriffen findet sich innerhalb der wissenschaftlichen Literatur eine Vielzahl von Definitionen. Für die weiteren Ausführungen dieses Buches gelten die nachfolgenden Erläuterungen der Begrifflichkeiten.

Als Projekt wird ein einmaliges Vorhaben bezeichnet, das neben weiteren Restriktionen primär zeitlich, finanziell und personell begrenzt ist. Ein Projekt verfolgt stets eine konkrete Zielvorgabe und wird von anderen Vorhaben abgegrenzt und in sich geschlossen betrachtet. Jedes Projekt bedarf einer projektspezifischen Organisation und interdisziplinären Zusammenarbeit.[35] Die Projektdauer wird im Vorfeld durch einen fest definierten Projektstartzeitpunk und -endzeitpunkt festgelegt. Innerhalb dieses Zeitraums beginnt die Bearbeitung einer geschlossenen Einheit von Aktivitäten. Ein Projekt kann dabei aus verschiedenen Teilprojekten bestehen.

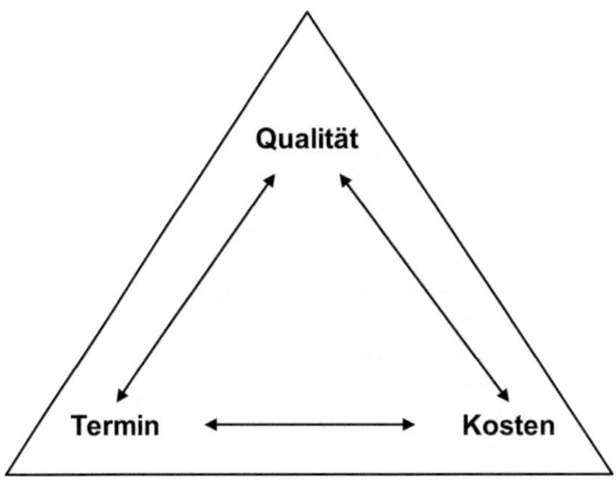

Abbildung 4: Das magische Dreieck des Projektmanagements[36]

Der Fortschritt und Erfolg wird durch das Passieren von verschiedenen Meilensteinen gemessen.[37] Projekte sind aus der betriebswirtschaftlichen Sicht demnach als zusätzlich zum Alltagsgeschehen anfallende Aktivitäten anzusehen, die einer spezi-

35 Vgl. Deutsches Institut für Normung e. V.: DIN 699901, 1989, o. S.
36 In Anlehnung an Litke/Kunow: Projektmanagement, 2007, S. 16.
37 Vgl. Hindel/Meier/Vlasan: Prozessübergreifendes Projektmanagement, 2005, S. 1 ff.

ellen Regelung und des Einsatzes spezieller Verfahren bedürfen.[38] Die Bündelung von Techniken, Methoden, Fähigkeiten und Wissen zur Realisierung von Projekten mittels einer systematischen Vorgehensweise wird als Projektmanagement verstanden und umfasst sämtliche Tätigkeiten zur Planung, Steuerung und Kontrolle. Ziel des Projektmanagements ist die Sicherstellung der Effektivität und Effizienz der Prozesse unter Berücksichtigung der Hauptaspekte Qualität, Zeit und Kosten, die in einer wechselseitigen Beziehung zu einander stehen (vgl. Abbildung 4).[39]

2.3.2 Phasen des Projektmanagements

Das Projektmanagement ist überwiegend von einer hohen Komplexität geprägt und wird daher häufig in einzelne Phasen unterteilt und innerhalb von projektspezifischen Prozessmodellen abgebildet. Dies soll einerseits Transparenz, andererseits ein strukturiertes Vorgehen ermöglichen.[40] Es lässt sich eine Vielzahl unterschiedlicher Herangehensweisen bei der Einteilung der Phasen feststellen. Oft werden Phasen zu Gunsten der Übersichtlichkeit und des Verständnisses zusammengefasst, obwohl eine eindeutige Trennung oftmals sinnvoller wäre. Für das erleichterte Verständnis wurde ein Fünf-Phasen-Modell gewählt, das auf den Ausführungen von Keßler und Winkelhofer aus dem Jahr 2002 beruht (vgl. Abbildung 5). Im Anschluss werden die Aufgabenfelder der einzelnen Phasen des Projektmanagementprozesses kurz erläutert. Das Phasenmodell dient ferner als Basis für das Verständnis von Kapitel 2.3.3 und 2.3.4.

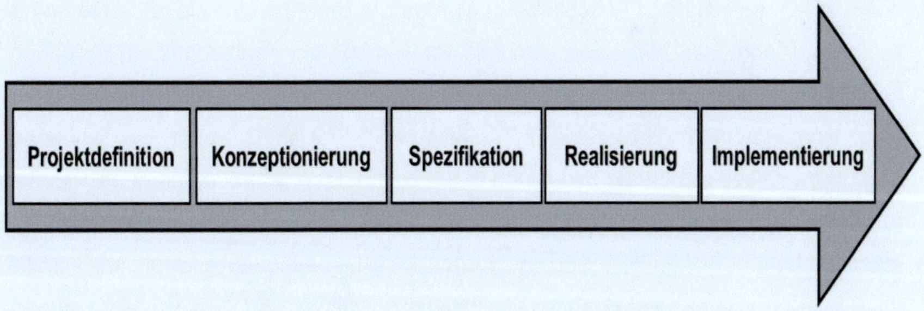

Abbildung 5: Fünf Phasen des Projektmanagements[41]

---

[38] Vgl. Pfetzing/Rohde: Ganzheitliches Projektmanagement, 2009, S. 20.
[39] Vgl. Wytrzens: Projektmanagement – Der erfolgreiche Einstieg, 2010, S. 24 f.
[40] Vgl. Scheuring AG: Der Projektprozess, 2014, o. V., abgerufen am 29.11.2014.
[41] In Anlehnung an Keßler/Winkelhofer: Projektmanagement, 2002, S. 126 ff.

Projektdefinition:

Die Projektdefinitionsphase ist nicht standardisiert; dennoch findet sich eine Vielzahl identischer Merkmale in unterschiedlichen Modellen. Die Phase dient der Definition aller projektbezogenen Ziele und der groben Erfassung zukünftiger Aufgaben zur Zielerreichung. Hierzu sollte eine Bedürfnis- oder Problembeschreibung vorliegen, die das Zustandekommen eines Projektes rechtfertigt. Anschließend muss ein Handlungsrahmen festgelegt werden, der u. a. die Rollen, Verantwortlichkeiten und Weisungsbefugnisse innerhalb aller Projektbeteiligten festschreibt.[42] Weiterhin werden sowohl der mögliche Nutzen als auch die mit dem Projekt verbundenen Kosten- und Ressourcenaufwendungen des Projektes abgeschätzt und ein erster Entwurf zur Projektorganisation und zum Projektablauf erstellt.[43] Zentrales Instrument stellt dabei der Projektauftrag dar, der u. a. neben den Zielen eine Liste sämtlicher projektbezogener Chancen und Risiken beinhaltet[44] und auf Basis von Fakten erarbeitet wird. Die Zielformulierung sollte einerseits spezifisch konkret, messbar, aktiv beeinflussbar, realistisch und terminiert (SMART), andererseits ergebnisbezogen und nicht aufgabenbezogen formuliert sein.[45] Die Phase endet mit der Fertigstellung eines schriftlichen Projektauftrags und der Freigabe des Projektmanagers und Projektteams.

Konzeptionierung:

Während der Konzeptionierungsphase wird zunächst der Ist-Zustand (Status Quo) durch Analysen ermittelt. Anschließend werden die Ursachen für diesen Zustand gesucht und ebenfalls analysiert. Wichtig ist hierbei ein methodisches Vorgehen. Gleichzeitig gilt es, Bedingungen zu identifizieren, die nicht aktiv durch die Initiierung eines Projektes veränderbar sind (z. B. Gesetze).[46] Erst auf Basis der neu gewonnenen Erkenntnisse erfolgt die Ermittlung eines zukünftigen Soll-Zustandes. Ist das Ziel fokussiert, wird aktiv nach konkreten Lösungen gesucht, die den gewünschten Zustand herbeiführen könnten, und es werden erste Arbeitspakete formuliert. Parallel dazu werden vorbeugend Lösungsalternativen entwickelt und eine Projektplanungs-

---

42 Vgl. Hölzle: Projektmanagement, 2007, S. 54.
43 Vgl. Keßler/Winkelhofer: Projektmanagement, 2002, S. 126.
44 Vgl. Hindel/Meier/Vlasan: Prozessübergreifendes Projektmanagement, 2005, S. 180.
45 Vgl. Hemmrich/Harrant: Projektmanagement, 2007, S. 13 f.
46 Vgl. Hölzle: Projektmanagement, 2007, S. 64.

matrix erstellt.[47] Die Phase endet mit der Genehmigung des Konzeptes und der Beauftragung des Projektleiters und Teams zur Fortführung des Projektes.

Spezifikation:

Das abgenommene Konzept bildet das Grundgerüst für die anschließenden Planungsaktivitäten der feineren Spezifikationsphase. Sie dient der ausführlichen Beschreibung der Leistung unter Berücksichtigung wirtschaftlicher, organisatorischer und technischer Aspekte.[48] Ausschließlich die Planung steht im Zentrum dieser Phase und ist im Vergleich zur darauffolgenden Phase mit einem einerseits geringen finanziellen, andererseits hohen organisatorischen Aufwand verbunden. Diese Phase entscheidet darüber hinaus maßgeblich über einen späteren Projekterfolg. Es empfiehlt sich eine erste Aktivitäten-Liste für nachfolgende Balkendiagramme (z. B. detaillierte Netzpläne, Gantt-Chart) mit klarer Zuordnung von Ansprechpartnern zu erstellen.[49] Zu Beginn werden die mit dem Projekt verbundenen Kosten und der aus der Erreichung des Projektziels erhoffte Nutzen eingeschätzt und der Wert des Projektes u. a. hinsichtlich qualitativer Vorteile und möglicher Risiken analysiert. Ferner werden die später abzuarbeitenden Arbeitspakete bzw. notwendigen Teilprojekte konkretisiert und Meilensteine[50] als Kontrollpunkte für den weiteren Projektverlauf festgelegt. Ein Meilenstein dient als vordefinierte Sollbruchstelle des Projektes innerhalb des Verlaufs, an der das Projekt bzw. ein Teilergebnis anhand spezifizierter Kriterien evaluiert wird.[51] Zu beachten gilt es an diesem Punkt, dass frühzeitig auszulagernde Aufträge frühzeitig mit den jeweiligen Kooperationspartnern abgestimmt werden müssen. Von zentraler Bedeutung sind die Feinplanung des Prozesses, Projektcontrollings und die Kalkulation der zu verteilenden begrenzten Ressourcen und Kapazitäten. Es gilt dabei vordergründig, den Prozess effizient zu gestalten und Steuermechanismen zu implementieren. Auch die Art und Weise, wie Projektfortschritte zu dokumentieren sind, wird festgelegt. Sämtliche Abläufe werden detailliert beschrieben und u. a. unter zeitlichen, räumlichen, personellen Gesichtspunkten bewertet. Hierzu eigenen sich insbesondere die bereits angedeuteten Instrumente wie Netzpläne oder Gantt-Charts, die den Prozess strukturiert darstellen. Abschließend endet die Phase mit der Erstellung eines Finanzierungsplanes, der Festlegung von

47 Vgl. Keßler/Winkelhofer: Projektmanagement, 2002, S. 126.
48 Vgl. Hemmrich/Harrant: Projektmanagement, 2007, S. 40.
49 Vgl. Hölzle: Projektmanagement, 2007, S. 113 ff.
50 Vgl. Hemmrich/Harrant: Projektmanagement, 2007, S. 19.
51 Vgl. Keßler/Winkelhofer: Projektmanagement, 2002, S. 134 f.

Regeln für die Zusammenarbeit[52] und einer final umzusetzenden Leistungsbeschreibung. Wird diese durch ein Entscheidungsgremium abgenommen und erhalten der Projektmanager und das Projektteam die Freigabe zur Fortführung des Projektes, beginnt die Realisierung.[53]

Realisierung:

Die in der Spezifikationsphase festgelegten Arbeitspakte werden ihrer Zuweisung entsprechend in der geplanten Abfolge abgearbeitet. Mit jedem Beginn einer neuen Phase hat der Projektmanager die Risikoanalysen zu aktualisieren und den Erfolg der geplanten Maßnahmen zu reflektieren.[54] War die Planung korrekt, ist die Umsetzung mit geringen Wiederständen und Aufwendungen verbunden. Dabei sind nicht alle möglichen Problemfelder vorab identifizierbar und kalkulierbar. Dennoch kann eine sorgfältige Planung das Risiko erheblich mindern. Parallel zur Abarbeitung gilt es, die Qualität der Tätigkeiten und des Ergebnisses sicherzustellen und mögliche Differenzen zwischen Soll- und Ist-Werten schnell zu ermitteln, um frühzeitig Anpassungen u. a. am Prozess oder anderen Urheberfeldern vornehmen zu können. Gleiches gilt auch für die stetigen Kontrollen, um Kosten und Termine einzuhalten. Wird ein erstes Projektergebnis generiert, das den Anforderungen aus dem Projektauftrag gerecht wird, erfolgt die Implementierung des Ergebnisses in die Praxis. Übersetzt kann man hierunter eine Testphase verstehen, die das Ergebnis auf seine Funktionalitäten überprüft und eine vollständige Implementierung vor einer Projektauflösung rechtfertigt. Es soll sichergestellt werden, dass weitere Aktivitäten seitens der Projektmitglieder nicht erforderlich sind. Erfüllt das Projekt die gestellten Anforderungen und wird dieses durch das Entscheidungsgremium abgenommen, so werden sowohl der Projektmanager als auch das Projektteam „entlastet".[55]

Implementierung:

Die Implementierung stellt den endgültigen Projektabschluss dar. Hier erfolgt eine Konzentration auf die Auswertung der gewonnenen Erkenntnisse und die Sicherstellung der ökonomischen – und eventuell auch der sozialen oder ökologischen –

52 Vgl. Hölzle: Projektmanagement, 2007, S. 125 ff.
53 Vgl. Keßler/Winkelhofer: Projektmanagement, 2002, S. 127.
54 Vgl. Hölzle: Projektmanagement, 2007, S. 125 ff.
55 Vgl. Keßler/Winkelhofer: Projektmanagement, 2002, S. 127 f.

Nachhaltigkeit. Das gesamte Projekt wird retrospektiv betrachtet, dokumentiert und anschließend archiviert.

Ferner werden die Kosten-Nutzen-Analysen durch die finalen Daten aktualisiert und Vergleiche zu den anfangs geplanten bzw. geschätzten Werten angestellt.[56] Am Ende liegen eine vollständige Projektdokumentation und ein Abschlussbericht vor. Mit der vollständigen Übergabe der geforderten Ergebnisse an den Auftraggeber[57] erfolgt die Auflösung des Projektteams. Eine zusammenfassende Darstellung der einzelnen Arbeitsschritte in den Projektphasen findet sich in Tabelle 3.

Tabelle 3: Phasen und Aufgaben des Projektmanagements

Projekt-definition	Konzeption-ierung	Spezifikation	Realisierung	Implementierung
Grobdefinition von Aufgaben Ziele, Nutzen Ernennung von Projektmanager und Projektteam Grobschätzung der Kosten und Ressourcen Erstellung des Projektauftrages	Feststellung des Ist-Zustandes Ursachen-analyse Ermittlung des Soll-Zustandes Ideenfindung und Konkretisierung Entwicklung von Lösungsalternativen Projektpla-nungsmatrix	Kosten-Nutzen-Schätzungen Projektwertanalyse Definition und Verteilung von Arbeitspaketen / Teilprojekten Meilensteinplanung Ressourcenplanung Interdependenz-analysen Prozessplanung Projektcontrolling-planung Berichtswesen-planung Terminplanung Festlegung von Räumlichkeiten Ablaufplanung (Gantt/Netzplan	Abarbeitung der Arbeitspakete Qualitätssicherungs-maßnahmen Kontrolle der Termin- und Kostenaufwendung Projektergebnis in Gesamtorganisation implementieren Her- und Sicherstellung der Funktionalität des Ergebnisses Erreichung des Projektziels im Kosten- und Zeitplan Abnahme des Projektes	Projektdokumentation /-speicherung Kosten-Nutzen-Analyse Reflektion und Bewertung des Projektprozesses Nachhaltigkeitsanalysen Projektergebnis in Organisation vollständig integrieren Abschlussbericht Auflösung des Projektes

56 Vgl. Keßler/Winkelhofer: Projektmanagement, 2002, S. 128.
57 Vgl. Hemmrich/Harrant: Projektmanagement, 2007, S. 18.

2.3.3 Instrumente des Projektmanagements

Für die Planung und Steuerung von Projekten werden je nach Phasenschwerpunkt unterschiedliche Instrumente herangezogen. Im weiteren Verlauf dieses Buches werden einzelne Instrumente wiederholt Erwähnung finden. Damit ein Grundverständnis und Bezug zu diesen aufgebaut werden kann, liegt das Hauptziel dieses Kapitels in der Darstellung einer Auswahl typischer Projektmanagementinstrumente in der Reihenfolge der durchlaufenden Phasen und kurzen Erklärung des jeweiligen Nutzens (vgl. Tabelle 4).

Tabelle 4: Phasen und Instrumente des Projektmanagements

Projektdefinition	Konzeptionierung	Spezifikation	Realisierung	Implementierung
Projektauftrag Risikoanalyse Ground Rules Projektlebenszyklus	Checkliste Kraftfeldanalyse Risikoanalyse SWOT-Analysen Fishbone-Diagramm Aktivitäten-Liste	Checkliste Projektstrukturplan Netzplan Balkendiagramme (Gantt) Kostenplan Risikoanalysen	Checkliste Balanced Scorecard Meilenstein-Trendanalyse Projektstatusberichte	Checkliste Projektabschlussmeetings Projektabschlussbericht

Projektauftrag, Projektstatusbericht und Projektabschlussbericht:

Jedes Projekt bedarf zur Spezifikation des vorliegenden Vorhabens einer schriftlichen Fixierung der zu erfüllenden Anforderungen und Beschreibung relevanter Informationen und Zusammenhänge. Der Projektauftrag dient als Wegbereiter für die Planung der einzelnen Phasen und gilt als Weisung, eine übertragene Aufgabe zu erfüllen.[58] Aufgrund seiner hohen Bedeutung für das weitere Projektgeschehen wird dieses Instrument daher einer detaillierten Prüfung durch eine Kontrollinstanz unterzogen. Die wesentlichen Kernelemente und damit verbundenen Fragestellungen werden in Tabelle 5 komprimiert dargestellt. Die Angaben zu den jeweilig zu beantworteten Fragestellungen können sich im weiteren Verlauf des Projektes aufgrund

[58] Vgl. Wytrzens: Projektmanagement – Der erfolgreiche Einstieg, 2010, S. 100.

neuer Erkenntnisse verändern. Diese sind anschließend in einem jeweiligen Projektstatusbericht festzuhalten. Wichtig ist, dass die Angaben inhaltlich und formal vollständig und mit den Systemzielen vereinbar sind. Als Zeichen des „Commitments“ wird der Projektauftrag am Ende vom Auftraggeber und vom zugeteilten Projektmanager unterschrieben.[59]

Tabelle 5: Inhalte eines Projektauftrages [60]

Inhalte	Zu beantwortende Fragestellungen
Ausgangslage	*Auf Basis welcher Sach- /Datenlage gründet der Projektauftrag?*
Zieldefinition	*Welches konkrete Ziel wird mit der Initiierung des Projektes verfolgt? (SMART)*
Restriktionen	*Wie lauten die internen/externen Vorgaben, die es einzuhalten gilt?*
Projektabgrenzung	*Die Komponenten werden während des Projektvorhabens fokussiert und die werden ausgeschlossen?*
Projektorganisation	*Wem oder was unterliegen die Leitung, operative Durchführung und Aufsicht/Kontrolle des Projekts?*
Termine/Meilensteine	*Zu welchem Zeitpunkt sind erste Fortschritte zu präsentieren und zu evaluieren?*
Budget	*Die Ressourcen werden zur Bearbeitung des Projektes (vorerst) bereitgestellt?*
Abstimmungsbedarf	*Die weiteren Projekte befinden sich in der Entstehung/Umsetzung und welchen Einfluss üben diese aus?*
Informations- und Berichtswesen	*Die Informationen sind wem zu welchem Zeitpunkt in welcher Art und Weise zu übergeben?*

Erst mit der Fertigstellung und Verabschiedung dieses Dokuments kann die Konzeptionierungsphase gestartet werden. Für den Abschluss eines Projekts ist ein Projektabschlussbericht anzufertigen, welcher die erreichten Anforderungen und Ziele aus dem Projektauftrag dokumentiert und darlegt.

Risikoanalyse:

Nachdem eindeutige, zu erreichende Ziele durch den Projektauftrag vorliegen, sind mögliche projektbezogene Risiken zu identifizieren, mögliche Gegenmaßnahmen zu entwickeln und abschließend eine Entscheidung zu treffen, ob das Risiko in seiner

59 Vgl. Wytrzens: Projektmanagement – Der erfolgreiche Einstieg, 2010, S. 101.
60 In Anlehnung an Führer/Zügler: Projektmanagement – Management Basiskompetenz, 2010, S. 32 f.

vorliegenden Form akzeptiert wird.[61] Ein hierzu geeignetes Instrument stellt die universell einsetzbare Fehlermöglichkeits- und -einflussanalyse (FMEA[62]) aus den 1960er Jahren dar, die mögliche Fehlerursachen oder Schwachstellen auflistet und hinsichtlich Auftretungswahrscheinlichkeit, Bedeutung für den Prozess und Entdeckungswahrscheinlichkeit einschätzt.[63] Mittels einer Risiko-Prioritätszahl (RPZ) lassen sich die verschiedenen Risiken in eine Rangfolge überführen, die die wahrscheinlichsten bzw. einflussreichsten Risiken aufzeigt. Weiterhin kann eine SWOT-Analyse zur Identifizierung einer geeigneten Strategie und Bewertung des Projekts bzw. Risikos herangezogen werden.

Ground Rules:

Ground Rules, auch Spielregeln des Projektmanagements genannt, sollen die Zusammenarbeit der unterschiedlichen Projektbeteiligten erleichtern. Es werden Basisregeln aufgestellt bzgl. einer einheitlich einzuhaltenden Projektsprache und der Rollenwahrnehmung in Meetings. Sie gelten verbindlich.[64] Ein mit diesem Instrument häufig verbundenes Ziel liegt in der Sicherstellung, dass Berichte mit einem einheitlichen Schrift- und Strukturbild angefertigt werden.

Projektlebenszyklus:

Unter dem Projektlebenszyklus wird ein graphisches Verlaufsmodell verstanden, das die notwendigen (prognostizierten) Ressourcenaufwendungen mit Zeitbezug innerhalb der einzelnen zu durchlaufenden Phasen abbildet.[65] Es dient der komprimierten Darstellung und Allokation von Aufwendungen über den gesamten Projektverlauf hinweg und ist meist von einem stetigen Anstieg der Kurve zu Beginn bis zu einem rapiden Absturz innerhalb der letzten Phase gekennzeichnet.

Checklisten:

Checklisten dienen phasenunabhängig der Kontrolle darüber, welche definierten Aufgabenfelder bereits erledigt wurden und welche noch offenstehen. Darüber hin-

---

61 Vgl. Probst/Haunerdinger: Projektmanagement leichtgemacht, 2007, S. 43 f.
62 Failure Mode and Effects Analysis.
63 Vgl. Drews/Hillebrand: Lexikon der Projektmanagementmethoden, 2007, S. 77.
64 Vgl. Kraus/Westermann: Projektmanagement mit System, 2010, S. 193.
65 Vgl. Pfetzing/Rohde: Ganzheitliches Projektmanagement, 2009, S. 176.

aus werden sie zur Erfahrungssicherung eingesetzt.[66] Bei Checklisten handelt es sich um ein universell einsetzbares Instrument, das über den gesamten Projektverlauf Verwendung finden und individuell gestaltet werden kann.

Kraftfeldanalyse:

Die Kraftfeldanalyse, auch als Stakeholder-Analyse bekannt, dient der Ermittlung der Macht-/Einflussverhältnisse aller projektbezogenen Akteure.[67] Mit ihrer Hilfe sollen potentielle Befürworter und Gegner des Projektes hinsichtlich ihres Einflusses und ihrer Haltung zum Projekt bewertet werden. Es gilt, daraufhin mögliche Maßnahmen zur Förderung oder Abwehr der jeweiligen Interessengruppe/-person zu identifizieren und umzusetzen.

Fishbone-Diagramm:

Ein Fishbone-Diagramm, das auch oft als Ishikawa- oder Fischgräten-Diagramm bezeichnet wird, stellt Ursachen-Wirkungs-Beziehungen dar und wird zur Identifizierung von logischen Zusammenhängen einzelner Einflussfaktoren bzw. Merkmale angewendet.[68] Es werden verschiedene Indikatoren in Form von übergeordneten Themenbereichen formuliert, die einen Einfluss auf das Projektgeschehen bzw. auf ein zugrundeliegendes Problem ausüben. Anschließend werden die Einflussfaktoren bzw. Auslöser den jeweiligen Hauptkategorien zugeordnet und priorisiert. Ziel ist es, ähnlich wie bei einer FMEA eine Übersicht der hauptsächlich für das Problem verantwortlichen Störfaktoren zu erhalten, um einen möglichst effektiven Lösungsansatz ableiten zu können.

Aktivitäten-Liste:

Die Erstellung einer Aktivitäten-Liste dient der Vorbereitung zur Erstellung zukünftiger Balkendiagramme und Kostenpläne. Die einzelnen Aktivitäten/Arbeitsschritte ergeben sich aus der Zerlegung der geplanten Arbeitspakete.[69] Jede Aktivität für sich muss durch einen konkreten Anfang und ein konkretes Ende definiert werden.[70] Ziel

---

66 Vgl. Drews/Hillebrand/Kärner/Peipe/Rohrschneider: Praxishandbuch Projektmanagement, 2014, S. 161.

67 Vgl. Drees/Lang/Schöps: Praxisleitfaden Projektmanagement, 2014, S. 44.

68 Vgl. Drews/Hillebrand: Lexikon der Projektmanagementmethoden, 2007 , S. 147 f.

69 Vgl. Hölzle: Projektmanagement, 2007, S. 110 f.

70 Vgl. Deutsches Institut für Normung e.V.: DIN 69900, Teil 1, o. S.

ist es, eine strukturierte und vor allem geordnete Organisation mit u. a. klaren zeitlichen, materiellen und personellen Bezügen aller Aktivitäten herzuleiten.

Projektstrukturplan:

Ein Projektstrukturplan gibt durch die Zerlegung des Gesamtvorhabens in mehrere Ebenen Aufschluss über den strukturellen Aufbau eines Projektes und kann auch zur Identifikation von möglichen Meilensteinen dienen.[71] Es gibt drei Formen, die ein derartiger Plan annehmen kann: objektorientiert, aufgabenorientiert oder als hybride Form (objekt- und aufgabenorientiert). In der objektorientierten Variante, bspw. bei einer Produktentwicklung, bildet der Projektstrukturplan ein zu produzierendes Objekt an der Spitze einer Hierarchieebene ab und zerlegt es in weiteren Unterkategorien in seine bestimmenden Teilkomponenten und Elemente. Die aufgabenorientierte Variante beschreibt hingegen nur die anstehenden Aufgaben, die mit der Erstellung eines derartigen Objektes oder einer Teilkomponente verbunden sind. Mit Hilfe dieser Vorgehensweise ist es möglich, mehrere Themenfelder, die ein Projekt zu behandeln hat, abstrakt darzustellen, und mögliche Teilprojekte zu benennen. Wichtig ist bei der Erstellung eine klare Abgrenzung der involvierten Einheiten/Verantwortungsbereiche zueinander.[72] Jedem Themenfeld muss eine konkrete Zuweisung von Aktivitäten bzw. Ressourcen möglich sein, da der Projektstrukturplan, wie die Aktivitäten-Liste, als Basis zur Erstellung von detaillierten Balkendiagrammen dient.

Balkendiagramme (Gantt):

Ein Balkendiagramm dient der systematischen Erfassung und Visualisierung von definierten Arbeitspaketen, die es innerhalb eines Projektes abzuarbeiten gilt. Jedes Arbeitspaket wird ferner in einen zeitlichen Bezug gesetzt, dessen Dauer mittels eines festgeschriebenen Start- und Endzeitpunktes anhand von Balken dargestellt wird. Das Ziel liegt in der Visualisierung, Dokumentation und Statuskontrolle des Projektfortschritts.[73] Ein klassisches und weitverbreitetes Balkendiagramm stellt der sogenannte Gantt-Chart dar, der neben der Visualisierung der erforderlichen Arbeitspakete Meilensteine erfasst, die als mögliche Kontrollpunkte oder Abschluss eines Arbeitspaketclusters des Vorhabens dienen.

---

71 Vgl. Kerzner: Projektmanagement, 2008, S. 408 f.

72 Vgl. Geiger/Romano/Gubelmann/Badertscher/Pifko: Projektmanagement, 2009, S. 150 f.

73 Vgl. Wischnewski: Modernes Projektmanagement, 1999, S. 227.

2.3.4 Rollen des Projektmanagements

Die Planung und Realisierung von Projekten erfordert innerhalb des traditionellen Projektmanagements die Definition von unterschiedlichen Rollen/Positionen zur Wahrnehmung unterschiedlicher Aufgabenkomplexe und -verantwortung. Keßler/Winkelhofer definieren für ein Projekt 28 unterschiedliche Rollen, die durch ein Projekt geprägt und in fünf Bereiche unterteilt werden.[74] Eine Auswahl üblicher Rollen wird in Tabelle 6 in komprimierter Form dargelegt.

Tabelle 6: Rollenklassifizierung des klassischen Projektmanagements[75]

Funktional	Formal	Flankierend	Sozial	Ethnisch-moralisch
Leiter	Projektleiter/-manager	Vorgesetzter	Verkäufer	Verantwortlicher
Manager /Organisator	Auftraggeber	Nicht-Projektmitar-beiter	Motivator	Ökologe
Moderator	Projektsponsor	Budgetplaner	Multiplikator	Ökonom
Kontrolleur	Projektteam	Boykottierer	Feldpost	Ästhetiker
Prozessmanager	Projektmitarbeiter	Trittbrettfahrer	Informant	
Krisenmanager	Projektcontroller	Kuckuck	Entertainer	

Für das allgemeine Verständnis werden im Rahmen dieses Buches nur die formale Ebene und die wichtigsten bzw. in der Praxis üblichen Rollenbeschreibungen näher betrachtet. Eine gängige Hauptrolle nimmt dabei die Position des **Auftraggebers** ein. Als Auftraggeber gilt ein unternehmensinterner/-externer Initiator eines Projektvorhabens, der zugleich als höchste Entscheidungsinstanz sämtliche notwendigen Ressourcen zur Realisierung des zugehörigen Projektauftrags bereitstellt und die Umsetzung unterstützt.[76] Dem Auftraggeber obliegen die Wahl eines geeigneten Auftragnehmers (Projektleiters) und die Abnahme der generierten Ergebnisse.

Die Organisation und systematische Kontrolle von Projekten unterliegt der Verantwortung einer geeigneten Führungspersönlichkeit in der Position eines **Projektlei-**

---

74 Vgl. Keßler/Winkelhofer: Projektmanagement, 2002, S. 141 ff.
75 In Anlehnung an Keßler/Winkelhofer: Projektmanagement, 2002, S. 145 ff.
76 Vgl. Angermeier: Definition Auftraggeber in Projektmagazin, o. J., abgerufen am 23.12.2014.

ters.[77] Zu den Hauptaufgaben zählen neben der Führung und Motivation eines oder mehrerer Projektteams sowohl die Planung, Strukturierung, Überwachung und Steuerung sämtlicher operativen Prozesse innerhalb unterschiedlicher Phasen als auch u. a. die Berichterstattung, Analyse, Risikobewertung, Konfliktlösung und Strategieentwicklung innerhalb des gesamten Projektvorhabens. In seiner Funktion tritt dieser Projektleiter als Organisator, Experte und Führungskraft innerhalb von Projekten auf[78] und stellt somit das taktische Bindeglied zwischen Entscheidungsträgern der strategischen Ebene und ausführenden Instanzen der operativen Ebene dar. Ferner unterliegt ihm die Gesamtverantwortung zur Erfüllung eines Projektauftrags. Synonym zum Begriff Projektleiter wird je nach Unternehmensverständnis auch der Begriff Projektmanager Verwendet.

Sobald die Umsetzung bzw. Erreichung eines konkreten Projektziels ein kurzfristiges Bündnis mehrerer Spezialisten erfordert, ist diese Einheit als **Projektteam** zu bezeichnen. Ein Zusammenschluss von mehr als zwölf Personen erfordert die Aufteilung eines Kernteams in mehrere Teilprojektteams.[79] Das Projektteam untersteht fachlich der Leitung eines Projektleiters/-managers und ist für die operative Ausführung sämtlicher Tätigkeiten, die zur Erreichung eines Projektziels erforderlich sind, direkt zuständig.

77 Vgl. Hindel/Meier/Vlasan: Prozessübergreifendes Projektmanagement, 2005, S. 180.
78 Vgl. Hemmrich/Harrant: Projektmanagement, 2007, S. 50.
79 Vgl. Hüsgen: Projektteams, 2005, S. 23.

3. Analyse von Innovationsprozessmodellen und agilen Methoden

Die Bedeutung des Innovationsmanagements konnte im vorangegangenen Kapitel bereits angedeutet werden. Wie Unternehmen derartige Prozesse im Kontext des Innovationsmanagements definieren und auf die Aufgabenfelder sie zu diesem Zweck gezielt zurückgreifen, blieb bisher allerdings unbeantwortet. Kapitel 3 dient der Beantwortung dieser Fragen. Hierzu werden zunächst in Kapitel 3.1 unterschiedliche Innovationsphasenmodelle und agile Methoden vorgestellt, auf ihre individuellen Stärken und Schwächen sowie auf ihre KMU-Eignung überprüft. In Kapitel 3.2 werden Ergebnisse bisheriger wissenschaftlicher Untersuchungen innerhalb des Themengebietes betrachtet und die wesentlichen KMU-spezifischen Unterschiede und Betrachtungsweisen näher beleuchtet. Die Summe der ermittelten Ergebnisse wird in Kapitel 3.3 abschließend zusammengefasst betrachtet und es wird ein erstes Zwischenfazit gezogen.

3.1 Auswahl angewandter Modelle und Methoden

In diesem Kapitel werden ausgewählter Innovationsprozessmodelle und agiler Methoden beschrieben. Deren identifizierbaren Stärken und Schwächen werden herausgearbeitet und hinsichtlich ihrer Eignung für KMU bewertet. Ferner wird eine Auswahl von Eigenschaften vorgenommen, die sich für die Konstruktion eines agilen Innovationsprozessmodells für KMU eignen. Das Ziel dieses Kapitels liegt somit primär in der Beantwortung folgender Forschungsfragen:

a) **Worin unterscheiden sich die ausgewählten Innovationsprozessmodelle und agilen Methoden**
b) **Welche Eigenschaften der Methoden eignen sich für eine Überführung in ein agiles Innovationsprozessmodell für KMU?**

Ferner dient die Analyse weiterhin der Identifizierung von Referenzmodellen und Referenzmethoden zur Beantwortung der Forschungsfrage b) innerhalb von Kapitel 4.

3.1.1 Phasengesteuerte Innovationsprozessmodelle

Wie für jedes betriebswirtschaftliche Vorhaben bedarf es auch für die Umsetzung eines Innovationsvorhabens einer unbestimmten Anzahl von Aktivitäten. Besonders Innovationen haben in diesem Fall meist einen sehr komplexen Charakter, da viele unterschiedliche Aufgaben zu unterschiedlichen oder gar gleichen Zeitpunkten wahrgenommen werden müssen. Damit Unternehmen diese Tätigkeiten effizient und zielgerichtet umsetzen können, sind Modelle notwendig, die eine Struktur und im Idealfall eine Ablauffolge vorgeben. Damit einzelne Tätigkeiten aber nicht streng aneinandergereiht abgebildet werden, werden diese in den für sie vorgesehenen Phasen kumuliert betrachtet, wodurch das Modell einen übersichtlichen und nachvollziehbaren Charakter erhält. Innerhalb der wissenschaftlichen Literatur findet sich eine Vielzahl von unterschiedlichen Innovationsprozessmodellen. Der wesentliche Unterschied besteht dabei überwiegend in der Granularität der einzelnen Prozessschritte. Ferner sind häufig abweichende Angaben und Meinungen über einen geeigneten Start- und Endpunkt eines Innovationsvorhabens vertreten.

Auf Basis vorliegender Studienergebnisse wurden hierzu KMU-spezifische Stärken und Schwächen bei Innovationsvorhaben identifiziert. Diese sollen zu einer Auswahl von Kriterien führten, über welche KMU-Innovationsprozessmodelle verfügen sollten. Hierzu werden für eine möglichst objektive Bewertung folgende Ergebnisse/Kriterien der nachfolgenden Modelle herangezogen:

Studie: **Innovationsmanagement in KMU** nach Thom/Müller, 2006[80]

- klar formulierte und transparente Innovationstrategie seitens des Managements
- Konzentration auf Kernkompetenzen
- innovationshemmende Widerstände frühzeitig unterbinden/abbauen
- innovationsfördernder Führungsstil
- effiziente Ermittlung relevanter Informationen über den Markt und Wettbewerb (z. B. Marktanalysen)

Studie: **Innovationsmanagement in KMU** nach Verworn/Lüthje/Herstatt, 2000[81]

- geringer Formalisierungsgrad
- eindeutige Ideengenerierungs- und Ideenbewertungsphase
- Verwendung geeigneter Instrumente zur Ideenbewertung
- fundiertes Methodenwissen (insbesondere des Projektmanagements)
- klare Definition/Festlegung von Projektverantwortlichkeiten
- flache Organisationsstruktur (kurze Entscheidungswege)

80 Vgl. Thom/Müller: Leadership – Best Practices und Trends, 2006, S. 262 f.
81 Vgl. Verworn/Lüthje/Herstatt: Innovationsmanagement in KMU, 2000, S. 21.

- strukturiertes Vorgehen mit notwendiger Detailtiefe

Studie: **InnoLab Pro** nach Fox, 2010[82]

- ständige Umsetzungs- und Kosten-Nutzen-Kontrollen
- klare Markt- und Kundenorientierung während der Prozesse
- Einsatz kontinuierlicher Abgrenzungs- und Bewertungspunkte
- Einbeziehung von Kooperationspartnern bei radikalen Innovationen (z. B. von Kunden, Hochschulen, Forschungsinstituten, Partnern oder Wettbewerbern)
- bereichsübergreifende Zusammenarbeit, insbesondere bei Kooperationen[83]

Bezogen auf KMU, verlaufen Prozesse oft chaotisch und weniger nach einem klar definierten Ablaufschema ab, was häufig zu Spannungen innerhalb des Unternehmens führt.[84] Die Auswahl eines geeigneten Modells kann dem entgegenwirken und eine Orientierung bieten. Eine Auswahl geeigneter Modelle wird nachfolgend vorgestellt.

3.1.1.1 Phasenmodell nach Thom

Als erster Untersuchungsgegenstand wird das Modell nach Thom aus dem Jahr 1976 betrachtet. In diesem wird der Innovationsprozess in drei Hauptphasen unterteilt: die Ideengenerierungsphase, die Ideenakzeptierungsphase und die Ideenrealisierungsphase. Jede dieser Phasen beinhaltet weitere Teilprozesse, die linear abzuarbeiten sind.[85] Das Modell entstand aus der Motivation heraus, aus einer Vielzahl in der damaligen Literatur verankerter Modelle einen geeigneten, in der Praxis umsetzbaren Innovationsprozess zu entwickeln. Laut dem Autor müsse ein Phasenmodell primär dazu dienen, reale Entscheidungsmechanismen und Wirkungszusammenhänge zu erkennen.[86] Thom sprach vielen Modellen diese Eigenschaften nicht zu, was ihn zu seinem Dreiphasenmodell führte. Das Modell zeichnet sich dadurch aus, dass es eine schlanke und nachvollziehbare Struktur aufweist und auf eine detaillierte Beschreibung verzichtet (vgl. Abbildung 6).

---

82 Vgl. Fox: InnoLab Pro Studie 2009 - Ergebnisbericht, 2010, S. 26 ff.
83 Vgl. Institut für Unternehmenskybernetik e. V.: Return on Open Innovation, 2013, S. 55 f.
84 Vgl. Gassmann/Sutter: Praxiswissen Innovationsmanagement, 2008, S. 41 f.
85 Vgl. Schewe/Becker: Innovationen für den Mittelstand, 2009, S. 42 f.
86 Vgl. Thom: Grundlagen des betrieblichen Innovationsmanagements, 1980, S. 51.

Phasen von Innovationsprozessen		
Hauptphasen		
1 Ideengenerierung	2 Ideenakzeptierung	3 Ideenrealisierung
Spezifizierung der Hauptphasen		
1.1 Suchfeldbestimmung 1.2 Ideenfindung 1.3 Ideenvorschlag	2.1 Prüfung der Ideen 2.2 Erstellen von Realisierungsplänen 2.3 Entscheidung für einen zu realisierenden Plan	3.1 Konkrete Verwirklichung der neuen Idee 3.2 Absatz der neuen Idee an Adressat 3.3 Akzeptanzkontrolle

Abbildung 6: Dreiphasenmodell nach Thom[87]

Thom ermittelte, dass ein Innovationsprozess mindestens über zwei Phasen (Hauptphasen 1 und 3) verfügen müsse, jedoch der Entscheidungsprozess über die Annahme (Hauptphase 2) einer Idee als notwendiger Schritt unverzichtbar sei und diese erst eine Verbindung zwischen den beiden Hauptphasen ermöglicht.[88]

Hauptphase 1: Ideengenerierung

Beginnend mit dem Prozessschritt der Suchfeldbestimmung, in dem zunächst nach einem geeigneten und klar definierten Umfeld für mögliche Ideen gesucht wird, ergibt sich anschließend der eigentliche Ideenfindungsprozess für eine (ermittelte) nachgefragte oder (vermutete) zukünftige Bedürfnisbefriedigung. Auf Basis der ermittelten Daten erfolgen konkrete Ideenvorschläge, wodurch die Hauptphase „Ideengenerierung“ abschlossen wird.

Hauptphase 2: Ideenakzeptierung

Aufbauend auf konkreten Ideenvorschlägen aus Hauptphase 1, durchlaufen diese anschließend einen Evaluationsprozess. Die Ideen werden auf die Operationalität der Zielformulierung und mögliche Konsequenzen, die mit einer Realisierung und anschließenden Markteinführung verbunden sein könnten, überprüft und anhand von (verschiedenen) Realisierungsplänen abgebildet. Diese durchlaufen erneut einen

87 In Anlehnung an Thom: Innovationsmanagement, 1992, S. 9.

88 Vgl. Thom: Grundlagen des betrieblichen Innovationsmanagements, 1980, S. 52.

Evaluationsprozess, woraufhin ein konkreter Realisierungsplan bzw. eine zu realisierende Idee ausgewählt und in die nächste Hauptphase überführt wird.

Hauptphase 3: Ideenrealisierung

Die Ideenrealisierungsphase umfasst abschließend sämtliche Tätigkeiten, die aufgewendet werden müssen, um die Ideen bzw. Realisierungspläne in ein gewünschtes Endergebnis zu transformieren. Der logischen Abfolge entsprechend, endet die Ideenrealisierungsphase mit der Markteinführung und terminierten Kontrolle, ob und wie das Ergebnis vom Markt akzeptiert wird.[89]

Die von Thom allgemein genannten Hauptphasen finden in vielen der nachfolgenden Innovationsprozessbeschreibungen Erwähnung und können daher exemplarisch als Grundlage für das Verständnis weiterer Modelle betrachtet werden.

Bewertung des Modells:

Identifizierte Stärken des Modells

Das Modell nach Thom ermöglicht einen schnellen Einstieg und ein grundlegendes Verständnis eines Innovationsprozesses für weniger erfahrene Unternehmen im Bereich des Innovationsmanagements. Ferner erfahren solch einfache Modelle häufig eine höhere Akzeptanz bei Unternehmen und involvierten Mitarbeitern. Die Einteilung bzw. Beschränkung auf drei Hauptphasen bilden ein universell anpassbares Framework, dessen Detailtiefe individuell durch das Unternehmen definiert werden kann. Demnach lässt sich das Modell sowohl auf Produkt- , Prozess- oder konzeptionelle Innovationsvorhaben projizieren und nimmt keine Einschränkungen in diesen Bereichen vor. Bis auf die übersichtliche Einteilung des Innovationsprozesses, die Suchfeldbestimmung und Erstellung eines Realisierungsplans als Handlungsempfehlungen lassen sich jedoch keine KMU-relevanten Eigenschaften identifizieren.

Identifizierte Schwächen des Modells

Aufgrund des Verzichts einer detaillierten Beschreibung der anzuwendenden Methoden und Instrumente in den einzelnen Teilprozessen ist seitens der Unternehmen ein hoher Grad an Eigeninitiative gefragt. Zwar ermöglicht die smarte Darstellung gewisse Freiheitsgrade und Handlungsspielräume für Unternehmen mit einem Basiswis-

---

89 Vgl. Thom: Grundlagen des betrieblichen Innovationsmanagements, 1980, S. 45 ff.

sen an Projekterfahrung, jedoch können Projekte in weniger erfahrenen Unternehmen bereits in frühen Phasen durch den Verzicht auf geeignete Methoden/Instrumente (oder durch fehlerhafte Auswahl oder Anwendung) scheitern. Die Evaluation der Ideen und Realisierungspläne beschränkt sich weiterhin nur auf die Prüfung hinsichtlich der Umsetzbarkeit. Über involvierte Fachbereiche, Rollen und Verantwortlichkeiten und auch Kooperationsaktivitäten finden sich ebenfalls keine Angaben. Das Modell sieht keine explizite Prüfung von Abbruchkriterien oder die Berücksichtigung des Serendipitäts-Effektes vor. Ferner sind keine Iterationen und Rückschritte vorgesehen, was auf das streng lineare Ablaufschema zurückzuführen ist.

Bewertung hinsichtlich der Eignung für KMU

Das Modell ist aufgrund seiner sehr vagen Beschreibung für KMU nicht ausreichend geeignet. Es setzt ein hohes Maß an Wissen und Erfahrungen der Unternehmen voraus. Die Nichtnennung der anzuwendenden Methoden und Instrumente in den jeweiligen Teilprozessen erschwert die effiziente Planung und Umsetzung erheblich. Dies gilt insbesondere für weniger erfahrenen Unternehmen wie Start-ups. Besonders KMU sind auf detaillierte Informationen angewiesen, um eine erste Abschätzung des möglichen Ressourcenaufwandes vornehmen zu können.

3.1.1.2 Prozessmodell nach Brockhoff

Als Erweiterung des Modells nach Thom gilt das Modell nach Brockhoff aus dem Jahr 1983. Dieses betrachtet ebenfalls nicht ausschließlich die Entwicklung von Produktinnovationen mit anschließender Markteinführung, sondern berücksichtigt explizit Prozessinnovationen, die anschließend im Unternehmen eingeführt werden. Den Innovationsbegriff bzw. Innovationsprozess unterteilt Brockhoff dabei in ein Verständnis im engen und weiten Sinne (siehe Abbildung 7). Wie das Modell nach Thom folgt auch das Modell von Brockhoff einer linearen Folge von Abläufen. Jedoch verzichtet Brockhoff dabei auf eine Einteilung des Innovationsprozesses in klar abgegrenzte Phasen, sondern spricht von konkreten Prozessschritten.

Prozessschritt 1: Projektidee

Mit der Identifikation eines unmittelbar festgestellten oder vermuteten Bedürfnisses entsteht laut Brockhoff zunächst die Idee zur Befriedigung dieses Bedürfnisses. Wird diese Idee angenommen und zur Realisierung freigegeben, entsteht ein Projekt erst, wenn zu diesem Vorhaben zusätzliches Wissen und zu kombinierende unterschiedliche Faktoren notwendig sind.

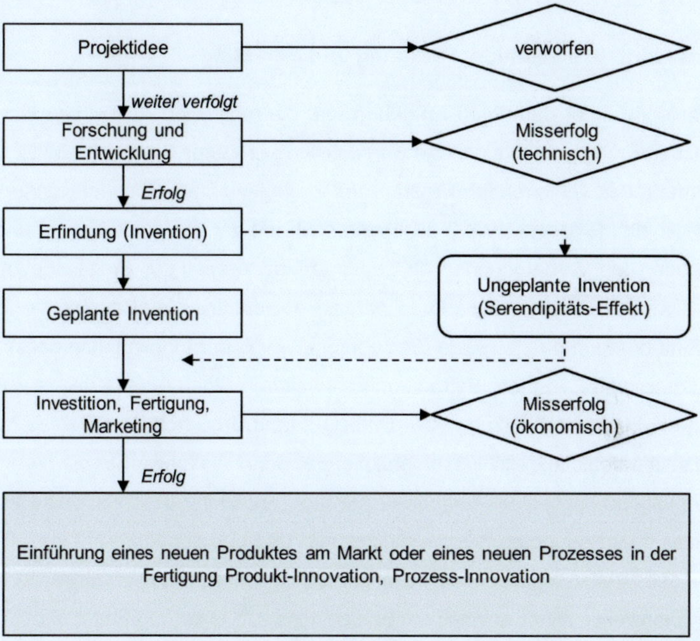

Abbildung 7: Prozessmodell nach Brockhoff[90]

Prozessschritt 2: Forschung und Entwicklung

Anschließend bedarf es einer einschlägig formulierten Innovationsidee, auf deren Basis die eigentlichen Aktivitäten seitens der Fachabteilung Forschung und Entwicklung (sofern auf diese ausgelegt) in Richtung Invention bzw. Innovation angestoßen werden. Aus dem erfolgreichen Projektvorhaben resultiert eine geplante oder auch ungeplante Invention (Erfindung). Eine geplante Invention liegt vor, wenn das Ergebnis die zuvor definierten Projektziele erfüllt. Hingegen spricht man von einer ungeplanten Invention, wenn es sich bei dem Ergebnis um eine Zufallsentdeckung handelt. Wird eine ungeplante Invention in das weitere Innovationsvorhaben involviert bzw. eine Realisierung verfolgt, spricht man von der Berücksichtigung des Serendipi-

90 In Anlehnung an Brockhoff: Forschung und Entwicklung, 1999, S. 36.

täts-Effekts. Laut Brockhoff darf dieses Ergebnis jedoch nicht erneut nur eine Idee oder ein Konzept sein, sondern muss konkret für den anschließenden Realisierungsprozess durch erfahrenes und qualifiziertes Personal für eine Umsetzung geeignet sein.

Prozessschritt 3: Investition, Fertigung und Marketing

Das Vorliegen einer derartigen Erfindung und die möglichen Aussichten eines wirtschaftlichen Erfolgs berechtigen die Bereitstellung größerer finanzieller Mittel und die Überführung des vorliegenden Ergebnisses in die jeweiligen Fachabteilungen. Zentral befasst sich Prozessschritt 3 allgemein z. B. mit der Massenfertigung eines Produktes oder den Vorbereitungen für geplante Maßnahmen zur Prozessoptimierung. Ferner finden Marketingmaßnahmen parallel Anwendung. Abschließend erfolgt die finale Einführung in das jeweilige Zielsegment, womit der Innovationsprozess im engeren Sinne endet. Aus der Betrachtung im weiteren Sinne heraus folgt auf die Einführung die Marktdurchsetzung bzw. Diffusion. Laut Brockhoff ist der weite Innovationsprozess erst als abgeschlossen anzusehen, wenn Wettbewerber mit der Imitation des Innovationsergebnisses begonnen hat (vgl. Abbildung 8).[91] Ziel sollte es vorab sein, dass intern erlangtes Wissen gespeichert und aus der eigenen Motivation heraus für den Weiterverkauf in Aussicht gestellt und nötiges noch fehlendes Wissen mittels finanzieller Mittel erworben werden müsste.[92] Dies begründet Brockhoff mit den starken Verflechtungen zwischen Technologie- und Innovationsmanagement.

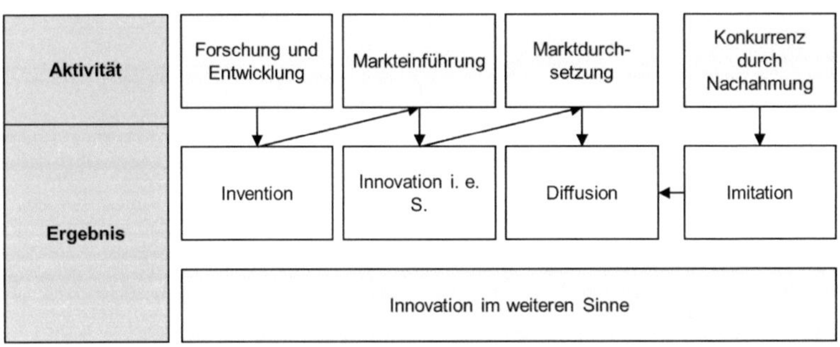

Abbildung 8: Der Innovationsprozess im weiteren Sinne nach Brockhoff[93]

[91] Vgl. Brockhoff: Forschung und Entwicklung, 1999, S. 35 ff.
[92] Vgl. Völker/Sauer/Simon: Wissensmanagement im Innovationsprozess, 2007, S. 17.
[93] Brockhoff: Forschung und Entwicklung, 1999, S. 38.

Bewertung des Modells:

Identifizierte Stärken des Modells

Im Gegensatz zum vorangegangenen Modell nach Thom stellen im Modell nach Brockhoff sowohl die Berücksichtigung möglicher Misserfolge (technisch/wirtschaftlich begründet) als auch die Berücksichtigung des Serendipitäts-Effekts entscheidende Vorteile dar. Dies ermöglicht es Unternehmen, weniger erfolgsversprechende Projekte zeitnah abzubrechen und mögliche Ressourcenverschwendungen abzuwenden. Wird ein Projekt abgebrochen, werden bis dato gesammelte Ergebnisse gespeichert oder können für den Weiterverkauf verwendet werden. Das Modell wurde mit dem besonderen Fokus für die Unternehmensbereiche Forschung und Entwicklung erstellt und eignet sich besonders für technologieorientierte Unternehmen

Identifizierte Schwächen des Modells

Das Modell folgt einem streng linearen bzw. sequentiellen Verlauf und vernachlässigt Iterationen bzw. Rückschritte. Ferner wird keine proaktive Ideation angestrebt, sondern ausschließlich auf Bedürfnisnachfragen reagiert. Ferner mangelt es dem Modell, ähnlich wie bei Thom, an einer detaillierteren Beschreibung der einzelnen Prozessschritte. Das Modell beschreibt nur eine grobe Struktur. Es werden keine Angaben zu empfohlenen oder zwingend erforderlichen Methoden und/oder Instrumenten des Projektmanagements gemacht, wodurch der Prozess zu allgemein gehalten ist.

Bewertung hinsichtlich Eignung für KMU

Die Realisierung eines Innovationsprojektes wird in diesem Modell stark mit dem Fokus auf die Unternehmensbereiche Forschung & Entwicklung verbunden, über die viele KMU aufgrund begrenzter Ressourcen häufig nicht verfügen. Wie schon bei dem Modell nach Thom geht das Modell von Brockhoff nicht auf eine nähere Beschreibung der anzuwendenden Methoden und Instrumente innerhalb der jeweiligen Prozessschritte ein. Somit lässt sich eine Praxistauglichkeit für KMU nur bedingt feststellen. Hiermit ist das Modell ebenfalls **als nicht geeignet für KMU** zu klassifizieren.

3.1.1.3 Phasenmodell nach Geschka

Ein weiteres lineares Prozessmodell wurde 1993 von Geschka entwickelt (vgl. Abbildung 9). Der Autor macht direkt zu Beginn deutlich, dass eine weitere Untergliederung der Hauptphasen in Teilprozess kontraproduktiv für den Faktor Zeitersparnis im Innovationsprozess wäre. Das herausstechende Merkmal dieses Prozessmodells ist die Berücksichtigung einer Vorphase und die Anwendung der Methoden des Projektmanagements.

Hauptphase 0: Vorphase

Die Vorphase dient der zeitnahen Evaluation und Organisation von Innovationsvorhaben, die auf eine kurzfristig festgestellte Bedürfnisermittlung zurückzuführen ist. Dies ist insofern prägnant, als der Autor von Beginn an einen besonderen Fokus auf den Faktor Zeit legt. Viele Innovationsvorhaben werden meist in Unternehmen zu spät thematisiert, gehen im Alltagsgeschäft unter oder finden keine Beachtung auf Managementebene. Geschka stellt die These auf, dass bis zur Entscheidungsfindung für die Realisierung einer Idee durchaus ein Jahr vergehen kann, ehe es zu einer konkreten Realisierung kommt. Um dem entgegenzuwirken, müsse sich die operative Planung weitaus flexibler einrichten. Damit dies gelingt, gibt der Autor Handlungsempfehlungen für Unternehmen, nach denen diese

- vierteljährlich (neue) Innovationsvorschläge bewerten,
- einen Innovationsplanungszeitraum in der Arbeits- oder Stabstellenorganisation vorsehen, der durch Kreativ-Workshops (bei mangelnder Quantität oder Qualität) unterstützt wird, u. a. durch Zuhilfenahme externer Quellen (z. B. Kunden, Experten etc.),
- ein einheitliches Bewertungs- und Auswahlverfahren einführen,
- über ein eindeutiges Reglement der Projektzuständigkeiten durch z. B. Projektmanagement-Koordinationsstellen oder (strategische) Leiter von Fachabteilungen verfügen.

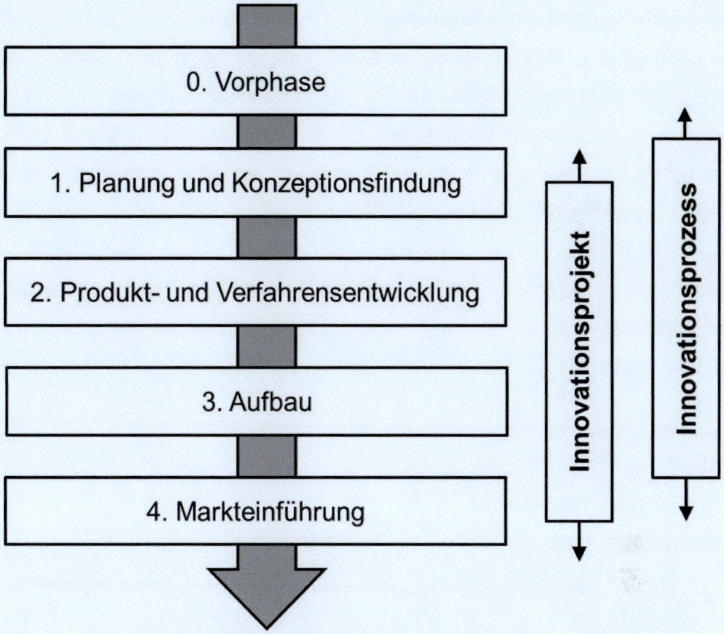

Abbildung 9: Phasenmodell nach Geschka[94]

Hauptphase 1: Planung und Konzeptionsfindung

Unter Verwendung der Projektmanagementregeln (für finanzschwache Innovatoren in einer komprimierten/einfachen Form)[95] beginnt in Hauptphase 1 das eigentliche Innovationsprojekt. Nach der Ernennung des Projektleiters erfolgen die Organisation des Projektaufbaus und die Auswahl geeigneter Projektteammitglieder. Das Top-Management gibt anschließend die erforderlichen Mittel zur Projektbearbeitung frei und es werden erste projektbezogene Termine festgelegt, um das Vorhaben nicht unnötig zu verzögern. Während der Anfangsphase der Produktplanung wird eine Produktstrategie bzgl. Zielmärkten, Zielkunden und Marktsegmenten entwickelt und anhand der Daten aus den Fachabteilungen für den Verkauf, das Marketing und den Kundendienst ein Soll-Profil erstellt, das in einem Lastenheft festgehalten, das alle Erfüllungsmerkmale seitens eines Auftraggebers beinhaltet. Diese Merkmale werden anschließend in technische Kriterien umgewandelt, aufeinander abgestimmt und in

94 In Anlehnung an Geschka: Wettbewerbsfaktor Zeit, 1993, S. 160.
95 Vgl. Geschka: Innovations- und Technologiemanagement, 1999, S. 147.

ein Pflichtenheft (beinhaltet Lösungsweg des Auftragnehmers für die gewünschten Erfüllungsmerkmale) überführt, das zusätzlich einer Überprüfung seitens externer Bezugsquellen unterzogen werden kann. Die frühzeitige Einbeziehung von sowohl internem als auch externem Wissen hebt der Autor an diesem Punkt besonders hervor und begründet seine Aussagen damit, dass so die Fehleranfälligkeit und das Risiko eines frühzeitigen Scheiterns des Projekts gesenkt werden können. In dieser frühen Phase werden bereits erste Kostenanalysen vorgenommen. Die Planungsphase gilt als abgeschlossen, sobald über die notwendigen Ressourcenaufwendungen, Produktfunktionen/-qualität und angestrebten Termine sämtliche relevanten Informationen vorliegen. Anwandte Methoden und Instrumente in dieser Phase sind hierzu u. a.:

- Checklisten
- Workshops (intern/extern)
- Preisvorstellungen mittels Target Costing Verfahren
- Personal-, Aufgabenverteilungs- und Zeitpläne (z. B. Balkendiagramme, Netzplantechnik)
- Projektmanagementsoftware

Abschließend wird das Pflichtenheft durch das Top-Management verabschiedet und die darin enthaltenen Spezifikationen „eingefroren“. Sofern das Innovationsvorhaben im weiteren Verlauf Optimierungsvorschläge erfährt, werden diese zunächst gesammelt und in der neuen Produktgeneration berücksichtigt.

Hauptphase 2: Produkt- und Verfahrensentwicklung

Die Entwicklungsarbeiten stellen den Kern des Innovationsprozesses nach Geschka dar. Im Fokus steht die Erarbeitung der angestrebten Prozesscharakteristika und Produkteigenschaften. Der Arbeitsaufwand steigt in dieser Phase erheblich. Neben anzufertigenden Berechnungen, Entwürfen, Tests und zu beantwortenden Designfragen stehen laut Geschka branchenunabhängig viele „trial and error“ Prozesse im Vordergrund. Für die Entwicklungsphase werden laut Geschka zusätzliche Ressourcen in Form von weiterem unternehmensinternen Humankapitals notwendig. Teilaufgaben können ferner an externe Institute ausgelagert werden.

Geschka betrachtet die beiden Entwicklungsarbeiten nicht getrennt voneinander und begründet dieses Vorgehen damit, dass sich Produktentwicklung und Verfahrensentwicklung stets gegenseitig beeinflussen und anfallende Ressourcenaufwendungen beider Bereiche ineinandergreifen. Zudem favorisiert der Autor eine Parallelbearbeitung von alternativen Lösungswegen. Die Verwendung des Baukastenprinzips wird empfohlen, um Zeit- und Kostenersparnisse zu generieren. Zusätzlich soll auf die bestmögliche Lösung verzichtet werden, um das Risiko, „am Kunde vorbei zu optimieren", zu verringern. Eine hohe Bedeutung wird den Dokumentationsaktivitäten zugeschrieben. Ein Verzicht oder eine Vernachlässigung dieser Aktivitäten ist für Unternehmen mit erheblichen Nachteilen verbunden, wenn intern generiertes Wissen nicht für spätere Prozesse oder Vorhaben schriftlich erfasst und anschließend gespeichert wird.

Hauptphase 3: Aufbau der Produktion

In Hauptphase 3 werden sämtliche Vorkehrungen zur Realisierung des Innovationsvorhabens getroffen. Das Projekt wird zunächst einer kritischen Überprüfung hinsichtlich der Erfolgsaussichten u. a. auf Basis von Marktanalysen unterzogen, ehe (weitere) Investitionen getätigt werden. Die endgültige Entscheidung über die Fortführung des Projektes obliegt dem Top-Management, welches durch das Kernteam komprimiert die Ergebnisse mittels einer aussagekräftigen Präsentation vorgestellt bekommt. Gibt das Top-Management das Projekt frei, so werden Investitionspläne angefertigt und anschließend Bestellungen, notwendige (Um-)Baumaßnahmen in die Wege geleitet und Personalentscheidungen getroffen. Wichtig ist es bei diesen Überlegungen und Entscheidungen, die notwendigen Behörden oder internen Fachbereiche (z. B. Betriebsrat) frühzeitig einzubeziehen, um möglichen Verzögerungen vorzubeugen. Diese Phase gilt als abgeschlossen, sobald der Ablaufplan keine Liege- und Pufferzeiten mehr vorsieht, hinreichende Vorsorge für mögliche Ausfälle getroffen und die Freigabe des vollständig funktionsfähigen Produktionssystems erfolgt ist.

Hauptphase 4: Markteinführung

Den Abschluss des Modells nach Geschka stellt die Hauptphase 4 dar, die bereits zum Zeitpunkt der Aktivitäten in Hauptphase 3 oder Hauptphase 2 gestartet werden kann. Der Zeitpunkt einer frühen Parallelisierung ist abhängig von den zeitintensiven Aufwendungen (z. B. Baumaßnahmen, Maschineninvestitionen), die das Projekt zeitlich stark beeinflussen bzw. herauszögern. Grundlegend müssen zum Zeitpunkt der Serienproduktion sämtliche Marketingmaßnahmen angelaufen sein und der Vertrieb muss seine Aufgaben wahrnehmen können. Geschka hat zu diesem Zweck einen Maßnahmenkatalog erstellt:

- Analyse des Gesamtmarkts und Entwicklung eines Marketingkonzeptes, das in einem gewünschten Segment Anwendung findet
- Frühzeitige Einbeziehung potentieller Kunden und Vorstellung des (fertigen) Produktes; Kunden machen sich mit dem Produkt vertraut, Demonstration oder Bereitstellung von Prototypen an „Lead-User", Pilotkunden und Referenzanwender
- Entwicklung und Herstellung von Vertriebsmaterial (Prospekten, Katalogen usw.)
- Schulung von internem Personal (Vertrieb) und Handelspartnern

Nach Einführung des Produktes unterliegt das entsprechende Unternehmen einem Lern- und Anpassungsprozess. Es sind Marktbeobachtungen durchzuführen und sowohl die Reaktion auf die Produktinnovation als auch die Akzeptanz seitens der Endkunden zu bewerten. Die geschieht u. a. mittels

- schriftlicher/mündlicher Befragungen
- Pretests durch Testmärkte.

Das Kernteam unter Führung des Projektleiters ist primär für sämtliche Phasen bis zur Markteinführung direkt verantwortlich. Die Frage nach einer vollständigen Übergabe der Projektverantwortung an das Marketing bleibt laut Geschka ungeklärt, da das Projekt kein vollständiges Ende erfahren kann und zukünftig weitere Verbesserungen vorgenommen werden könnten.[96] Hierzu sollte das Projektende mit einer konkret definierten Zeitspanne (Etablierungsphase) festgelegt werden und mit Ablauf das Projekt als abgeschlossen oder beendet angesehen werden.

Bewertung des Modells:

Identifizierte Stärken des Modells

Die Eingliederung einer Vorbereitungsphase, die Innovationsvorhaben kontinuierlich fördert, stellt nur eines von mehreren Vorteilen des Modells dar. Dies ermöglicht es Unternehmen, Kreativität und zukunftsorientiertes Handeln zu entwickeln und als festen Bestandteil der Unternehmenspolitik zu etablieren. Eine hohe Relevanz für KMU stellt die nach der Eingrenzung des Suchfeldes regelmäßige vierteljährige Reflektion des Marktgeschehens dar, die kontinuierlich mögliche Marktchancen offenle-

[96] Vgl. Horst Geschka: Wettbewerbsfaktor Zeit, 1993, S. 159 ff.

gen kann. Zudem wird die Verwendung von einheitlichen Bewertungs- und Auswahlverfahren empfohlen. Besonders durch die Anwendung der Methoden des Projektmanagements verfolgt das Modell einen strukturierten und systematischen Ablauf, in dem die Rollen und Verantwortlichkeiten eindeutig formuliert werden. Viele Unsicherheiten bezüglich anzuwendender Instrumente können dadurch minimiert oder ausgeschlossen werden. Ferner stellt die schnelle Definition von projektbezogenen Terminen einen Haupterfolgsfaktor dar, der weitere Maßnahmen nicht unnötig verzögert. Durch den Einsatz von Lasten- und Pflichtenheften wird das Risiko eines abweichenden Produktverständnisses eingeschränkt bzw. ausgeschlossen, sodass klar formulierte Soll-Profile sowohl für intern als auch extern beteiligte Personen ein einheitliches Bild ergibt. Auch der (frühe) abteilungsübergreifende Informationsaustausch und die Einbeziehung von externen Quellen in den Hauptphasen 0 - 2 ist als vorteilhaft zu betrachten. Dies ermöglicht es Unternehmen, das unternehmensinterne Wissenspotential vollständig auszuschöpfen, um kundenorientierte Produktinnovationen hervorzubringen und somit das Risiko einer mangelnden Akzeptanz am Markt zu verringern. Primär beschreibt das Modell zwar die Herangehensweise für Produktinnovationen, lässt aber auch eine Adaption auf Prozessinnovationen zu. Die Berücksichtigung einer Überlappung der Aktivitäten in Hauptphase 4 mit den Hauptphasen 2 und 3 und das Auslagern von Aufgaben an externe Partner ermöglichen zudem einen erheblichen Zeitgewinn und fördert somit einen beschleunigten Innovationsprozess.

Identifizierte Schwächen des Modells

Es wird sehr früh deutlich, dass das Modell streng linear verlaufen muss, um einen stabilen Prozessverlauf gewährleisten zu können. Es sieht auch keine direkten Rückschritte, Iterationen oder den Einsatz von Meilensteinen vor. Zudem sind fundierte Kenntnisse der Methoden des Projektmanagements erforderlich. Insbesondere kleinen Unternehmen mangelt es hierbei an Erfahrungen und spezieller Software. Über die Berücksichtigung des Serendipitäts-Effektes werden keine Angaben gemacht. Optimierungsvorschläge werden immerhin für das jeweilige Innovationsvorhaben kurzfristig zu Gunsten einer neuen Produktgeneration aufgehoben und erneut betrachtet, jedoch nicht darüber hinaus gespeichert. Dies könnte zu Folge haben, dass für zukünftige Projektvorhaben wichtige Informationen verlorengehen. Ein Innovationsvorhaben nach dem Modell von Geschka stellt Unternehmen auch vor hohe finanzielle und personelle Herausforderungen. Der hohe Integrationsgrad verschiedener Stellen bedarf eines hohen organisatorischen Aufwandes. Besonders die Parallelverfolgung alternativer Lösungswege in Hauptphase 2 oder die Marketingaufwendungen (u. a. Befragungen, Pretests) unterstreichen diesen Umstand. Ferner ist das Projekt stark dem Einfluss des Top Managements unterworfen.

Bewertung hinsichtlich der Eignung für KMU

Das Modell ist sehr stark mit den Methoden des Projektmanagements verflochten und bietet sowohl eine detaillierte Beschreibung der abzuarbeitenden Handlungsschritte als auch die notwendige Transparenz und Nachvollziehbarkeit. Zwar dürften den meisten Unternehmen die zentralen Elemente der Methodik bereits bekannt sein, jedoch mangelt es geraden bei KMU an der notwendigen Erfahrung oder der Qualifikation für eine effiziente Umsetzung der Methoden. Ein besonders positives Merkmal stellt die Berücksichtigung der Beziehung zu Kunden in frühen Phasen des Modells dar. Der Projekterfolg ist stark von den Aktivitäten der Vorphase abhängig, die eine klar einzuhaltende Struktur aufweist und auf sämtlichen Hierarchieebenen akzeptiert und gelebt werden muss. Die begrenzten finanziellen und personellen Ressourcen erlauben es den meisten KMU allerdings nicht, die im Modell angestrebte vollständige Herauslösung von Personal aus dem Alltagsgeschehen zwecks Projektbearbeitung vollständig durchzusetzen. Insbesondere das Anforderungsprofil an die Marketingaktivitäten stellt KMU vor eine zeitlich und materiell kaum zu bewerkstelligende Aufgabe und bedarf eines hohen Planungsaufwandes. Diese Anforderungen können in der Regel eher von Großunternehmen umgesetzt werden.

Abschließend ist festzustellen, dass sich das Modell **für KMU** eignet, obwohl es besonders in der Schlussphase einen höheren Ressourcenaufwand erfordert, der individuell nach den verfügbaren Kapazitäten abgewogen werden muss.

3.1.1.4 Phasenmodell nach Schmitt-Grohe

Ein weiteres Modell beruht auf den Überlegungen von Schmitt-Grohe aus dem Jahr 1972 (vgl. Abbildung 10). Auch dieses teilt den Innovationsprozess entsprechend dem Modell von Thom in drei Hauptphasen auf (Ideengewinnung, Ideenprüfung und Ideenverwirklichung), die erneut eine Untergliederung in weitere Teilprozesse erfahren.

Hauptphase 1: Ideengewinnung

Ein Hauptkriterium zum Anstoß des Innovationsvorhabens besteht darin, dass dem Unternehmen möglichst viele Ideen zur Bewertung vorliegen. Die Sammlung von unternehmensinternem oder unternehmensexternen Inputs ist daher besonders für Betriebe mit konkreten Wachstumszielen von hoher Bedeutung. Produktwünsche sollten anhand von gezielten Produkt- und Marktforschungsmaßnahmen ermittelt werden. Oft können Anregungen alleine durch Rechercheaktivitäten in Fachzeitschriften oder durch die Einbeziehung von externen Beratern entstehen.

Beispiele:

Tabelle 7: Klassifizierung nach Schmitt-Grohe[97]

Beispiele	Merkmale	Benötigte Qualifikation
1. Prüflisten/ Fragenkatalog 2. Forced Relationship 3. Brainstorming	Einfach/systematisch Einfach/kreativ Einfach/kreativ	keine
Morphologische Analysen	Mittelschwierig kosten-/zeitintensiv	Unterweisung durch Fachpersonal ausreichend
Beispiele	**Merkmale**	**Benötigte Qualifikation**
Synektik	Schwer kosten- /zeitintensiv	Ausführung nur durch trainierte Spezialisten/qualifizierte Wissenschaftler

Allerdings wird kreativen Individualprozessen ein ebenso hoher Stellenwert zugesprochen. Doch die Sammlung allein ist weniger erfolgversprechend. Das Vorgehen in Hauptphase 1 muss parallel eine Ergänzung durch systematische Ideenerzeugung mittels kreativer Methoden und Instrumente erfahren. Der Autor nennt hierzu u. a. exemplarisch einige Methoden (vgl. Tabelle 7).

[97] In Anlehnung an Schmitt-Grohe: Produktinnovation, 1972, S. 73.

Hauptphase 2: Ideenprüfung

Während der Ideenprüfung gilt es, weniger erfolgversprechende Ideen möglichst frühzeitig zu erkennen, auf ein möglichst geringes Maß zu reduzieren und falls möglich, schnell zu verwerfen. Die Ideen werden in eine Rangordnung überführt und anhand von Experten mittels Auswahlfragen oder Punktebewertungsverfahren u. a. auf folgende Anforderungen hin grob überprüft:

- Verträglichkeit mit dem bisherigen Produktionsprogramm
- Vereinbarkeit mit dem technischen Know-how
- Gewinnmöglichkeit
- mögliche Absatzkanäle

Nach dieser Grobauswahl werden die verbleibenden Ideen mittels einer genauen Wirtschaftlichkeitsanalyse – u. a. anhand von (erweiterten) Break-even-Analysen oder von Investitionsrechnungsmodellen – präziser bewertet. Diese beinhaltet u. a.:

- Absatzpotentialberechnungen
- Umsatzeinschätzungen
- Schätzungen über die Ausprägungen des Produkt-Mixes
- Schätzungen der Produktions- und Marketingkosten

Abschließend für Hauptphase 2 entscheiden Prognose- und Entscheidungsmodelle über die endgültige Realisierung einer Idee und Überführung in Hauptphase 3.

Hauptphase 3: Ideenverwirklichung

Zu diesem Zeitpunkt des Innovationsprozesses wird in der technischen Entwicklung die akzeptierte Idee in ein physisches Produkt transformiert. Es werden erste Prototypen produziert, bis eine (test-)marktverträgliche technische Funktionalität, ein kundenfreundliches Design und die Realisierung einer Serienfertigung gewährleistet werden können. Parallel dazu werden erste Maßnahmen für eine bevorstehende Markteinführung begonnen. Ferner entscheiden u. a. die Termintreue des Vorhabens, die bewilligten Budgetaufwendungen und die rechtlichen Gegebenheiten über Fortführung oder Abbruch des Innovationsprojektes.

Erlaubt der Produktstatus den Anforderungen entsprechend einen ersten Feldversuch, werden Produkt- und Markttests gestartet. Hierzu werden zuvor die möglichen

Testkosten in Beziehung zu den Verbesserungen des Informationsstandes gesetzt. Sowohl für die technische Planung als auch für die Terminplanung wird auf die Netzplantechnik zurückgegriffen.

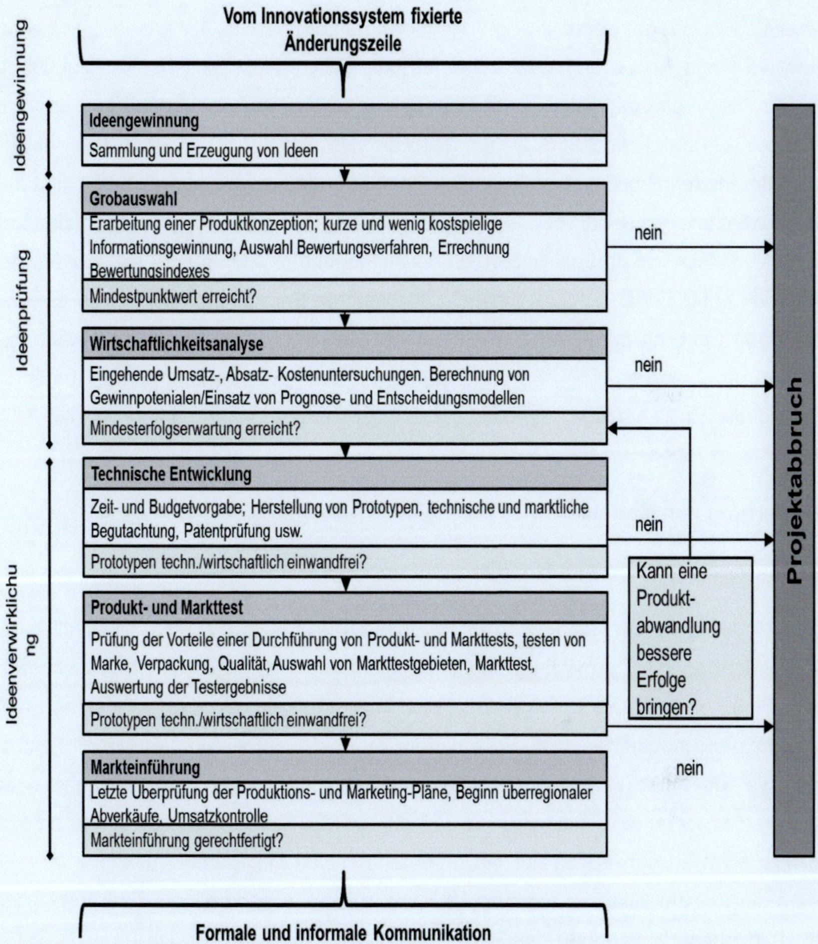

Abbildung 10: Der Innovationsprozess nach Schmitt und Grohe[98]

Auf Datenbasis der ermittelten Informationen innerhalb der Testphase werden anschließend die neu gewonnenen Erkenntnisse erneut überprüft. Ferner werden Mar-

[98] In Anlehnung an Schmitt-Grohe: Produktinnovation, 1972, S. 53.

ketingmaßnahmen angepasst und abschließende Überlegungen – u. a. unter Verwendung des Entscheidungsbaumverfahrens – angestellt. Auf diesem Wege wird geprüft, ob das neue Produkt am Markt eingeführt oder das Projekt verworfen wird. Spricht das Ergebnis für einen Projektabbruch, ergeben sich hier jedoch erstmals zwei Lösungswege. Lösungsweg 1 sieht den herkömmlichen Abbruch des Projektes vor, wo hingegen Lösungsweg 2 eine erneute Wirtschaftlichkeitsanalyse zulässt, in deren Folge die geplanten Optimierungen – sofern technisch bzw. wirtschaftlich sinnvoll – in das Produktionssystem übernommen und ein neues Produkt produziert wird. Im letzten Prozessschritt wird das Produkt endgültig eingeführt. Mit Beginn des Produktlebenszyklus erfährt das Projekt anschließend kontinuierliche Umsatzkontrollen, die Aufschluss darüber geben, ob die im Vorfeld angefertigten Analysen den Annahmen entsprechen oder zu einem abweichenden Ergebnis geführt haben. Es wird überprüft, ob die Überlegungen marktgerecht waren, ob die eingesetzten Planungsverfahren zu einem Erfolg oder Versagen am Markt geführt haben und ob durch die Erlöse die aufgebrachten Entwicklungskosten wieder eingenommen werden können.[99]

Bewertung des Modells:

Identifizierte Stärken des Modells

Das Modell weist eine klare Struktur mit detaillierten Beschreibungen hinsichtlich anzuwendender bzw. praxistauglicher Instrumente in den einzelnen Prozessschritten auf. Dies ermöglicht es Unternehmen, sich im Vorfeld ein Bild der anstehenden Aufwendungen und Aufgaben zu verschaffen, effiziente Vorbereitungen vor Projektbeginn vorzunehmen und eine geeignete Auswahl qualifizierter Projektteilnehmer zu treffen. Ferner ist der Prozessschritt der aktiven Ideengewinnung vorteilhaft, da sich dieser nicht ausschließlich auf die unternehmensinterne Ideation beschränkt, sondern die Implementierung externen Wissens zulässt. Eine kontinuierliche Evaluation in Hauptphase 2 verringert das Risiko, weniger erfolgversprechende Projekte weiter zu verfolgen. Das Modell sieht eine Vielzahl wissenschaftlicher Methoden für diese Hauptphase vor und gestattet es den Innovationsprozess somit, transparent und nachvollziehbar zu gestalten. Die Berücksichtigung von Abbruchkriterien anhand wissenschaftlicher fundierter Daten stellt eine gewisse Sicherheit dar, dass Entschei-

[99] Vgl. Schmitt-Grohe: Produktinnovation, 1972, S. 52 ff.

dungen nicht vorrangige „aus dem Bauch heraus“ getroffen werden. Ferner sieht das Modell die Möglichkeit einer Rückkopplung nach der Produkt- und Markttestphase vor, wodurch möglicherweise weniger erfolgversprechende Projekte optimiert und markttauglich produziert werden können.

Identifizierte Schwächen des Modells

Das Modell setzt ein hohes Maß an (betriebs-)wissenschaftlichem Wissen und Humankapital voraus, um – zumindest die meisten – der vorgestellten Instrumente und das Modell effizient nutzen zu können. Weiterhin ist eine vollständige Umsetzung nach dem Schema sehr kosten- und zeitintensiv, wodurch das Innovationsvorhaben aufgrund des administrativen Aufwandes eine längere Zeitspanne in Anspruch nimmt. Über die Speicherung von verworfenen Ideen und Wiederaufnahme zu einem späteren Zeitpunkt werden keine Angaben gemacht. Da sich Marktsituation bzw. Kundenanforderungen in einem ständigen Wandel befinden und sich insofern ändern könnten, dass ein anfangs verworfenes Projekt plötzlich wieder an Relevanz gewinnt, stellt dies einen Nachteil dar. Ergänzend besteht bei Projektbeginn in der Ideengewinnungsphase die Gefahr, dass es zur einer Einschränkung der Kreativität aufgrund der nachfolgenden detaillierten Evaluationsmaßnahmen kommt, in der wirtschaftliche Kennzahlen möglicherweise durch das Top-Management höher bewertet werden als technisch-funktionale. Weiterhin stellt eine fokussierte Implementierung von externem Wissen während der Ideengewinnungsphase keinen Vorteil dar. Eine anfangs formulierte Kundenanforderung an ein Produkt, das sich bereits im Verlauf des Evaluationsprozesses oder der technischen Entwicklung befindet, könnte sich kurzfristig über einen längeren Zeitraum verändern und erst zu spät auffallen. Ein Projekt könnte somit plötzlich verworfen werden, statt frühzeitig auf die neuen Anforderungen zu reagieren. Damit einhergehend ist der streng lineare Verlauf mit nur einer einzigen Iteration weniger vorteilhaft, da auf Veränderungen bereits vor dem Einsatz kostenintensiver Produkt- und Markttests eingegangen werden sollte. Das Modell verfügt weiterhin weder über Meilensteine, die Abbruchentscheidungen offenlegen, noch über ein Anforderungsprofil der zu bestimmenden Rollen oder Verantwortlichkeiten innerhalb dieses Prozesses noch über eine Beschreibung der anzuwendenden Projektmanagementmethoden.

Bewertung hinsichtlich der Eignung für KMU

Die strukturierte und praxisorientierte Beschreibung ist besonders für KMU vorteilhaft und lässt sich vergleichsweise leicht in mittelständischen Unternehmen umsetzen. Der skizzierte Innovationsprozess ist allerdings nur unter hohem Einsatz von Mitarbeitern umsetzbar. Zudem ist das Modell stark an die Verwendung komplexer, wissenschaftlicher Methoden gekoppelt. KMU verfügen selten über die ausreichend Personalressourcen, die aus dem Alltagsgeschäft herausgelöst und derartigen Aufgaben zugeführt werden können. Demnach müssten das Unternehmen bzw. dessen Mitarbeiter schon im Vorfeld Erfahrungen mit den geforderten Instrumenten mitbringen. Betrachtet man die qualitativen Kriterien, die ein KMU definieren, werden zur Entscheidungsfindung allerdings nur selten Planungs- und Kontrollmodelle eingesetzt. Dies ist auf den damit verbundenen hohen Personalaufwand zurückzuführen. Weiterhin wird das Modell ab Hauptphase 2 nicht nur besonders zeit-, sondern durchaus auch sehr kostenintensiv. Zwar mindern die ständigen Kostenkontrollen das Risiko von sogenannten „sunk costs" bzw. irreversibler Kosten erheblich, es bedarf jedoch oftmals erheblicher artverwandter Aufwendungen innerhalb von KMU. Das Modell eignet sich für diese daher **nur bedingt** unter der Voraussetzung, dass KMU eine qualifizierte Auswahl jener Instrumente treffen, die sich mit geringem Widerstand implementieren lassen.

3.1.1.5 Phasenmodell nach Reichwald und Piller

Das Modell nach Reichwald und Piller stellt im Vergleich zu den bereits vorgestellten Innovationsprozessmodellen eine Besonderheit dar und fokussiert in entscheidenden Phasen die anhaltende Einbeziehung externer Quellen über den gesamten Wertschöpfungsprozess (vgl. Abbildung 11). Das Ziel ist es, über den eigenen internen Wissensbestand hinaus Innovationen durch die enge Zusammenarbeit mit Kunden und Kooperationspartnern hervorzubringen, indem ihr implizites Wissen extrahiert und effizient für die unternehmerischen Prozesse integriert und genutzt wird.[100] Ein zentraler Begriff, der einen ständigen Begleiter dieses Innovationsmodells darstellt, ist die „Interaktion" mit den jeweilig involvierten, externen Partner. Die Autoren bezeichnen ihr Modell daher trotz des linearen Ablaufs primär als „interaktives Innovationsmodell" und stützen sich auf den Open Innovation Ansatz. Um die Umsetzung

[100] Vgl. Hochmeier: Kritische Erfolgsfaktoren im Innovationsmanagement, 2012, S. 3.

des Modells gewährleisten zu können, ist die Auswahl geeigneter Prozesse und Instrumente von entscheidender Bedeutung.[101]

Prozessschritt 1: Ideation

Das Modell bzw. der betreffende Innovationsprozess wird durch die Ideengenerierungsphase angestoßen. Hierbei gilt es, anfangs einen Ideenpool aufgrund einer gezielten oder möglichen Bedürfnis induzierte Nachfrage zu schaffen bzw. diesen für das jeweilige Vorhaben größtmöglich zu erweitern. Den Anstoß können dabei zunächst vage formulierte Ideen liefern, die vollständig neuartige Produkte oder Dienstleistungen am Markt etablieren oder bestehende verbessern sollen. Abweichend von der traditionellen Sicht, werden Ideen mittels des Open Innovation Ansatzes nicht ausschließlich unternehmensintern generiert und bewertet. Neben der Bewertung durch ein erfahrenes Senior Management wird der sogenannten offenen Bewertung durch die extern einbezogenen Quellen (Kunden, Institutionen etc.) eine wichtige Rolle zugeschrieben. Für sowohl die Ideengenerierung selbst als auch die anschließende externe Bewertung können u. a. folgende Instrumente hinzugezogen werden:

- Lead User Methodik
- Ideenwettbewerbe
- Online-Communities

Ein Praxisbeispiel für eine derartige Anwendung stellt der Schweizer Migros-Genossenschafts-Bund dar, der mit seinem internen Portal, *„Migipedia – Deine Sicht auf unsere Dinge“,* Umfragen zu eigenen Produkten avanciert. Hierbei greift das Unternehmen auf das sogenannte Crowd Creation oder Crowd Voting zurück, in dessen Folge eine Vielzahl registrierter Nutzer über gewünschte Geschmacksrichtungen oder das Markenbild mitentscheiden bzw. abstimmen. Mit einer lancierten Umfrage im Jahr 2010 sprachen sich beispielsweise 80 % der Teilnehmer für eine neue Verpackung in PET-Flaschen aus. Eine Umsetzung erfolgte kurze Zeit darauf.[102] Diese Form der Kundenintegration schafft eine Beziehung zwischen Kunden und Unternehmen auf Augenhöhe, bietet hinreichendes Potential für endverbraucherorientierte Innovationen und ermöglicht den Weg in eine technisch-funktionale Abhängigkeit.

[101] Vgl. Faber: Open Innovation – Ansätze, Strategien und Geschäftsmodelle, 2008, S. 52 f.
[102] Vgl. Naef: MIGROS Medien Information, 2010, abgerufen am 02.11.2017.

Dennoch gilt es kritisch zu betrachten, ob nach Vollendung eines angelegten Projektes ein nachhaltiger Loyalitätseffekt auftritt.

Prozessschritt 2: Konzeptentwicklung

Sind die Aktivitäten in Prozessschritt 1 abgeschlossen und liegt dem Unternehmen eine positive Bewertung der generierten Ideen vor, werden diese an die Abteilung Forschung & Entwicklung (F&E) übergeben, die diese näher spezifiziert und visualisiert. Es entsteht ein erstes Konzept zur Problemlösung bzw. Bedürfnisbefriedigung. Zusätzlich werden in dieser Phase weitere Planungen vorgenommen, die den Projektverlauf zeitbezogen und in technischer Hinsicht beschreiben und ökonomische Aspekte näher betrachten. Hierzu fallen primär folgende Aufgaben an:

- definierte Zeitpläne zur Ideenrealisierung
- Erstellung von Investitionsplänen
- Abschätzungen zur technischen Realisierbarkeit und zum Marktpotential.

Das abschließend vorliegende Konzept erfährt daraufhin eine Bewertung durch das in Schritt 1 erwähnte Senior Management, durch Experten und auf Basis von Marktforschungsanalysen. Das Konzept, welches beschreibt, wie ein gewünschter Lösungsansatz aussehen könnte, muss jedoch nicht ausschließlich durch die F&E-Abteilung(en) generiert werden. Wie im vorangegangenen Beispiel dargelegt, können auch externe Akteure ein derartiges Konzept erarbeiten und vorlegen, sofern ein Unternehmen den Lösungsgenerierungsprozess an diese outsourct und entsprechende Anreize liefert. Dies ist abhängig vom Grad der Integration und Interaktion der jeweiligen Schnittstellen und der intrinsisch bzw. extrinsisch Motivation[103] der involvierten Bezugsquellen.

Prozessschritt 3: Prototyping

Das Prototyping beschreibt die Überführung der in Prozessschritt 2 generierten Konzepte, z. B. in Form von Skizzen und Dokumenten, in vollständig funktionsfähige Versuchsobjekte (Prototypen), die unter Verwendung aller notwendigen Technologien und Ressourcen, die dem Unternehmen zur definierten Ergebnisgenerierung zur Verfügung stehen, entstehen. Anschließend wird überprüft, ob das Resultat den im Konzept definierten Anforderungen entspricht oder ob Abweichungen eine Wiederho-

103 Vgl. Schoeneberg: Komplexitätsmanagement in Unternehmen, 2014, S. 277.

lung des Prozessschrittes 2 und/oder 3 notwendig machen. Ferner werden die geplanten Produktions- und Entwicklungskosten mit den tatsächlich in Anspruch genommenen Mitteln abgeglichen. Bei der interaktiven Wertschöpfung nimmt das Prototyping besonders als Lösungsgenerierungsprozess eine wichtige Rolle ein. So ist es für Unternehmen meist einfacher, Lösungen anhand eines von Kunden gefertigten Prototyps zu erkennen oder sich durch diesen inspirieren zu lassen. Dies mindert das Risiko, am Kunden vorbei zu entwickeln, und ermöglicht zusätzlich, die gestellten Anforderungen neu zu bewerten bzw. zu optimieren. Weiterhin erschließen sich neue Innovationsfelder für die Unternehmen. Unter Bereitstellung geeigneter – u.U. auch virtueller – Hilfsmittel lässt sich dieses Potential weitestgehend ausschöpfen.

Prozessschritt 4: Produkt- und Markttest

Der Open Innovation Ansatz ermöglicht es Unternehmen in Prozessschritt 4, ihre Ergebnisse über die konventionellen Wege hinaus evaluieren zu lassen. Traditionell wird der Prototyp, der ohne Kundenbeteiligung im Entwicklungsprozess entstanden ist, für die Serienfertigung in das Produktionssystem überführt und zunächst in kleinen Stückmengen produziert. Anschließend werden diese in Testmärkten platziert und die Reaktion der Endverbraucher auf das Erzeugnis überprüft. Dieses Vorgehen birgt die Möglichkeit, dass das Produkt den gestellten Anforderungen nicht gerecht wird und somit von den Kunden teilweise oder vollständig abgelehnt wird. Auf Basis dieser Erkenntnisse werden Modifikationen vorgenommen und sowohl das Erzeugnis als auch die Marketingstrategie an die neuen Anforderungen angepasst. Durch den Open Innovation Ansatz scheint dieses Risiko erheblich gemindert und Produkt- und Markttests vorab weitaus erfolgversprechender. Der Prozessschritt wird durch die vorherige Kundeninteraktion nicht überflüssig, doch weist dieser im Vergleich zu konventionellen Abläufen erhebliche Abweichungen auf. Begründet liegt dies in der Tatsache, dass Kunden das Erzeugnis bzw. das Ergebnis bereits kennen bzw. es auf Grundlage ihrer Idee entstanden und somit die Akzeptanz eher gegeben ist.

Prozessschritt 5: Markteinführung

Die Markteinführung stellt den Abschluss des Prozessmodells nach Reichwald/Piller dar. Im Zentrum stehen sämtliche erforderlichen Marketingaktivitäten, die primär sowohl die Kommunikation als auch die Vermarktung des Innovationsergebnisses betreffen. Hierzu zählen üblicherweise die Festlegungen eines Endverkaufspreises für das Erzeugnis, die Wahl der geeigneten Distributionsform sowie die Schulung des Vertriebspersonals. Auch hier weist der Ansatz des Open Innovation eine Abweichung zur konventionellen Vorgehensweise auf und empfiehlt eine stärkere Integration des Kunden in das Vertriebsgeschehen. Von einer breit angelegten Markteinführung wird abgesehen und vielmehr eine dezidierte Marketingstrategie verfolgt. Der Fokus liegt hierbei auf der Gewinnung und Integration von Pilotkunden, die den Vertrieb unterstützen. Kunden können weiterhin als Ideengeber oder überzeugte und zufriedene Nutzer öffentlich auf der unternehmenseigenen Webseite oder über Social-Media-Kanäle präsentiert und der Kundenstamm mit ihrer Hilfe schrittweise weiter ausgebaut werden.[104]

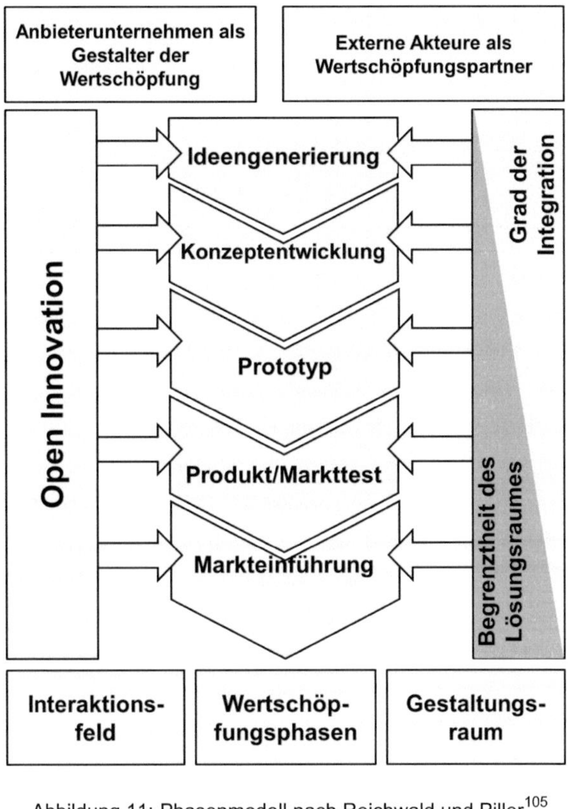

Abbildung 11: Phasenmodell nach Reichwald und Piller[105]

104 Vgl. Reichwald/Piller: Interaktive Wertschöpfung, 2009, S. 122 ff.
105 Reichwald/Piller: Interaktive Wertschöpfung, 2009, S. 123.

Bewertung des Modells:

Identifizierte Stärken des Modells

Das Modell nach Reichwald und Piller weist einige positive Merkmale auf. Besonders hervorzuheben sind die gezielte Einbeziehung der Kundenbedürfnisse und die Zuhilfenahme externer Quellen während des gesamten Innovationsprozesses. Auf diesem Wege können Unternehmen eventuelle Informationsdefizite kontinuierlich kompensieren. Dies erhöht die Wahrscheinlichkeit, dass Innovationen mit hohem Endverbrauchernutzen generiert werden. Hierbei hilft, dass nicht nur von Unternehmensseite Ideen generiert und bewertet werden, sondern auch Kunden und Kooperationspartner einbezogen werden. Dies mindert bereits von Projektbeginn an das Risiko einer mangelnden Akzeptanz der neuen Leistungen und ermöglicht eine kundenorientierte Entwicklung von Produkten. Ein weiteres positives Merkmal stellt das Outsourcing von Aufgabenstellungen u. a. an Kunden und Kooperationspartner dar. Dies führt zu einer Entlastung der unternehmerischen Prozesse und hilft den Ressourcenaufwand des Unternehmens zu reduzieren. Ferner ist die Anwendung wissenschaftlicher Instrumente zur Prozessplanung und -steuerung hervorzuheben. Diese gewährleistet einen kontrollierten Projektverlauf und ermöglichen höhere Planungssicherheit.

Identifizierte Schwächen des Modells

Neben den Stärken weist das Modell jedoch auch einige negative Aspekte auf. So sind die Teilnahme an einer derartigen Zusammenarbeit und die Qualität des Inputs stark von den intrinsischen und extrinsischen Leitmotiven des Kunden bzw. Partners abhängig. Nicht nur für das Unternehmen bedeutet ein derartiges Vorhaben einen erheblichen Zeit- und Kostenaufwand. Auch der oder die jeweiligen Partner haben mit vergleichsweise hohen Aufwendungen zu rechnen. Fraglich ist, inwieweit diese Aufwendungen kompensiert bzw. eine langfristige Zusammenarbeit gewährleistet werden können. Damit verbunden besteht automatisch die Gefahr eines hohen gegenseitigen Abhängigkeitsverhältnisses der Parteien. Weiterhin kann eine mangelnde Objektivität, die sich aus den jeweiligen unterschiedlichen Erwartungshaltungen an das Innovationserzeugnis ergibt, dazu führen, dass Fehlentscheidungen getroffen und evtl. Projekte unnötig lange aufrechterhalten bzw. falsche Zielsetzungen verfolgt werden.

Denkbar wäre, dass bei der internen Ideenbewertung die Kundebedürfnisse aus der Sicht des Top Managements den ökonomischen Zielsetzungen nachgeordnet werden. Dies kann jedoch nie ausgeschlossen werden. Ferner muss das angestoßene Innovationsvorhaben eng mit dem Leistungsprogramm des betreffenden Unternehmens übereinstimmen, was Einschränkungen hinsichtlich der Kreativität mit sich bringt. Methodisch weist das Modell ebenfalls einige Mängel auf. So existieren weder klare Definitionen der Rollen und Verantwortlichkeiten des eingesetzten Personals entlang des Innovationsprozesses noch werden die erforderlichen Qualifikationen deutlich. Hinzu kommen fehlende Angaben bezüglich der Projektmanagementmethoden, die angewendet werden sollen. Iterationen sind erst ab Prozessschritt 3 vorgesehen und ein Einsatz von Meilensteinen, die einen Abbruch des Projektes ermöglichen, wird ebenfalls nicht berücksichtigt. Somit ist es schwierig festzustellen, wann ein Projekt innerhalb dieses Modells als gescheitert angesehen werden sollte. Eine detaillierte Kostenkontrolle findet ebenso erst ab Prozessschritt 3 Anwendung und birgt ebenfalls Risiken, da Ressourcenverschwendungen in den vorherigen Prozessschritten zu spät auffallen könnten. Die Offenlegung von geheimen Unternehmensdokumenten bedarf eines hohen Maßes an Vertrauen in einer derartigen Partnerschaft. Das Teilen des unternehmerischen „Know-hows“ muss daher gut überlegt und das Risiko sorgfältig abgeschätzt und akzeptiert werden. Ebenso gilt es, sich intensiv mit rechtlichen Fragestellungen auseinanderzusetzen, was einen gehobenen Anspruch an die Rechtsabteilung stellt. Bereits zu Projektbeginn kann die Partizipation externer Partner schnell die Frage aufkommen lassen, wer der eigentliche Urheber einer Idee bzw. einer Innovation war. Ferner gilt es zu beachten, dass Mitbewerber womöglich früh auf geplante Innovationen aufmerksam werden und dem Unternehmen nacheifern. Die Möglichkeit, dass Mitbewerber frühzeitig innovative Konkurrenzprodukte im Markt einführen und diese anschließend eine höhere Akzeptanz kann gerade bei der Zusammenarbeit mit externen Partnern nie ausgeschlossen werden.

Bewertung hinsichtlich der Eignung für KMU

Das Modell sieht für ein Innovationsvorhaben eine enge Kooperation bzw. Beziehung mit externen Partnern vor. Über diese Kontakte verfügen KMU oft schon im Vorfeld der Umsetzung einer konkreten Innovation. Allerdings müssen Anreize seitens des Unternehmens geboten werden, die die Attraktivität einer derartigen Partnerschaft für die externen Partner wenigstens für die Dauer des Innovationsprojekts sicherstellen. Das Modell sieht eine eigene Forschungs- und Entwicklungsabteilung vor. Über diese verfügen KMU meist nicht. Die vergleichsweise kurze Prozessbeschreibung ist für das allgemeine Verständnis sehr gut geeignet und ermöglicht einen guten Überblick über den Ablauf und den Inhalt einzelner Prozessschritte. Auch bietet das Modell gewisse Freiräume in der Gestaltung. Dies liegt daran, dass auf eine genaue Festlegung der anzuwendenden Instrumente verzichtet wird. Allerdings mangelt es dem Modell an der Darstellung einer geeigneten Projektmanagementmethode oder Kontrollkriterien bzw. Meilensteinen, die eine Stoßrichtung vorgeben und es KMU ermöglichen, ihre Prozesse effizient zu organisieren. KMU könnten bei mangelnder Erfahrung ansonsten Gefahr laufen, weniger erfolgreiche Projekte unnötig in die Länge zu ziehen oder Beziehungen zu Partnern zu gefährden. Zusammenfassend lässt sich feststellen, dass sich das Modell nur bedingt für KMU eignet. Die Implementierung externen Wissens in den Innovationsprozess sollte je nach Unternehmensgröße und verfügbaren Ressourcen individuell bewertet und limitiert werden. Geringere Absatzrisiken und die Auslagerung von Aufgaben wirken attraktiv. Es können aber trotzdem hohen Investitionen für die betreffenden Investitionsprojekte erforderlich sein.

3.1.1.6 Phasenmodell nach Cooper und Kleinschmidt

Eines der bekanntesten und in der wissenschaftlichen Literatur am häufigsten zitierten Phasenmodelle ist das Stage-Gate-Modell, das in den 60er Jahren von der NASA unter der Bezeichnung "Phase-Review-Modell" entwickelt wurde.[106] Basierend auf der NewProd III Studie von Cooper und Kleinschmidt[107] entwickelten diese ein lineares Modell der zweiten Generation (vgl. Abbildung 12). Ziel war es, die identifizierten Schwächen des Vorgängermodells zu eliminieren und einen Standardablauf zu schaffen, der sich auf jedes Projektvorhaben übertragen lässt.

Der betreffende Prozess ist in mehrere bereichsübergreifende Stufen mit fest definierten Start- und Endzeitpunkten unterteilt, die durch vordefinierte Evaluationspunkte (Meilensteine) voneinander abgegrenzt werden. Innerhalb der Meilensteine werden im Vergleich zum Modell der Generation 1 nicht nur die fertiggestellten Arbeiten betrachtet. Es werden auch verstärkt die Qualität der Ergebnisse für zukünftige Akti-

106 Vgl. Hessen: Innovationsportfoliomanagement, 2009, S. 72.
107 Vgl. Kleinschmidt/Geschka/Cooper: Erfolgsfaktor Markt, 1996, S. 6 ff.

vitäten bewertet und eine maßgebliche Projektentscheidung getroffen. Diese Entscheidung bezieht sich auf Fortführung oder Abbruch des Projektes bzw. Wiederholung des zurückliegenden Abschnitts.[108]

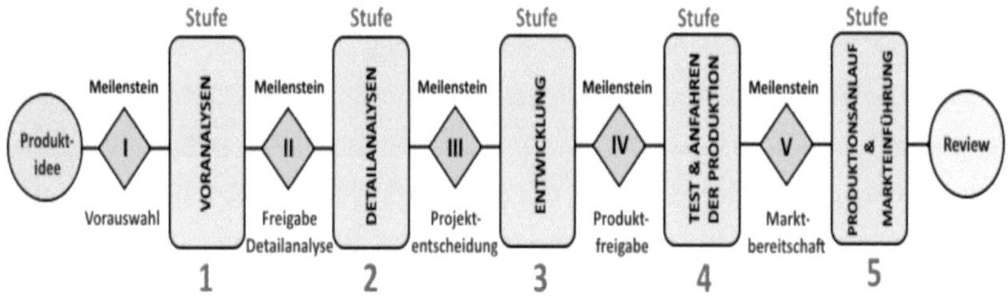

Abbildung 12: Phasenmodell nach Cooper und Kleinschmidt (2. Generation)[109]

Ferner sieht das Modell eine stellenweise Parallelisierung von verschiedenen Arbeitspaketen innerhalb der Stufen vor. Die Anzahl der Stufen im Stage-Gate-Prozess ist variabel, um sind den Bedürfnissen und Restriktionen der betreffenden Organisation anzupassen. Je komplexer und risikoreicher das Innovationsvorhaben ist, desto mehr Stufen und Gates sollte der Stage-Gate-Prozess haben. Auf die einzelnen Stufen und Meilensteine eines idealtypischen Standardablaufs wird nachfolgend eingegangen.

Vorphase: Ideenfindung

Zur Ermittlung einer Produktidee können unterschiedliche Herangehensweisen betrachtet werden. So kann eine solche Idee einen unternehmensinternen Ursprung haben, z. B. durch Überlegungen seitens der Mitarbeiter oder durch technologische Untersuchungen. Ferner kann ein Innovationsvorhaben auch durch die aktive Suche nach Kundenwünschen oder -problemen im externen Umfeld ermittelt werden.

Meilenstein 1: Vorauswahl

Anhand vergleichsweise weniger vordefinierter Kriterien, die vollständig erfüllt sein müssen, wird eine Idee identifiziert, die sich für eine Überführung in Stufe 1 eignet. Geprüft wird, ob die betreffende Idee für das Unternehmen durchführbar ist und mit

108 Vgl. Weis: Praxishandbuch Innovationsmanagement, 2014, S. 156.
109 In Anlehnung an Kleinschmidt/Geschka/Cooper: Erfolgsfaktor Markt, 1996, S. 52 f.

welchen damit verbundenen Risiken zu rechnen ist. Ferner muss die Idee mit der Unternehmensphilosophie und der strategischen Ausrichtung kompatibel sein. Es können auch Soll-Kriterien hinzugefügt werden. Es handelt sich hierbei um eine Grobauswahl ohne primären Kostenbezug. Um die Bewertung der Ergebnisse zu vereinfachen, kann sowohl in diesem als auch in den darauffolgenden Meilensteinen auf sogenannte Scorecards zurückgegriffen werden.[110]

Stufe 1: Voranalysen

Die Voranalyse dient der Vorbereitung einer detaillierteren Bewertung im Anschluss. Hierzu werden möglichst viele relevante Informationen zu der selektierten Idee gesammelt. Ferner werden erste Kosteneinschätzungen vorgenommen, die im weiteren Verlauf des Projekts immer wieder als Maßstab dienen. Die Bewertungen der marktbezogenen und technischen Aspekte des Innovationsvorhabens sind mit einem geringen Personal- und Kostenaufwand verbunden.[111]

Meilenstein 2: Freigabe Detailanalyse

Die Muss- und Soll-Kriterien aus Meilenstein 1 werden erneut herangezogen und können stellenweise Ergänzungen beinhalten. Beispielsweise können bereits mögliche Kundenvorteile, die aus einer Realisierung resultieren würden, oder Vertriebsmöglichkeiten aufgenommen werden. Die Bewertung der Kriterien erfolgt nun allerdings unter Verwendung der ermittelten Informationen deutlich strenger. Ferner werden die Aktivitäten in Meilenstein 2 um eine grobe Wirtschaftlichkeitsrechnung ergänzt.

Stufe 2: Detailanalysen

Dieser Stufe wird eine besondere Bedeutung beigemessen, da sie von entscheidender Wichtigkeit für die nachfolgenden Aktivitäten ist und laut der NewProd III Studie[112] von vielen Unternehmen fehlerhaft bzw. unzureichend umgesetzt wird. Sowohl der Arbeitsaufwand als auch die bereichsübergreifenden Interaktionen nehmen hier erheblich zu. Zur Spezifikation der Produkteigenschaften sind auf Basis von detaillierten Marktanalysen der Kundenwünsche und -bedürfnisse sowie deren Präferenzen zu ermitteln und als umsetzbare technische Lösungen zu formulieren. Dies er-

110 Vgl. Schewe/Becker: Innovationen für den Mittelstand, 2009, S. 56.
111 Vgl. Wentz: Die Innovationsmaschine, 2008, S. 95.
112 Vgl. Kleinschmidt/Geschka/Cooper: Erfolgsfaktor Markt, 1996, S. 2 ff.

folgt jeweils unter Verwendung eines Lasten- und Pflichtenheftes. Darauf aufbauend, können erste Laborarbeiten aufgenommen werden. Zudem wird ein Konzepttest zur Einschätzung der Marktakzeptanz empfohlen. Parallel dazu gilt es, die Wettbewerbssituation zu erfassen und u. a. Mitbewerber zu identifizieren und anschließend zu analysieren. Ein erster grober Geschäftsplan wird aufgestellt, der u. a. die späteren Finanzflüsse aufzeigt. Auf Seiten der Projektplanungseinheit müssen eine einschlägige Projektbegründung und ein Projektplan angefertigt und abschließend vorgelegt werden. Die Aktivitäten der Stufe 2 sind mit einem hohen Zeiteinsatz für das Personal, jedoch mit relativ geringem Kostenaufwand verbunden.[113]

Meilenstein 3: Projektentscheidung

Die Muss- und Soll-Kriterien aus den vorangegangenen Meilensteinen werden neben Wirtschaftlichkeitskriterien nochmals betrachtet. Diese sind nun deutlich differenzierter und konkreter. An dieser Stelle ergibt sich die letzte Möglichkeit, das Projekt vor dem Entstehen erheblicher Kostenaufwendungen abzubrechen. Werden die Projektdefinition und die Pläne verabschiedet, erfolgt die Freigabe der benötigten finanziellen Mittel zur Realisierung des Innovationsvorhabens. An dieser Stelle hat das Projektteam u.U. erhebliche Überzeugungsarbeit gegenüber dem Management zu leisten. Sowohl der Geschäfts- und Projektplan als auch das Pflichtenheft benötigen die Unterschriften aller Beteiligten.

Stufe 3: Entwicklung

Ziel dieser Stufe ist es, das Produktionssystem an die gesetzten Anforderungen des Entwicklungsplanes anzupassen und am Ende ein physisches Produkt in Form eines Prototyps zu generieren. Parallel werden Produktions- und Testpläne erstellt. Ferner beginnen in dieser Stufe bereits erste Marketing- und Vertriebsaktivitäten. Primär wird neben den weiteren Marktanalysen an der Vertiefung der Kundenkontakte gearbeitet und ein Marketingplan erstellt. Zudem wird kontinuierlich ein Feedback seitens der Kunden eingeholt. Diese Informationen – die z.B. auch das Design betreffen können – werden während der Entwicklungsphase in den Entwicklungsprozess einbezogen.[114] Sämtliche Aktivitäten werden von Kostenanalysen begleitet, was eine permanente Aktualisierung des Geschäftsplanes zur Folge hat.

113 Vgl. Wentz: Die Innovationsmaschine, 2008, S. 96.
114 Vgl. Müller-Prothmann/Dörr: Innovationsmanagement, 2009, S. 28.

Meilenstein 4: Produktfreigabe

Meilenstein 4 nimmt primär eine (Qualitäts-)Kontrollfunktion ein und überprüft, ob das Produkt die in Meilenstein 3 verabschiedeten Spezifikationen beinhaltet und die definierten Kriterien erfüllt. Erfüllt das Produkt diese Anforderungen und sind die Wirtschaftlichkeits- und Kostenanalysen positiv, werden die anstehenden Testverfahren und die Produktion des Produktes freigegeben.

Stufe 4: Testen und Anfahren der Produktion

Das Produkt wird in Stufe 4 einer Reihe von unterschiedlichen Testmethoden unterzogen. Zudem sollte erstmals die Produzierbarkeit des Produktes festgestellt werden.[115] Ziel dieser Stufe ist die frühe Identifikation von Produktfehlern, Designmängeln und Akzeptanzproblemen. Hierzu werden sowohl unternehmensinterne Produkttests in Form von ausgedehnten Laborversuchen als auch externe Feldtests, Erhebungen durch Testmärkte und/oder eine Pilot- bzw. Testproduktion vorgenommen. Darauf aufbauend, erfolgen detaillierte Wirtschaftlichkeits- und Kostenrechnungen und die erneute Prüfung auf Strategiekonformität. Abschließend wird die Planung der Finanzierung vorgenommen. Die Besonderheit von Stufe 4 liegt darin, dass bei Auftreten eines negativen Ergebnisses nicht das gesamte Projekt direkt abgebrochen wird, sondern ein Rückschritt zu Stufe 3 möglich ist.

Meilenstein 5: Marktbereitschaft

Die Aufgabe des letzten Meilensteins beschränkt sich auf die Freigabeentscheidung zur finalen Markteinführung. Diese Entscheidung ist neben der Qualität des Produktionskonzepts zudem von dem prognostizierten betriebswirtschaftlichen Ergebnis und den Plänen zur Markteinführung abhängig. Meilenstein 5 kommt eine erhöhte Aufmerksamkeit zu, da dieser die letzte Möglichkeit für einen Projektabbruch darstellt.[116] Daher werden die vorangegangenen Aktivitäten und Ergebnisse in der Testphase anhand strenger Kriterien genauestens überprüft.

Stufe 5: Produktionsanlauf und Markteinführung

Hier erfolgt die Umsetzung des Markteinführungsplans. Sie ist mit der Überführung des Produktes in den Markt als Innovationsergebnis anzusehen. Es werden nun pri-

---

115 Vgl. Wentz: Die Innovationsmaschine, 2008, S. 97.
116 Vgl. Wentz: Die Innovationsmaschine, 2008, S. 98.

mär die Aufgaben einzelner Fachbereiche wie Marketing, Vertrieb, Produktion und Logistik abgearbeitet.

Abschlussphase: Review

Das Projektteam bleibt bis zum Projektabschluss verantwortlich für das Innovationsvorhaben. Der Abschluss erfolgt erst nach einer ausgiebigen Analyse des Gesamtprozesses. Hierzu werden u. a. die ermittelten Planwerte mit den durchgesetzten Istwerten hinsichtlich zeitlicher und finanzieller Aufwendungen bzw. Erträge abgeglichen.[117] Das Projekt endet mit der unternehmensinternen Klassifizierung des Innovationserzeugnisses als regulärem Produkt des Produktsortiments.

Bewertung des Modells:

Identifizierte Stärken des Modells

Das Modell nach Cooper und Kleinschmidt setzt auf einen bis ins Detail strukturierten Ablaufplan, der den Fokus auf die Qualität des Prozesses und des Innovationsergebnisses richtet. Sämtliche Aktivitäten der jeweiligen Stufe sind bereichsübergreifend konzipiert, sodass Aufgaben und Entscheidungen nie von nur einer einzelnen Organisationseinheit wahrgenommen werden. Pflichten und Verantwortungen sind somit über Bereiche hinweg verteilt. Aus diesem Grund verfolgt das Modell verstärkt eine eindeutige Zuteilung von Verantwortlichkeiten für Teilziele. Durch eine Vielzahl der eingesetzten Methoden und Instrumente liefert das Modell eine eindeutige Definition des Projektes und des Produktes. Dies ist größtenteils auf die Anwendung der Methoden des Projektmanagements und u. a. auf den Einsatz eines detaillierten Projektplans und von Lasten- und Pflichtenheften zurückzuführen. Die daraus resultierende Transparenz ermöglicht dem Projektleiter eine klare Orientierung über den gesamten Projektverlauf, über die abgeschlossenen und bevorstehenden Aktivitäten und über den aktuellen Innovationstatus. Sowohl alte als auch neue Projektmitglieder, die über die längeren Zeiträume hinweg hinzustoßen, werden durch die systematische Vorgehensweise diszipliniert. Auch sie profitieren von der Transparenz, die einen erleichterten Einstieg in Aufgabenfelder ermöglicht. Das standardisierte Ablaufschema schließt das Überspringen oder Vergessen von Stufen, Aktivitäten oder Meilensteinen vollständig aus. Durch die Meilensteinentscheidungen bzw. Gates er-

117 Vgl. Kleinschmidt/Geschka/Cooper: Erfolgsfaktor Markt, 1996, S. 51 ff.

fährt der Prozess zudem eine ständige Kontrolle und gewährleistet damit einen hohen Qualitätsstandard. Hinzu kommt, dass nur Projekte weiter verfolgt werden, die mit den strategischen Unternehmenszielen übereinstimmen und Aussicht auf Erfolg haben. Ferner ist der Stage-Gate-Prozess von einer höheren Flexibilität geprägt und ermöglicht Phasenüberlappungen, sofern diese sinnvoll erscheinen. Dies reduziert unnötige Wartezeiten. Der inkrementelle Stage-Gate-Prozess verlangt eine ständige Marktorientierung, wodurch sich Anforderungsveränderungen schnell identifizieren lassen und Maßnahmen frühzeitig ergriffen werden können.

Identifizierte Schwächen des Modells

Trotz einiger Ausnahmen verfolgt das Modell eine sequentielle Abfolge. Ein Rückschritt bzw. Iterationen sind im idealtypischen Verlauf nur bei einer negativen Bewertung der Meilensteinentscheidung in den Stufen 3 und 4 vorgesehen. Durch eine stellenweise erhöhte Flexibilisierung besteht das erhöhte Risiko, dass Prozesse störanfällig werden. Der Stage-Gate-Prozess ist aufgrund seines Detailierungsgrades und Informationsbedarfes mit einem erhöhten Aufwand an Bürokratie und Personalbedarf verbunden. Auch in Bezug auf das Zeitmanagement weist das Modell einige Nachteile auf. Zum einen werden in den Meilensteindiskussionen bereits abgeschlossene Themen erneut aufbereitet, zum anderen wird viel Zeit mit der Dokumentation und Vorbereitung für die Gates-Aktivitäten aufgewendet. Maßnahmen im Sinne des „trial and error" sind nicht vorgesehen bzw. können aufgrund der starren Vorgaben nicht angewendet werden. Eine hohe Anzahl abzuarbeitender Stages und Gates können den Innovationsprozess ausbremsen. Die Zeitspanne von der Idee bis zur Markteinführung kann dadurch unnötig ausgedehnt werden. Zudem werden mehr Vorschriften notwendig, wodurch die Kreativität behindert wird. Auch eine bedingte Fortführung von Prozessen oder Stufen hat weitreichende Konsequenzen. So werden Projekte länger vorangetrieben und verursachen irreversible Kosten, statt diese frühzeitig abzubrechen. Sobald innerhalb des Projektteams neue Ideen zur Optimierung eines Produktes aufkommen und intern eine vielversprechende Entscheidung getroffen wurde, ist eine Realisierung immer noch ausschließlich von der Freigabeentscheidung durch das Managementteam abhängig. Werden ungeeignete oder zu strenge Kriterien zur Bewertung der Stufe festgelegt, so wird eventuell das falsche Projekt frühzeitig abgebrochen (Kriterien zu streng) bzw. fortgeführt (Kriterien zu lasch). Somit könnten Projekte, deren Potential sich erst im späteren Verlauf entwickelt, ein zu frühes Ende finden. Dies birgt zeitgleich das Risiko, dass ein Projektteam primär für den Prozess und die Erfüllung der Kriterien arbeitet, statt den Fokus auf das Produkt zu richten. Zurückzuführen sind derartige Fehldefinitionen von Kriterien oftmals auf die Managementebene. Typischer Weise sind dies mangelnde Erfahrungen oder überschätzte Prognosefähigkeiten bzgl. des Marktes oder des Kundenverhaltens. Eine Modifizierung und Weiterentwicklung des Stage-Gate-Prozesses ist nur dann möglich, wenn einschlägige Erfahrungen mit den zugehörigen Methoden und Instrumenten gemacht wurden.

Bewertung hinsichtlich der Eignung für KMU

Die ausführliche Modellbeschreibung ermöglicht Unternehmen aller Unternehmensgrößen eine gute Orientierung im Rahmen des Innovationsprozesses. Aufgrund der flexiblen und individuellen Gestaltungsmöglichkeiten der Stufen, der freien Wahl der Stufenanzahl und des strukturellen Aufbaus ist dieses Modell sehr gut auf KMU übertragbar. Ferner ermöglichen die in den Gates vorgenommenen Kontrollen einen effizienten Einsatz der begrenzten Ressourcen von KMU, da durch diese weniger erfolgversprechende Projekte schneller identifiziert und abgebrochen werden können. Durch den stufenweisen Anstieg der Anforderungen an die zu erfüllenden Kriterien werden zudem Projekte weniger schnell verworfen. Vielmehr wird ermöglicht, in den weniger kostenintensiven Stufen das Potential erfolgversprechender Ideen ausgiebig auszuschöpfen und weiterzuentwickeln.

Das Modell ist jedoch im Hinblick auf die Verwendung in KMU auch mit einigen Einschränkungen verbunden. So sind der hohe Personalbedarf und der notwendige finanzielle Aufwand (z. B. in der Entwicklungs- und Teststufe) von kleinen und mittleren Unternehmen kaum realisierbar. Besonders für kleinere Unternehmen ist es schwierig, eine derartige bereichsübergreifende Organisationsstruktur aufrechtzuerhalten und personelle Ressourcen in solch einem Umfang aus dem Alltagsgeschäft herauszulösen. Das Modell eignet sich daher **nur für größere KMU**. Eine Anwendung des Stage-Gate-Modells setzt gerade in Unternehmen mit einer geringen personellen Besetzung intensive Überlegungen und Anpassungen der Prozessschritte auf die individuellen Möglichkeiten des Unternehmens voraus. Mit steigenden Zahl an Beschäftigten vermindert sich der prozentuale Anteil dieser Aufwendungen. Die entsprechenden finanziellen Aufwendungen können jedoch nie ausgeschlossen werden, da neue Innovationsprozesse stetig auf neuen Anforderungen angepasst werden müssen. Dies impliziert, dass Unternehmen nicht zwingend alle Vorgaben des Modells erfüllen müssen, sondern eine Auswahl der geeigneten Eigenschaften und Instrumente zur Generierung eines stabilen Prozesses und einer positiven Zielerreichung treffen sollten.

3.1.1.7 Phasenmodell nach von Ahsen et al.

Ein iteratives Phasenmodell wurde im Jahr 2010 durch Annette von Ahsen veröffentlicht (vgl. Abbildung 13).

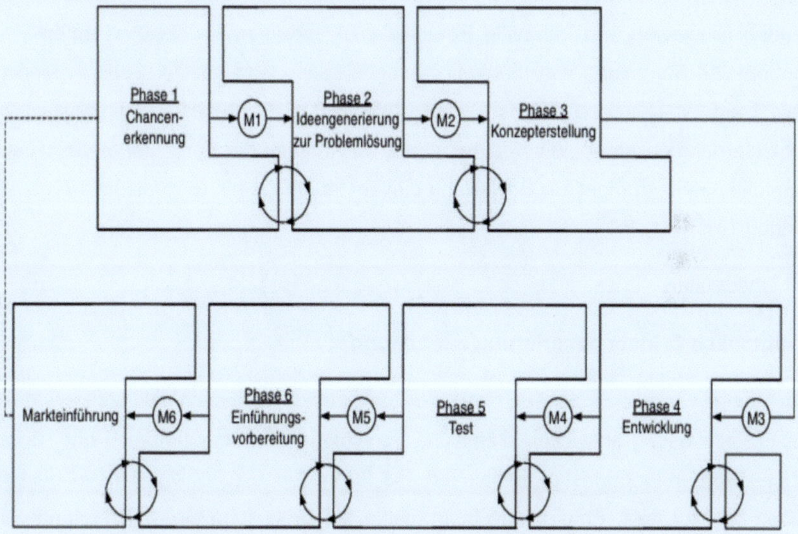

Abbildung 13: Phasenmodell nach von Ahsen et al.[118]

Es verfolgt die Zielsetzung, dass Entscheidungen über einen Abbruch oder die Fortführung von Innovationsvorhaben auf Basis von geeigneten Planungs- und Kontrollinstrumenten getroffen werden. Ferner ist ein Vorziehen gewisser Aktivitäten ohne Meilensteinentscheidung möglich, wodurch es zu einer Überlappung einzelner Phasen kommt. Laut von Ahsen et al. ist der Innovationsprozess in vier bis sechs Hauptphasen zu unterteilen und durch Meilensteine voneinander abzugrenzen. Die Meilensteine dienen der Überprüfung der generierten Ergebnisse der Vorphase und bestimmen durch den Übergang in die nachfolgende Phase die Wiederholung der zu

[118] Von Ahsen: Bewertung von Innovationen, 2010, S. 42.

bewertenden Phase oder den Abbruch des Vorhabens. Für jede Phase gilt es relevante Aktivitäten bzw. Teilprozesse zu identifizieren und festzulegen, die für das Gesamtvorhaben notwendig sind.

Hauptphase 1: Chancenerkennung

Der Anstoß für ein Innovationsvorhaben ergibt sich für die Autorin aus einem veränderten oder zukünftig vermuteten Bedürfnis bzw. Anforderungsprofil. Chancen ergeben sich u. a. durch neue Technologien, Gesetzesänderungen oder veränderte Kundenanforderungen. Hierzu suchen Unternehmen aktiv am Markt nach ausschlaggebenden Hinweisen, um frühzeitig Potenziale zu erkennen und zeitnah agieren zu können. Die Sammlung von Innovationsmöglichkeiten wird abschließend in Meilenstein 1 auf verschiedene Fragestellungen überprüft, z. B. ob das Innovationsfeld mit der Unternehmensstrategie vereinbar ist und im Rahmen der Kernkompetenzen liegt. Empfohlenes Instrument zur Bewertung dieser Hauptphase in Meilenstein 1 (vgl. Abbildung 14):

- Checklisten.

Hauptphase 2: Ideengenerierung zur Lösung

Nach einer vorangegangenen Bestimmung des Innovationssuchfelds werden Ideen zur Problemlösung entwickelt. Sämtliche Vorschläge – ob angenommen oder abgelehnt – werden längerfristig gespeichert und für mögliche zukünftige Innovationsvorhaben bereitgestellt. Empfohlene Instrumente zur Bewertung dieser Hauptphase in Meilenstein 2:

- Nutzwertanalyse (bzgl. Markt- und Technologieattraktivität sowie Risiko)
- Paarvergleiche
- Interdependenzanalysen.

Hauptphase 3: Konzepterstellung

In Hauptphase 3 wird zunächst ein Konzept entwickelt, das das Innovationsvorhaben abbildet. Ferner erfolgt eine Einschätzung hinsichtlich der Umsetzbarkeit auf Basis von

- Marktanalysen
- Produkt- und Produktionskonzepten

- Herstellbarkeits- und Risikoanalysen
- Projektplänen.

Es werden erste Überlegungen bezüglich prognostizierter Absatzvolumina und Preise für das jeweilige Produkt vorgenommen. Das Resultat ist die Fertigstellung von Lasten- und Pflichtheften, die ein detailliertes Anforderungsprofil des finalen Produktes für die Produktion und das Marketing bereitstellen.

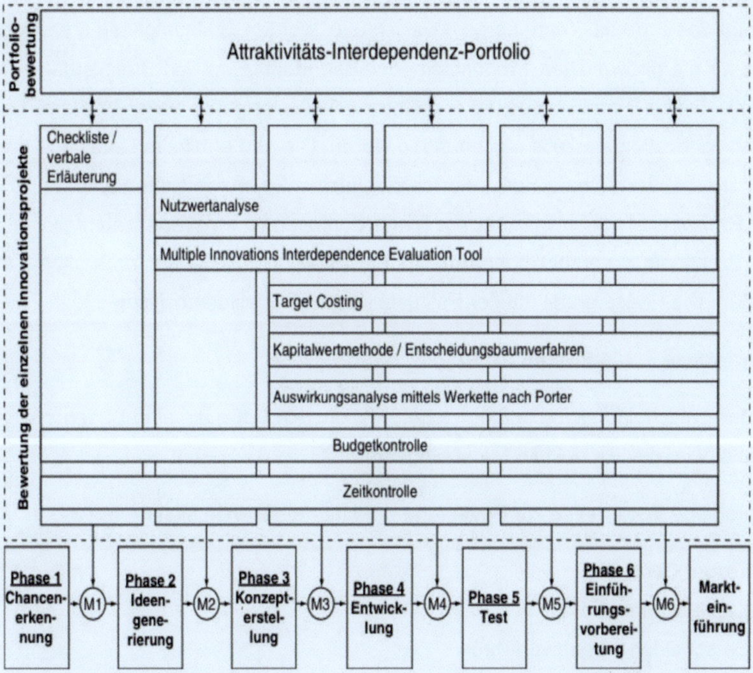

Abbildung 14: Phasen-/Meilensteinorientierter Instrumenteneinsatz[119]

Hauptphase 4: Entwicklung

Aus dem Konzept werden anschließend in Hauptphase 4 erste Versionen des konkreten Produktes entwickelt. Hierzu werden die bestehenden Produktionssysteme zunächst an die jeweiligen Anforderungen angepasst und Schätzungen über die zukünftigen Produktions- und Entwicklungskosten vorgenommen.

---

119 Von Ahsen: Bewertung von Innovationen, 2010, S. 47.

Hauptphase 5: Test

In einer umfassenden Testphase wird der jeweilige Prototyp auf die im Pflichtenheft enthaltenden Anforderungen überprüft und die getätigten Einschätzungen der zukünftigen Kosten aus Hauptphase 4 aktualisiert. Dieser Vorgang wird solange wiederholt, bis das Produkt eine marktfähige Serienfertigung zulässt.

Hauptphase 6: Einführungsvorbereitung

Erlangt das Produkt – annähernd – Serienreife, werden in Hauptphase 6 erste Zulieferer für die notwendigen Produktkomponenten identifiziert und Preisverhandlungen geführt. Dieser Handlungsschritt entfällt teilweise oder ganz, wenn Zulieferer bereits in den Innovationsprozess eingebunden waren. Die neu ermittelte Datenlage ermöglicht anschließend finale Soll- und Ist-Vergleiche. So werden die geplanten Kosten und Preisvorstellungen mit den am Markt durchsetzbaren Werten abgeglichen und das Erzeugnis daraufhin überprüft, ob die gestellten Kundenanforderungen erfüllt werden. Die Phase endet mit der Fertigstellung der Qualitätsanalysen.

Hauptphase 7: Markteinführung

Mit der Entscheidungsfindung im letzten Meilenstein (M6), die eine Serienproduktion zulässt, wird das Produkt im Markt eingeführt.[120]

Empfohlene Instrumente zur Bewertung der Hauptphasen in Meilenstein 3-6:

- Target Costing
- Kapitalwertmethode
- Entscheidungsbaumverfahren
- Auswirkungsanalyse.

Während des gesamten Innovationsprozesses werden kontinuierlich Budget- und Zeitkontrollen durchgeführt.

Bewertung des Modells:

Identifizierte Stärken des Modells

Das Modell nach von Ahsen et al. weist eine einfache Beschreibung und eine übersichtliche Struktur auf. Die einzelnen Prozessschritte werden transparent und nach-

[120] Vgl. von Ahsen: Bewertung von Innovationen, 2010, S. 40 ff.

vollziehbar dargelegt. Jede Phase wird durch eine Meilensteinentscheidung evaluiert, in der ausschließlich über die Freigabe weiterer finanzieller Mittel und Fortführung, Wiederholung oder Abbruch des Vorhabens entschieden wird. Ferner werden über den gesamten Innovationsprozess hinweg Kosten- und Zeitkontrollen vorgenommen. Somit können weniger erfolgversprechende Projekte frühzeitig verworfen werden. Damit verbunden ist das Berücksichtigen von Iterationen als ein weiterer positiver Aspekt des Modells anzusehen. Diese erlauben es dem Unternehmen, sich frühzeitig an veränderte Anforderungen anzupassen oder auf Problemstellungen zu reagieren. Zusätzlich sieht das Modell eine Phasenüberlappung bzw. das Überspringen einer Meilensteinentscheidung vor, sofern die Aktivität weniger kostenintensiv ist und dadurch für den Prozess relevante Wartezeiten vermieden werden können. Zudem werden die Prozesse und Meilensteine durch einen gezielten Einsatz wissenschaftlicher Methoden und Instrumente unterstützt. Das Modell sieht weiterhin eine aktive Ideensuche mit anschließender Speicherung für eine mögliche spätere Verwendung vor. Durch die Überführung der ermittelten Anforderungen in Lasten- und Pflichtenhefte wird ein einheitliches und übergreifendes Verständnis für das konkret zu realisierende Produkt geschaffen und das Risiko von Fehlinterpretationen vermindert. Weiterhin werden Interdependenzen zwischen mehreren Projekten im Innovationsprozess betrachtet.

Identifizierte Schwächen des Modells

Der Einsatz von Pflichten- und Lastenheften kann zu Einschränkungen führen, da der Fokus auf die Erfüllung der Anforderungen den Spielraum für weitere Potentiale einschränkt. Es besteht auch hier die Gefahr, dass für den Prozess und nicht für das Produkt gearbeitet wird. Die Anwendung der klassischen Projektmanagementmethode wird durch die Verwendung von Risikoanalysen und eines Projektplans angedeutet, jedoch finden sich darüber hinaus keine detaillierten Angaben innerhalb der Modellbeschreibung. Es wird in diesem Kontext auch nicht auf die Projektdurchführung eingegangen. Ferner finden sich weder Regelungen über die Rollenverteilung innerhalb des Innovationsvorhabens noch über deren Verantwortlichkeiten. Die Fragen, über die Qualifikationen das Team verfügen sollte, wie sich dieses zusammensetzt und die Abteilungen zusammenarbeiten, bleiben ebenfalls unbeantwortet. Primär beschränkt sich die Beschreibung des Modells auf Produktinnovationsvorhaben.

Bewertung hinsichtlich der Eignung für KMU

Das vorgestellte Modell verfügt über einen leicht verständlichen und nachvollziehbaren Aufbau und reduziert den Prozess auf maximal sechs Phasen, ohne diese in weitere Teilprozesse aufzusplittern. Es sieht für die Bewertung jeder Phase den Einsatz von vertrauten Eingabegrößen, also eine einfache bzw. verständliche Bewertung mit Aktualisierungsmöglichkeit, vor. Dies stellt insbesondere für KMU einen Vorteil dar. Die Auswahl der vorgestellten Instrumente beruht ferner auf wissenschaftlichen Untersuchungen, wobei der Fokus auf der Eignung für mittelständische Unternehmen liegt. Die Freigabe weiterer finanzieller Mittel erfolgt sequentiell durch die Meilensteinentscheidungen, wodurch Ressourcenverschwendungen frühzeitig erkannt und vermieden werden können. Auch dies ist für KMU wegen der begrenzten finanziellen Mittel wichtig, da Fehlinvestitionen erhebliche existenzielle Auswirkungen nach sich ziehen können. Die Risiken werden dahingehend durch die kontinuierlichen Kosten- und Zeitkontrollen ebenfalls gemindert. Der Einsatz von Pflichten- und Lastenheften unterstützt ein Innovationsprojekt hinsichtlich der präzisierten Fokussierung auf das zukünftige Vorhaben. Es wird ein einheitliches, bereichsübergreifendes Verständnis über die Ziele und die damit verbundenen Aufgaben geschaffen. Auch dies ermöglicht eine effiziente Planung und Einteilung der begrenzten materiellen bzw. immateriellen Ressourcen. Ausstehende Fragen bezüglich einer geeigneten Projektmanagementmethode, der Projektverantwortlichkeiten und der Interaktion verschiedener Abteilungen gilt es, für KMU vor Projektbeginn unbedingt zu klären. Abschließend lässt sich somit feststellen, dass sich das Model **für KMU sehr gut eignet**, jedoch sollte bei sämtlichen Überlegungen der Fokus auf die Kernkompetenzen gerichtet sein, die bei den betreffenden KMU tatsächlich gegeben sind.

3.1.1.8 Weitere Modelle

In diesem Kapitel werden weitere Innovationsprozessmodelle, auf die aufgrund des begrenzten Zeitrahmens dieses Buches nicht detailliert eingegangen werden kann, kurz erläutert. Jedes Model wird zunächst kurz beschrieben. Anschließend werden die wesentlichen Merkmale bzw. Abweichungen zu den vorangegangenen Modellen herausgestellt.

Phasenmodell nach Rothwell

Das erste Modell Rothwell stammt aus dem Jahr 1994 (vgl. Abbildung 15). Es wird auch als gekoppeltes Modell bezeichnet, da es sowohl den Markt- als auch das Unternehmen als Innovationsquelle betrachtet.[121] Es weist von der Vorgehensweise Ähnlichkeiten zum Modell nach Reichwald/Piller in Kapitel 3.1.1.5 auf. Die Besonderheit des Modells liegt darin, dass es an jedem Prozessschritt Rückkopplungen zulässt, jedoch über keine Abbruchkriterien verfügt. Die Hierarchie soll zudem deutlich machen, dass die Kundenbedürfnisse im Innovationsprozess über dem unternehmensinternen Erfindungswillen bzw. Innovationsdrang stehen.

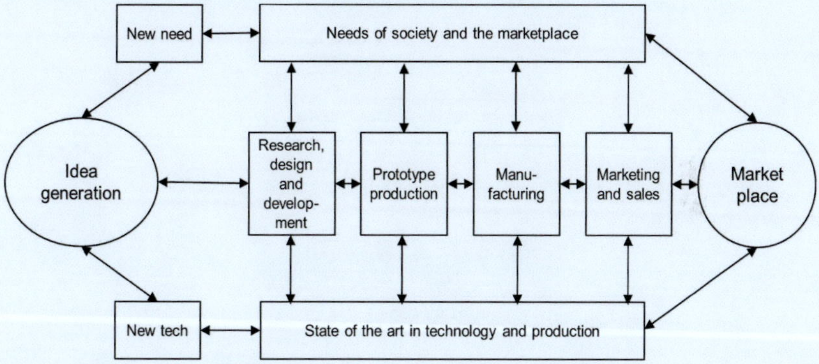

Abbildung 15: Phasenmodell nach Rothwell[122]

Phasenmodell nach Witt

Witt entwickelte 1996 ein Modell für Innovationsvorhaben und orientierte sich dabei stark an dem Modell von Thom (Kapitel 3.1.1.1), was aus der Bestimmung des Suchfeldes eindeutig hervorgeht (vgl. Abbildung 16). Zudem finden sich die Elemente der Grob- und Feinauswahl wieder, die in dem Modell von Schmitt-Grohe in Kapitel 3.1.1.4 beschrieben wurden. Die Besonderheit dieses Modelles stellt die Parallelisierung der technischen Entwicklung und der Entwicklung eines Marketingkonzeptes dar, was beide Parteien vor große Herausforderungen in der Zusammenarbeit stellt.[123] Diese Vorgehensweise ist vom Autor gewünscht und stellt nicht nur eine Option dar, wie es in anderen Prozessmodellen der Fall ist. Witt schlägt außerdem vor,

---

121 Vgl. Schewe/Becker: Innovationen für den Mittelstand, 2009, S. 47.
122 Herny/Mayle: Managing Innovation and Change, 2004, S. 118.
123 Vgl. Schewe/Becker: Innovationen für den Mittelstand, 2009, S. 49.

dass die anschließenden Markttests nicht bei Kunden durchgeführt werden, die mit dem Innovationsvorhaben bereits in Berührung gekommen sind, sondern bei vollkommen unvoreingenommenen Personengruppen aus dem Zielgruppensegment. Die Beschreibung des Modells impliziert, dass nach Beendigung jeder Phase eine Fortführungs- bzw. Abbruchkontrolle durchgeführt werden muss. Dem entgegen sieht das Modell keinen Einsatz von Rückkopplungen oder Meilensteinen vor.

Abbildung 16: Phasenmodell nach Witt[124]

Phasenmodell nach Kline und Rosenberg

Das Chain-Link-Modell nach Kline und Rosenberg aus dem Jahr 1986 trennt die beiden Bereiche Forschung (Research) und Innovationsprozess streng voneinander (vgl. Abbildung 17). Der Innovationsprozess wird mit der eigenen Wissensbasis (Knowledge) gespeist und sieht eine Integration von externen Informationen aus der Forschung erst dann vor, wenn das eigene Wissen nicht mehr ausreicht. Die Möglichkeit der Rückkopplungen sollte die Antwort auf streng sequentiell verlaufende Modelle liefern. Der Innovationsprozess startet mit der Problemerfassung mittels einschlägiger Marktanalysen.

124 Witt: Produktinnovation, 1996, S. 10.

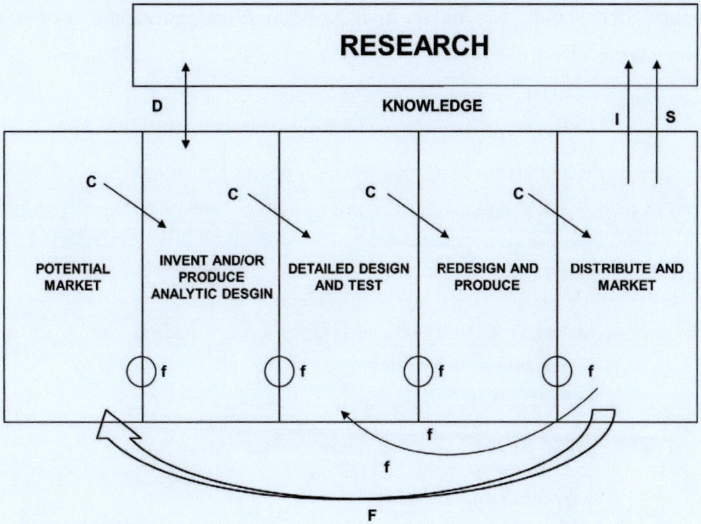

Abbildung 17: Phasenmodell nach Kline und Rosenberg[125]

Eine eigene Ideengenerierungsphase ist nicht vorgesehen. Inventionen beruhen auf der ermittelten Datenlage. Hier gilt der Markt als Treiber der Innovation.[126] Das Modell verfügt über keine definierten Abbruchpunkte oder Abbruchkriterien, auch eine Phasenüberlappung oder Parallelisierung der Aufgaben ist nicht vorgesehen. Ferner kann nicht vollständig geklärt werden, wie und in welchem Ausmaß wissenschaftliches Wissen mit technologiebasiertem Wissen verbunden wird.

Phasenmodell nach Pleschak und Sabisch

Ein ebenfalls im Jahr 1996 veröffentlichtes Modell entstand aus der Zusammenarbeit von Pleschak und Sabisch. Es beschreibt den Innovationsprozess als einen Problemlösungsprozess (vgl. Abbildung 18). Abweichend davon finden sich erneut verschiedene Elemente aus anderen bereits vorgestellten Modellen wieder. Ein wesentliches Merkmal macht sich bereits zu Beginn des Prozesses durch die Parallelisierung von Problemerkenntnis und -analyse mit der ganzheitlichen Strategiebildung als

125 In Anlehnung an Kline/Rosenberg: An Overview of Innovation, 1986, S. 290.
126 Vgl. Schewe/Becker: Innovationen für den Mittelstand, 2009, S. 54 f.

Vorphase(n) bemerkbar, wie es so in bisherigen Phasenmodellen noch nicht beschrieben wurde.[127]

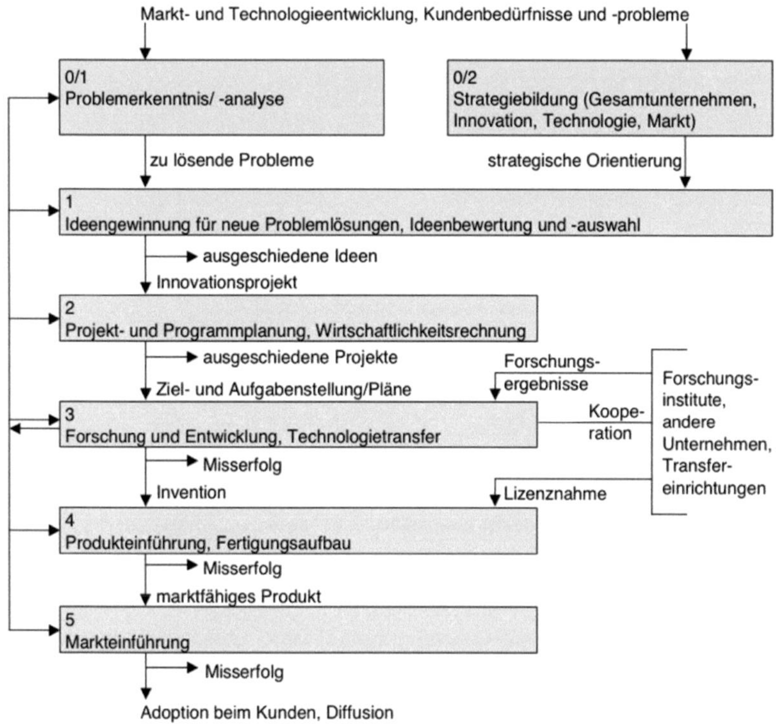

Abbildung 18: Phasenmodell nach Pleschak und Sabisch[128]

Die formulierte Innovationsstrategie muss sich dabei aus der Unternehmensstrategie ableiten, was zur Folge hat, dass nur Innovationen realisiert werden können, die mit der Innovationsstrategie konformgehen. Heraus könnte sich das Risiko einer Kreativitätseinschränkung ergeben. Produkt- und Prozessinnovationen werden dabei immer parallel und in einem Zusammenspiel betrachtet. Wie bereits in den Modellen von Rothwell bzw. Reichwald und Piller (Kapitel 3.1.1.5) werden als Innovationsquellen neben dem eigenen Unternehmenswissen auch externe Quellen einbezogen, wobei das Modell dem Unternehmen das Verfolgen einer Closed oder Open Innova-

[127] Vgl. Schewe/Becker: Innovationen für den Mittelstand, 2009, S. 51 ff.
[128] Pleschak/Sabisch: Innovationsmanagement, 1996, S. 24.

tion Strategie selbst überlässt. Auch die Auslagerung von Teilaufgaben[129] oder die Vernetzung und Implementierung externen Know-hows in den Hauptphasen 3 und 4 ermöglichen es dem Unternehmen, sich auf seine Kernkompetenzen zu konzentrieren.[130] Ferner sieht das Modell nach jedem Prozessschritt eine Evaluation hinsichtlich der Erfolgsaussichten anhand der Teilergebnisse vor, die über die Fortführung oder den Abbruch des Innovationsvorhabens entscheidet. Dies geschieht mittels klar definierter Abbruchkriterien. Weiterhin berücksichtigt das Modell Rückkopplungen[131] zu vorangegangenen Prozessschritten in den relevanten Hauptphasen (F&E). Der Fokus liegt in diesem Modell eindeutig auch auf dem Bereich Forschung und Entwicklung, in dem sämtliche Informationen (intern/extern) zusammenfließen, sodass ein hohes Maß an organisatorischem Aufwand betrieben werden muss. Abschließend lässt sich jedoch sagen, dass das Modell über eine Vielzahl durchdachter und praxistauglicher Ansätze verfügt. Allerdings ist dieses Modell an Großunternehmen ausgerichtet und aufgrund seiner Komplexität weniger für KMU geeignet.

Phasenmodell nach Vahs und Burmester

Vahs und Burmester kombinierten 2005 verschiedene Elemente aus den bereits beschriebenen Prozessmodellen und fügten dem Grundschema ein simultan anzuwendendes Innovationscontrolling hinzu (vgl. Abbildung 19). Dieses soll Planungs-, Steuerungs- und Kontrollaktivitäten des Innovationsmanagements unterstützen. Das Modell sieht neben einer aktiven Ideengenerierung eine parallel verlaufende Ideensammlung (z. B. bei Lieferanten, Kunden) für die Ideengewinnungsphase vor. Das Vorgehen ähnelt der Herangehensweise im Modell nach Schmitt-Grohe (Kapitel 3.1.1.4). Durch die Einführung einer zentralen Instanz „Innovationscontrolling" wird jeder einzelne Innovationsprozess herausgelöst betrachtet und bewertet. Sie koordiniert alle laufenden Innovationsprojekte und vermittelt diese an die jeweilig relevanten Teilprozesse, was einen hohen Koordinationsaufwand bedeutet. Ferner sind in sie Rückkopplungen integriert.[132] Es wird der gesamte Prozess vom Innovationsanstoß bis zur Markteinführung betrachtet. Abbruchmöglichkeiten werden während der Realisierungsphase nicht berücksichtigt.

[129] Vgl. Tintelnot/Meißner/Steinmeier: Innovationsmanagement, 1999, S. 9.
[130] Vgl. Franken/Franken: Integriertes Wissens- und Innovationsmanagement, 2011, S. 250 f.
[131] Vgl. Schewe/Becker: Innovationen für den Mittelstand, 2009, S. 53.
[132] Vgl. Schewe/Becker: Innovationen für den Mittelstand, 2009, S. 58.

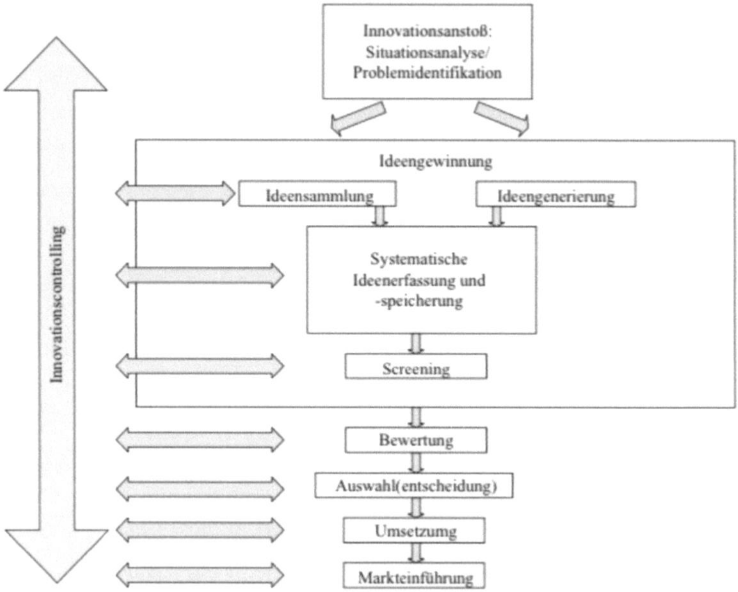

Abbildung 19: Phasenmodell nach Vahs und Burmester[133]

Phasenmodell nach Gassmann und Suttner

Neben den bereits vorgestellten Modellen verfolgt das generische Modell nach Gassmann und Sutter aus dem Jahr 2008 eine abweichende Herangehensweise und Strukturierung auf (vgl. Abbildung 20). Demnach müsse der Innovationsprozess in zwei Hauptphasen unterschieden werden, um innerhalb der Prozesse administrative Tätigkeiten zu minimieren und gleichzeitig einen höheren kreativen Freiraum gewährleisten zu können.[134] Die Hauptprozesse werden unterschieden in eine „Wolkenphase" und „Bausteinphase". Die **Wolkenphase** zeichnet sich dasurch aus, dass sie mit einem geringen Kostenaufwand, jedoch hohem Zeitaufwand verbunden ist. Dabei gilt primär, dass sich sämtliche involvierte Akteure auf das jeweilige Innovationsvorhaben fokussieren und nicht durch weitere Aufgabenstellungen abgelenkt werden. Wie bereits im Modell nach Thom (Kapitel 3.1.1.1.) beschrieben, beginnt der Innovationsprozess in seinem ersten Handlungsschritt mit der Suchfeldanalyse, in der das Inno-

133 Vahs/Burmester: Innovationsmanagement, 2005, S 92.
134 Vgl. Gassmann/Granig: Innovationsmanagement, 2013, S. 22 ff.

vationsgebiet identifiziert und sowohl Markt- und Technologietrends als auch die Wettbewerbssituation analysiert werden.

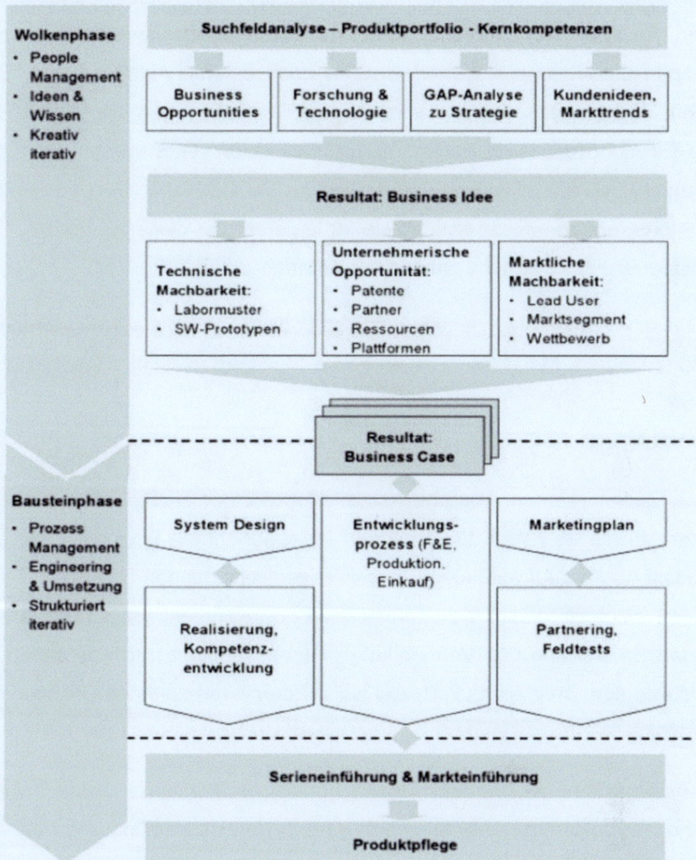

Abbildung 20: Phasenmodell nach Gassmann und Sutter[135]

Jedoch erweitern Gassmann und Sutter diese um die Thematiken Produktportfolio und Kernkompetenzen. Das Produktportfolio dient der Abarbeitung der neuen Innovationsvorhaben in Form von Produktprojekten bzw. -programmen. Hierzu finden häufig sogenannte Roadmaps zum Zwecke der Ressourcenallokation Anwendung. Durch die Fokussierung auf die eigenen – klar definierten – Kernkompetenzen kön-

135 Gassmann/Sutter: Praxiswissen Innovationsmanagement, 2008, S. 46.

nen ebenfalls Innovationen hervorgehen und qualitativ höherwertige Ergebnisse generiert und Abwege auf Gebiete, auf denen man weniger erfahren ist, vermieden werden. Somit wird ein grober Rahmen für die Fortführung der aktuellen Aktivitäten gegeben. Als Ideengeber können, wie auch in vorangegangenen Modellen beschrieben, neben unternehmensinternen Quellen auch externe Akteure wie z. B. Kundenideen oder Markttrends oder auch neue Erkenntnisse aus den Bereichen Forschung & Technologie (z. B. Patentamt) und GAP-Analysen fungieren. Die Ergebnisse der Aktivitäten aus Prozessschritt 1 ergeben die Geschäftsidee, die primär zwei Hauptanforderungen erfüllen soll: Werte zu kreieren und diese zu sichern. Die Geschäftsidee wird anschließend anhand der Kriterien

- technische Machbarkeit gemäß funktionaler/nicht funktionaler Anforderungen
- marktbezogene Machbarkeit anhand von Marktsegment- und Wettbewerbsanalysen
- unternehmerische Opportunität

evaluiert. Zudem werden mögliche Kooperationspartner ermittelt bzw. einbezogen. Die Erkenntnisse aller Aktivitäten werden im sogenannten Business-Case zusammengefasst, um darauf aufbauend Investitionsentscheidungen zu treffen. Der Business-Case beinhaltet sämtliche Informationen und Rahmenbedingungen der bevorstehenden Entwicklung und Vermarktung eines zukünftig zu generierenden Ergebnisses sowie eine Beurteilung in Bezug auf die damit verbundenen Chancen und Risiken.

Die **Bausteinphase** zeichnet sich gegenüber der Wolkenphase dadurch aus, dass sämtliche nachfolgenden Aktivitäten von einem Projektcontrolling begleitet werden, ähnlich wie es auch das Modell nach Vahs und Burmester vorsieht. Der Fokus wird in dieser Phase auf Kostenabschätzungen bzw. -entwicklung und eine enge Zusammenarbeit verschiedener Abteilungen gelegt. Aus den groben Rahmenbedingungen sollen sich konkrete Projektphasen für die Umsetzung entwickeln. Es ist vorgesehen, dass mit Beginn der Bausteinphase der Kostenaufwand und die Aufmerksamkeit der Geschäftsleitung erheblich steigen. Das Ablaufschema folgt anschließend einem strukturierten Aufbau, dem nicht ausschließlich sequentiell nachgegangen werden muss, sondern der auch von Iterationen, Sprüngen und zahlreichen Schleifen geprägt sein kann.[136] Das Modell konzentriert sich primär auf die Entwicklung von Produktinnovationen.

3.1.2 Agile Methoden als Problemlösungsansatz

Nachdem im vorangegangenen Kapitel unterschiedliche Phasenmodelle erläutert und auf ihre Eignung für KMU überprüft wurden, sind im weiteren Verlauf dieses Buches im Hinblick auf die zu beantwortende Forschungsfrage agile Methoden zu betrachten. Das steigende Interesse an agilen Methoden für weitreichendere betriebswirtschaftliche Überlegungen beruht auf den Erfahrungen in der Softwareentwicklung.[137] Zurückzuführen ist dieses Interesse auf die Tatsache, dass Entwickler häufig mehr kreative Freiräume fordern und sich weniger mit Administrations- bzw. Planungstätigkeiten befassen sollten,[138] da diese den Innovationsprozess ausbremsen und ein gewünschtes Innovationserzeugnis häufig erst Monate später in eine Realisierungsphase übergeht. Das durch den Zusammenschluss verschiedener Branchenexperten entstandene „Manifest für agile Softwareentwicklung" definierte 2001 zu diesem Zweck folgende Werte, die es für den Entwicklungsprozess zu fokussieren gilt (vgl. Tabelle 8).

Tabelle 8: Werteeinteilung agiler Prozesse[139]

Richtig & Wichtig	Wichtiger
Prozesse und Werkzeuge	Individuen und Interaktionen
Umfassende Dokumentationen	Funktionierende Software
Vertragsverhandlungen	Zusammenarbeit mit dem Kunden
Das Befolgen eines Plans	Reagieren auf Veränderungen

136 Vgl. Gassmann/Sutter: Praxiswissen Innovationsmanagement, 2008, S. 44 ff.
137 Vgl. Schoeneberg: Komplexitätsmanagement in Unternehmen, 2014, S. 73 ff.
138 Vgl. Gassmann/Sutter: Praxiswissen Innovationsmanagement, 2008, S. 41.
139 In Anlehnung an Beedle et al.: Manifest für Agile Softwareentwicklung, 2001, abgerufen am 16.11.2017.

Neben den agilen Werten gilt es zudem, die damit verbundenen agilen Prinzipien zu nennen, die als Voraussetzungen für eine agile Vorgehensweise gelten (vgl. Tabelle 9).

Tabelle 9: Werteeinteilung agiler Prozesse[140]

Agile Prinzipien
Kundenzufriedenheit durch frühe und kontinuierliche Auslieferung wertvoller Software
Anforderungsänderungen auch in späten Entwicklungsphasen als Wettbewerbsvorteil des Kunden nutzen
Regelmäßige Lieferung funktionierender Software innerhalb kürzester Zeit (Wochen)
Tägliche Zusammenarbeit von Fachexperten und Entwickler innerhalb eines Projektes
Motivierte Projektmitglieder stehen im Zentrum eines Projektes, das es mittels eines geeigneten Projektumfelds, des notwendigen Supports und Vertrauens zu unterstützen gilt
Sämtlicher Informationsaustausch findet von Angesicht zu Angesicht statt
Als wesentlichstes Fortschrittsmaß gilt funktionsfähige Software
In ökonomischer und sozialer Sich nachhaltige Entwicklung steht im Vordergrund. Die Auftraggeber, Entwickler und Benutzer sollten ein gleichmäßiges Tempo auf unbegrenzte Zeit halten können
Technische Exzellenz und ein gutes Design fördert Agilität
Einfachheit - die Kunst, die Menge nicht getaner Arbeit zu maximieren - ist essenziell
Die besten Architekturen, Anforderungen und Entwürfe entstehen durch selbstorganisierte Teams
In regelmäßigen Abständen reflektiert das Team, wie es effektiver werden kann und passt sein Verhalten entsprechend an

140 In Anlehnung an Beedle, et al.: Prinzipien hinter dem Agilen Manifest, 2001, abgerufen am 18.11.2017.

Aus den vorliegenden Werten und Prinzipien wurden zur Bewertung der in diesem Kapitel behandelten agilen Methoden folgende Kriterien abgeleitet, die es u. a. primär zu überprüfen gilt:

- Transparente Darstellung der Prozesse
- Geringer Formalisierungsgrad/Dokumentationsaufwand
- Kontinuierliche Qualitätsprüfung
- Hoher Grad des Customer-Involvements
- Frühzeitige Reaktion auf Anforderungsänderungen möglich
- Geringe Einarbeitungszeit (Einfachheit der Methode, Prozesse)
- Klare Definition/Festlegung von Projektverantwortlichkeiten

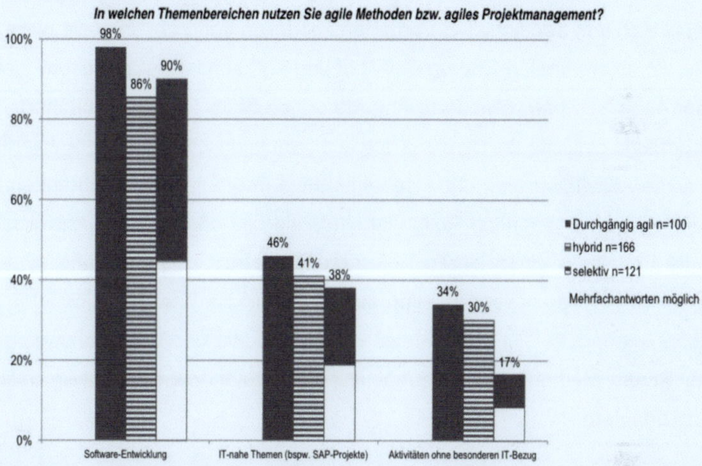

Abbildung 21: Studienergebnisse 2014[141]

Bei der Softwareentwicklung handelt es sich überwiegend um iterative Prozesse. Diese sind stark von selbstorganisierenden und eigenverantwortlichen Entwicklerteams geprägt.[142] Allerdings ist in den letzten Jahren ein deutlicher Anstieg der Überführung dieser iterativen Vorgehensweise in Branchen außerhalb des IT-Bereichs festzustellen. Laut einer international angelegten Studie aus dem Jahr 2014 nutzten bereits 34% der befragten Unternehmen[143] ohne IT-Bezug agile Methoden (vgl. Ab-

141 Komus et al.: Internationale Studie: Status Quo Agile 2014, Ergebnisbericht, 2014, S. 25.
142 Vgl. Gassmann/Sutter: Praxiswissen Innovationsmanagement, 2008, S. 51.
143 Vertreten waren alle Unternehmensgrößen, nicht nur KMU.

bildung 21).[144] Nachfolgend wurde eine Vorauswahl gängiger Methoden auf Basis ihrer Relevanz und Verbreitung innerhalb der Praxis und wissenschaftlichen Literatur getroffen. Dieses Kapitel wird im Anschluss einen Überblick über die verschiedenen Methoden bieten und dabei ihre wichtigsten Eigenschaften näher beleuchten.

3.1.2.1 Scrum

Scrum beschreibt eine Projektmanagementmethode, die sich durch eine eindeutige Rollenzuweisung, kurze iterative Abfolgen von Teilprozessen in Form von Sprints (Iterationen) und den primären Fokus auf das schnelle Liefern von marktfähigen Ergebnissen auszeichnet (vgl. Abbildung 21). Entwickelt wurde die Methode von Ken Schwaber und Jeff Sutherland in den frühen 1990er Jahren.[145] Scrum setzt dabei auf das Aufstellen weniger Regeln, dafür jedoch auf deren strikte Einhaltung.[146] Die Methode hebt sich von traditionellen Vorgehensmodellen darin ab, dass sie nicht primär den Weg zu einem finalen Endergebnis hin verfolgt, sondern sich diesem Ziel unter ständiger Anpassung an veränderte Anforderungen Stück für Stück annähert. Zudem legt Scrum eine zeitliche Begrenzung sowie eindeutige Rollen und Verantwortlichkeiten für seine Aktivitäten fest, ohne dabei kreative Freiräume einzuschränken.[147] Die Definition der zu vergebenden Rollen ist eindeutig und erlaubt keine Abweichungen. Durch die Erstellung eines klaren Anforderungsprofils und Festlegung eindeutiger (Management-)[148] Verantwortlichkeiten schafft Scrum die Basis für eine interdisziplinäre Zusammenarbeit.[149] Für das bessere Verständnis der Vorgehensweise innerhalb der Scrum Methodik gilt es zunächst, ein Verständnis der jeweilig definierten Rollen zu erläutern.

Hierzu sind drei primäre Hauptrollen für den Erfolg von Scrum ausschlaggebend:

1. Der Product Owner (PO)

Dieser Rolle wird die vollständige *Produktverantwortung* übertragen. Sie zeichnet sich dadurch aus, dass sie mit allen notwendigen Vollmachten, die für die Projektent-

---

144 Vgl. Komus et al.: Internationale Studie: Status Quo Agile 2014, Ergebnisbericht, 2014, S. 3.
145 Vgl. Hanser: Agile Prozesse: Von XP über Scrum bis MAP, 2010, S. 61.
146 Vgl. Gloger: Scrum – Produkte zuverlässig und schnell entwickeln, 2008, S. 9 ff.
147 Vgl. Gloger/Häusling: Erfolgreich mit Scrum – Einflussfaktor Personalmanagement, 2011, S. 11 f.
148 Vgl. Brandstäter: Agile IT-Projekte erfolgreich gestalten, 2013, S. 13.
149 Vgl. Gloger/Häusling: Erfolgreich mit Scrum – Einflussfaktor Personalmanagement, 2011, S. 11 f.

scheidungen notwendig sind, ausgestattet ist. Zudem ist die Rolle zur Wahrnehmung ihres Aufgabengebiets als Vollzeitstelle definiert. Aufgaben[150] des Product Owners sind:

1. Erfassung und Priorisierung der Kundenanforderungen
2. Entscheidungen über Funktionalitäten, Kosten und Termine
3. Erstellung eines Product Backlogs
4. nach außen gerichtete Kommunikation mit relevanten Stakeholdern (Kunden)
5. nach innen gerichtete Kommunikation und Zusammenarbeit mit dem Scrum-Team
6. Erstellung und kontinuierliche Anpassung des Release Plans
7. alleinige Entscheidungsmacht über die Akzeptanz des Ergebnisses.

Das primäre Ziel des Product Owners liegt in der Schaffung von Mehrwerten für den Kunden und der diesbezüglich engen Zusammenarbeit mit dem Scrum Team, ohne dabei die Rolle eines klassischen Projektleiters einzunehmen.[151]

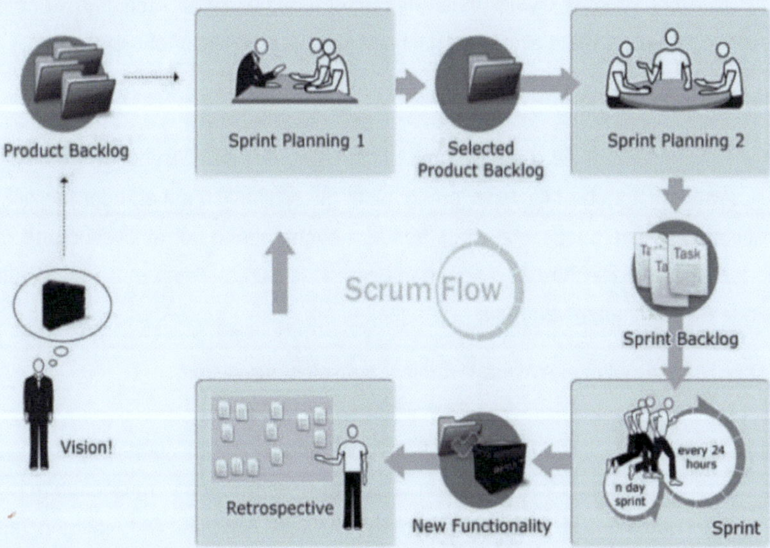

Abbildung 22: Der Scrum-Prozess[152]

---

150 Vgl. Hanser: Agile Prozesse: Von XP über Scrum bis MAP, 2010, S. 62 f.

151 Vgl. Gloger/Häusling: Erfolgreich mit Scrum – Einflussfaktor Personalmanagement, 2011, S. 12.

2. Der Scrum Master (SM)

Dieser Rolle unterliegt die vollständige *Prozessverantwortung*. Ein Scrum Master etabliert den Scrum Prozess innerhalb des Scrum Teams und stellt die korrekte Ausübung der Methodik und Wahrnehmung der einzelnen Rollen sicher. Aufgaben[153] des Scrum Masters sind:

- Führung und Entwicklung des Teams[154]
- Förderung der Effizienz und Zielfokussierung des Teams und des Product Owners
- Schutz vor / Beseitigung von Hindernissen, keine Aufgabenzuweisung
- Pflege und Abarbeitung des Scrum Impediment Backlog
- Sicherstellung der Harmonie innerhalb des Teams und der Beziehung zum Product Owner (eventuell einen geeigneten Ersatz für diesen identifizieren)

Als Hauptvoraussetzungen gelten, dass die ernannte Person von dem bestehenden Scrum Team respektiert wird und über eine ausreichende Führungskompetenz verfügt.[155] Wie der Product Owner muss der Scrum Master seine Aufgaben wahrnehmen, ohne dabei die Rolle eines klassischen Projektleiters einzunehmen.

3. Das Scrum Team (ST)

Dieser Rolle unterliegt die *Entwicklung und Lieferung des gewünschten Ergebnisses*. Die Auswahl geeigneter Mitglieder erfolgt nicht ausschließlich anhand der fachlichen Qualifikation (die vorausgesetzt wird), sondern auch anhand der Motivation und Eignung für ein harmonisches Zusammenarbeiten. Das Scrum Team muss hierzu über folgende Eigenschaften verfügen:

- Das Team arbeitet eigenverantwortlich und selbstorganisiert.
- Es gibt keinen administrativen Teamleiter.
- Das Team besteht aus fünf Mitgliedern (geringfügige Abweichung möglich).
- Eine räumliche Nähe ist in Form eines eigenen Team Büros vorgeschrieben.
- Jedes Teammitglied muss jede projektbezogene Aufgabe wahrnehmen (können).

152 Gloger: Scrum – Produkte zuverlässig und schnell entwickeln, 2008, S. 12.

153 Vgl. Hanser: Agile Prozesse: Von XP über Scrum bis MAP, 2010, S. 65 ff.

154 Vgl. Gloger/Häusling: Erfolgreich mit Scrum – Einflussfaktor Personalmanagement, 2011, S. 79.

155 Vgl. Lieder/Roth: Scrum in Unternehmen einführen, in: Projektmagazin Ausgabe 06/11, S. 2 ff.

Das Team agiert vollkommen unabhängig von Weisungen einer zentralen Führungsperson und muss daher über sämtliche Fähigkeiten verfügen, die zur Zielerreichung notwendigen Aufgabenstellungen selbstständig zu planen und umzusetzen. Als weitere Rollen können ferner der Kunde in der Funktion des Auftraggebers, Anwender als spätere Nutzer des Projektergebnisses und das Management als Unterstützungsinstanz für den Scrum Master definiert werden.[156]

Die Vorgehensweise von Scrum:

Am Anfang steht eine Vision, die ein gewünschtes Ergebnis anfangs abstrakt beschreibt und auf seinen internen bzw. externen Nutzen analysieren wird.[157] Nachdem der Product Owner seine Aufgaben 1. – 3. wahrgenommen hat, wird die Entscheidung zur Projektentstehung getroffen. Das Team hat im Anschluss in der Regel max. 30 Tage Zeit, ein erstes (Teil-)Ergebnis zu verwirklichen und dieses nach Ablauf der Frist dem Product Owner vorzustellen. Der Prozess und alle darin enthaltenen Aktivitäten von Fristbeginn bis Fristende werden als Sprint bezeichnet und wiederholen sich nach der Ergebnispräsentation (Iteration). Bei Sprintbeginn erfolgt eine Planungssitzung des Teams zur taktischen Umsetzung[158], in der das Sprint Backlog erstellt wird. Dieses beinhaltet ein vom Team festgelegtes Anforderungsprofil des zu erreichenden Sprint-Zieles und sämtliche zur Realisierung dieses Inkrements notwendigen Aktivitäten. Das Team verpflichtet sich zur Realisierung der ausgewählten Anforderungen innerhalb des bevorstehenden Sprints. Der Entwicklungsfortschritt wird mittels einer Kanban-Tafel, auch Taskboard genannt, visualisiert. Innerhalb des Sprints werden täglich kurze Teammeetings einberufen (Daily Scrum), an denen der Scrum Master teilnehmen muss. Der Product Owner kann anwesend sein.[159] Zentrale Fragestellungen sind hierbei von dem jeweiligen Teammitglied zu beantworten: [160]

- Was habe ich seit dem letzten Daily Scrum getan?
- Was gilt es bis zum nächsten Daily Scrum zu tun?
- Welchen Hindernissen stehe ich derzeit gegenüber?

156 Vgl. Hanser: Agile Prozesse: Von XP über Scrum bis MAP, 2010, S. 65 ff.
157 Vgl. Brandstäter: Agile IT-Projekte erfolgreich gestalten, 2013, S. 13.
158 Vgl. Gloger/Häusling: Erfolgreich mit Scrum – Einflussfaktor Personalmanagement, 2011, S. 15.
159 Vgl. Kenneth: Essential Scrum, 2014, S. 58.
160 Siehe hierzu Beschreibung Kanban-Board in Kapitel 3.1.2.4.

Weitere Stakeholder (z. B. Kunden) können bei den Meetings ebenfalls anwesend sein, dürfen jedoch keinen Einfluss auf das aktuelle Geschehen ausüben. Dennoch stellt diese Einbindung einen Vorteil dar, da relevante Stakeholder, die das Projekt eventuell mit Geldmitteln versorgen, kontinuierlich über den Stand des Projektes auf dem Laufenden gehalten werden und erste Resultate wahrnehmen. Ziel dieser Meetings ist es, eine aktuelle Übersicht der abgeschlossenen Aktivitäten seit dem letzten Daily Scrum und der zukünftigen Aktivitäten bis zum nächsten Daily Scrum aufzustellen und Hindernisse zu identifizieren, die es sofort oder später durch die Hilfe des Scrum Masters oder Product Owners zu lösen gilt.[161] Kurz gefasst, handelt es sich um eine Präsentation des Status quos. Der Scrum Master nimmt währenddessen die zentrale Rolle eines Moderators ein. Das Team und der Product Owner müssen das Product Backlog mindestens einmal innerhalb eines Sprints an die aktuellen Gegebenheiten in sogenannten Estimation Meetings anpassen.[162]

Diese Veränderungen haben unweigerlich einen direkten Einfluss auf den Releaseplan, was eine Reaktion des Product Owners erfordert. Nach Ablauf der 30 Tage erfolgt eine Sprint Review (max. vier Stunden), in der ein vollständiges und fehlerfreies Ergebnis bzw. Teilergebnis durch den Product Owner bewertet und abgenommen wird. Wird es nicht abgenommen, muss das Product Backlog angepasst und der Sprint wiederholt werden. Andernfalls wird eine Retrospektive (max. drei Stunden) veranlasst, in der das Team den vergangenen Sprint hinsichtlich Zusammenarbeit und Verbesserungen bewertet. Im Anschluss fließen diese Erkenntnisse in die darauffolgenden Sprints ein, in denen neue Sprintziele und Anforderungen angegangen werden.

Instrumente des Scrum Prozesses:

1. Product Backlog

Das Product Backlog gilt als zentrales Dokument, in dem sämtliche priorisierten Anforderungen an ein zu lieferndes Ergebnis eines Projektvorhabens zusammengetragen werden. Diese gilt es kontinuierlich nach jedem Sprint ausschließlich durch den Product Owner anzupassen. Auch während des Sprints können aufgrund von Anforderungsänderungen Anpassungen vorgenommen werden. Innerhalb des ersten

[161] Vgl. Gloger: Scrum – Produkte zuverlässig und schnell entwickeln, 2008, S. 13.
[162] Vgl. Gloger/Häusling: Erfolgreich mit Scrum – Einflussfaktor Personalmanagement, 2011, S. 17.

Sprint Planning Meetings entsteht auf Basis der ermittelten Anforderungen das sogenannte Selected Product Backlog. Das Team entscheidet in diesem, wie viele Funktionalitäten aus diesem tatsächlich abgearbeitet werden können und wie viele das Selected Product Backlog enthalten darf. [163]

2. Sprint Backlog

Das Sprint Backlog enthält sämtliche innerhalb eines Sprints abzuarbeitende Teilziele bzw. Aufgaben des Teams und entsteht während der Sprint-Planungssitzung. Diese beziehen sich auf das definierte Sprint-Ziel und eine ausgewählten Anforderungen des Selected Product Backlogs, die während des Sprints erfüllt werden können (laut Schätzungen des Product Owners und des Teams). Unrealistische Anforderungen, die z. B. nicht innerhalb der Zeitspanne eines Sprints abgearbeitet werden können, werden in weitere Teilziele bzw. Arbeitspakete zerlegt. Das Sprint Backlog wird täglich durch das Team angepasst und bietet einen Überblick über den Projektverlauf.[164]

3. User Stories

Zu erledigende oder abgeschlossene Anforderungen bzw. Arbeitspakete können in Form von kurzen User Stories festgehalten werden. Eine User Story stellt in der agilen Softwareentwicklung eine Beschreibung aus der Anwendersicht dar, in welcher eine bestimmte Funktion für eine definierte Rolle mit einem konkreten Nutzen generiert wird.[165] Das Sprint Backlog verweist anschließend auf die verschiedenen User Stories, deren Status mittels eines Taskboards visualisiert wird. Eine Speicherung vollständig abgearbeiteter User Stories ist nach erfolgreichem Abschluss nicht vorgesehen, um den Dokumentationsaufwand möglichst gering zu halten.

4. Releaseplan

Der Releaseplan enthält die gesamte Anzahl an Sprints, die voraussichtlich notwendig sind, um das Projekt mit dem gewünschten Ergebnis zum Abschluss zu bringen. Zur Überprüfung des verbleibenden Aufwandes wird hierzu auf Burndown-Charts[166] zurückgegriffen.[167]

---

163 Vgl. Kenneth: Essential Scrum, 2014, S. 52 ff.
164 Vgl. Gloger: Scrum – Produkte zuverlässig und schnell entwickeln, 2008, S. 17.
165 Vgl. Dräther/Koschek/Sahling: Scrum – kurz & gut, 2013, S. 124ff.
166 Vgl. Brandstäter: Agile IT-Projekte erfolgreich gestalten, 2013, S. 18.
167 Vgl. Hanser: Agile Prozesse: Von XP über Scrum bis MAP, 2010, S. 61 ff.

5. Burndown-Chart

Ein Burndown-Chart dient der Visualisierung des prozentualen Fortschritts erfüllter Anforderungen und gibt ausgehend von zuvor erhobenen Schätzungen Aufschluss über den noch ausstehenden Aufwand eines Sprints bzw. des Projektverlaufs (vgl. Abbildung 22).[168]

Bewertung der Methode:

Identifizierte Stärken des Modells

Scrum fokussiert sich auf die Ausschöpfung des Know How Potentials aller Prozessbeteiligten. Neben einem geringen Dokumentationsaufwand sinkt auch der Administrations- und Planungsaufwand. Durch die gelebte Selbstorganisation und Eigenverantwortlichkeit ermöglicht das inkrementelle Verfahren, ein besonders hohes Maß an Kreativität über den gesamten Prozess hinweg zu fördern und schnell auf Veränderungen der Anforderungen zu reagieren. Entscheidungsträgern ist es weitestgehend untersagt, aktiv in die Prozesse innerhalb eines Sprints einzugreifen und Einfluss auf die Umsetzung zu nehmen. Dies ermöglicht dem Team bei einer idealtypischen Umsetzung, dass der Fokus auf das Ziel gerichtet bleibt. Doch auch das Management erfährt eine Entlastung, da es Prozesse nicht aktiv zu steuern braucht. Das Ziel liegt bei Scrum in der Lieferung schneller, qualitativ hochwertiger Ergebnisse durch die stringente Umsetzung einer klaren Rollen- und Verantwortungswahrnehmung. Durch das Abstecken klarer Verhältnisse zwischen den jeweiligen Projektbeteiligten können Störeinflüsse und Verzögerungen vermieden werden. Jeder verfügt über ganz klare Kompetenzgrenzen und darf nur innerhalb dieser agieren. Durch die vorgeschriebene räumliche Bündelung des Projektteams entstehen ferner kurze Kommunikations- und Abstimmungswege. Der Austausch von Ideen findet täglich statt, sodass sofort auf neue Anforderungen ohne Warte- oder Liegezeiten eingegangen werden kann. Das dynamische Product Backlog stellt diesbezüglich ein wichtiges und effizientes Instrument dar. Langfristig kann sich durch ein eingespieltes Team das Arbeitstempo erhöhen. Das Projekt bleibt in ständiger Bewegung. Gleichzeitig ist sich jedes Projektmitglied seiner Aufgaben bewusst und auf einem einheitlichen und aktuellen Stand. Demnach ist das Projektteam auch durch die ständige Selbstreflektion einem kontinuierlichen Lernprozess ausgesetzt, der individuelle, positive Verhaltensverän-

168 Vgl. Gloger: Scrum – Produkte zuverlässig und schnell entwickeln, 2008, S. 247.

derungen mit sich bringen kann. Ferner sieht die Methode die ständige Einbeziehung von Stakeholdern (z. B. Kunden, Investoren) vor.

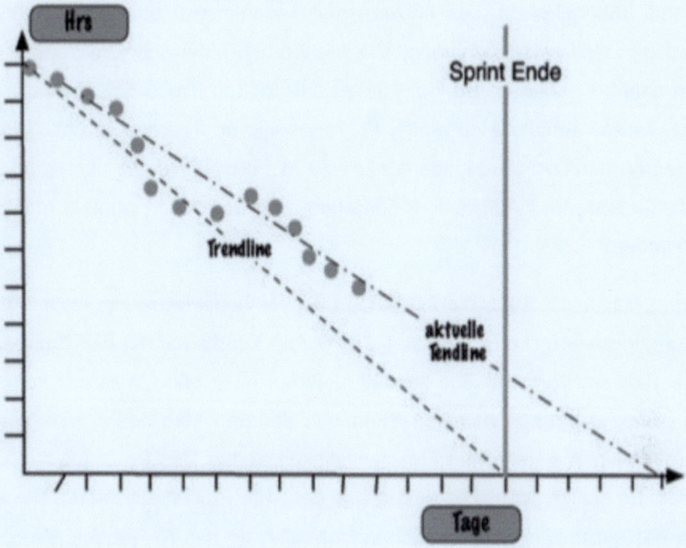

Abbildung 23: Beispiel eines Sprint Burn-Down-Charts[169]

Diese werden durch den vorgeschriebenen Daily Scrum stetig über den aktuellen Projektstatus und über eventuelle Hindernisse informiert. Eine weitere Stärke ist hinsichtlich des reduzierten Projektrisikos zu erkennen. Eine Sprintlänge liefert durch die Erreichung von Teilzielen sämtliche relevanten Informationen über den Prozess und ermöglicht eine hinreichende Kontrolle hinsichtlich Kostenaufwendungen und Fortschritt. Die Methode selbst verfügt über eine klare Struktur bzw. Prozessbeschreibung und auf den Prozess abgestimmte Instrumente.

Identifizierte Schwächen des Modells

Neben den identifizierten Stärken weist die Methode jedoch auch einige Schwächen auf. So ist ein Team zum einen durch den hohen Grad an Selbstorganisation und Eigenverantwortung sehr stark gefordert. Die Erreichung eines Teilziels innerhalb von 30 Tagen kann das Team erheblich unter Druck setzen und den Prozess

[169] Gloger: Scrum – Produkte zuverlässig und schnell entwickeln, 2008, S. 247.

dadurch fehleranfälliger machen. Weiterhin verfügt die Methode über einen hohen Formalisierungsgrad. Ohne eine gelebte Disziplin besteht die Gefahr, dass die Agilität zu chaotischen Verhältnissen führt. Zudem ist der Erfolg eines Sprints bzw. Projektes stark abhängig von dem effizienten Zusammenspiel geeigneter Akteure und der jeweiligen Rollenwahrnehmung. Ein Missbrauch kann schwerwiegende Konsequenzen nach sich ziehen. So kann es zu erheblichen Kreativitätseinschränkungen kommen, sobald jemand eine aktive Führungsrolle im Team einnimmt. Die Abwesenheit einer aktiven Führungspersönlichkeit in Form eines Projektmanagers birgt ferner die Gefahr, dass Aufgaben untergehen oder womöglich weniger effizient ausgeführt werden.[170]

Der Scrum Master stellt nur die Einhaltung der Methodik sicher, ist nicht aktiv in die Umsetzung involviert. Die Begrenzung des Scrum Teams auf nur fünf Personen birgt ebenfalls Risiken. Längerfristige Ausfälle können nicht ohne Weiteres kompensiert werden. Diese Aufgaben müssten dann von anderen Mitgliedern wahrgenommen werden, was einen erheblichen Geschwindigkeitsverlust des Projektes mit sich führen würde. Im schlimmsten Fall würde das gesamte Projekt stillstehen. Ein weiterer Nachteil besteht in der kontinuierlichen Veränderung des Prozesses. Werden Prozess zu oft verändert, können Ziele in weitere Ferne rücken und die Motivation des Teams stark gemindert werden. Der Fokus liegt jeweils auf der Erreichung eines Sprint-Ziels, ein richtiger Projektabschluss bleibt allerdings über einen längeren Zeitraum weitestgehend offen. Mitglieder, die zuvor andere Tätigkeiten wahrgenommen haben, könnten über diesen hinweg das Interesse an einer weiteren Projektbeteiligung verlieren. Weiterhin stellt sich die optionale Einbindung relevanter Stakeholder in den Daily Scrum Prozess problematisch dar. Eine zu hohe Transparenz kann zwar das Vertrauen in ein Projekt verstärken, dieses jedoch auch sehr stark mindern. Wenige geplante Termine innerhalb eines Sprints mit hinreichender Vorbereitung erscheinen ratsamer. Dem Product Owner obliegt die alleinige Entscheidung über Festlegung und anschließende Abnahme der Anforderungen, die über den Fortschritt des Projektes bestimmen. Durch zu hohe oder fehlerhafte Anforderungen, die auf eine einzige Person zurückzuführen sind, könnten leicht fehlerhafte Projektentscheidungen bzgl. nicht sinnvolle Fortführung oder Wiederholung eines Sprints getroffen werden, ohne dass diese auffallen. Dies gefährdet zwangsläufig den Projekterfolg

[170] Vgl. Berkun: Die Kunst des IT-Projektmanagements, 2009, S. 9.

und führt zur Verschwendung von Ressourcen. Die Methodik ist primär auf die Softwareentwicklung ausgelegt. Für eine Überführung in Prozessinnovations- oder Produktinnovationsvorhaben stellt die Methodik keine hinreichenden Informationen zur Verfügung. Ferner wird auf einen Einsatz wissenschaftlicher Instrumente größtenteils verzichtet. Auch finden sich keine Angaben über mögliche Abbruchkriterien, die zusätzlich neben nichterfüllten Anforderungen hinzugezogen werden könnten.

Bewertung hinsichtlich der Eignung für KMU

Mit der Methodik „Scrum" bietet sich für KMU eine Methodik, Projekte mit einem geringen personellen und finanziellen Aufwand voranzutreiben. Besonders die empfohlene Begrenzung der Teamgröße auf insgesamt sieben Mitglieder (PO, SM, ST) kommt KMU dabei zugute. Jedoch ist der Projekterfolg stark abhängig von der jeweiligen Projektgröße und der damit verbundenen Projektdauer. Dies wirft berechtigte Zweifel auf, ob die Anzahl der involvierten Personen bei größeren Vorhaben immer ausreichend ist. Die eindeutige Definition und Zuweisung von Rollen und Verantwortlichkeiten gleicht zudem einen diesbezüglich bestehenden Mangel bei Innovationsvorhaben innerhalb KMU aus.

Die Methodik verfügt über einen innovationsfördernden Charakter, der allerdings mit einem gewissen Formalisierungsgrad aufgrund der Einhaltung von Regeln verbunden ist. Teams arbeiten in Vollzeit vollständig selbstorganisiert und eigenverantwortlich, wodurch viele (kreative) Freiräume zur Problemlösung für das Team entstehen. Einerseits profitieren besonders KMU von dieser Vorgehensweise, da Managementaktivitäten zur Steuerung dadurch wegfallen. Andererseits gestaltet es sich im Alltagsgeschäft schwierig, Personal für Projektvorhaben vollständig freizustellen. Hinsichtlich der Einführung der Methodik bedarf die Vorgehensweise weiterhin einer sorgfältigen Einweisung und Vorbereitung, da viele Unternehmen – wenn überhaupt – meist nur über klassisches Projektmanagementwissen verfügen. Damit kann eventuell auftretenden Widerständen vorgebeugt und eine korrekte Umsetzung ermöglicht werden. Durch die kurz angelegten Sprints finden ferner stetig Kontrollen über den aktuellen Projektstatus, die mit Kostenkontrollen gekoppelt werde können, statt. Die Methode eignet sich von der Herangehensweise und dem notwendigen Ressourcenaufwand her **sehr gut für KMU**, die vorrangig kleine bis mittlere Projekte verwirklichen möchten. Einen hinderlichen Aspekt stellt hingegen die auf Softwareentwicklung begrenzte Beschreibung dar. Es lässt sich nicht abschließend feststellen, wie sich das Konzept auf die Verwirklichung von Prozessinnovationen oder Produktinnovationen, die keine Softwareprodukte sind, übertragen lässt.

3.1.2.2 Feature Driven Development

Für besonders zeitkritische Projekte wird in der Softwareentwicklung häufig auf das agile Feature Driven Development (FDD) aus den 1990er Jahren zurückgegriffen (vgl. Abbildung 24).[171] Hierbei handelt es sich um einen in fünf Phasen untergliederten Prozess, der häufig in Verbindung mit der klassischen Projektmanagementmethode angewendet werden kann. Ziel ist es, innerhalb von maximal zwei Wochen mittels eines kurzfristig angelegten Featureplans ein einzelnes Feature (Merkmal der Software, die einen Mehrwert für den Endnutzer darstellt) zu entwickeln.[172]

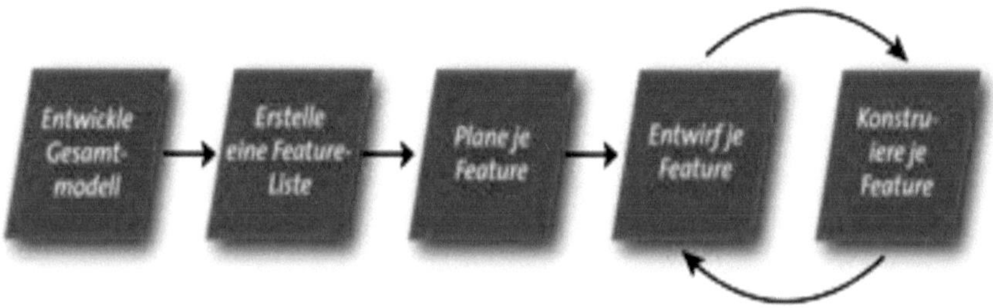

Abbildung 24: Feature Driven Development

In der ersten Phase ist eine grobe Vorstellung seitens des Endnutzers bzw. Kunden für ein zu erzeugendes Ergebnis notwendig. Daraufhin wird ein Modellierungsteam gebildet, dessen Hauptaufgabe darin besteht, sich zunächst einen Informationsstand und Wissen zur Thematik aufzubauen. Es erfolgt die Erstellung einer vorläufigen Featureliste durch einzelne Gruppen oder Personen, in der verschiedene geeignete Merkmale für die Umsetzung zusammengefasst werden. Alternativvorschläge werden gespeichert. In kleinen Teams werden Teilmodelle konzipiert und abschließend zu einem Gesamtmodell mittels eines Klassendiagramms (Strukturdiagramms) zusammengefasst, das von Fachexperten evaluiert wird. Ein weiteres Team beschreibt nun die groben Features näher, teilt sie aus Nutzersicht in zu erfüllende Hauptmerkmale und Nebenmerkmale auf und priorisiert sie. Jedes Feature muss dabei so beschrieben werden, dass es sich binnen zwei Wochen verwirklichen lassen kann. Am

171 Vgl. Masak: Moderne Enterprise Architekturen, 2005, S. 272.
172 Vgl. Wolle: Risikomanagementsysteme in Versicherungsunternehmen, 2014, S. 49.

Ende steht eine detaillierte Featureliste, die erneut von den jeweiligen Experten überprüft wird.

Die Planungsphase je Feature ist geprägt von klaren Rollenzuweisungen und Verantwortlichkeiten. In der Softwareentwicklung besteht ein Planungsteam aus einem Projektmanager (Methodenverantwortung), Entwicklungschef (Klassenverantwortung) und Chefprogrammierer (Featureverantwortung). Das Team legt die Reihenfolge und ein Abgabedatum der abzuarbeitenden Features fest. Die drei Phasen stellen im weitesten Sinne Meilensteine für die Projektdefinition dar.[173] Es kommt zur Bildung von einzelnen Feature Teams, die aus sämtlichen betroffenen Personen bestehen, die zur Realisierung des Features notwendig sind. Jedes Feature Team besteht in seiner für das Feature ausgelegten Konstellation für maximal zwei Wochen. Ein detailliertes Ablaufdiagramm stellt sicher, dass der zu erstellende Entwurf für das betroffene Feature sämtliche Rückgabewerte und Parameter der Methoden enthält. Die Entwürfe werden im Anschluss inspiziert. Es gilt, aus den Entwürfen zu lernen. Nach dem Entwurf werden die Features von den Entwicklern programmiert und im Anschluss einer Reihe von Codeinspektionen und weiteren Testverfahren unterzogen. Sind diese Vorgänge abgeschlossen, aktualisiert der Chefprogrammierer den Featurestatus und die Featureliste.[174] In dieser werden die Fortschritte des Gesamtmodells (z. B. prozentualer Anteil fertiggestellter Features) festgehalten und weitere Features für die Entwurf-Phase freigegeben. Auf eine nähere Beschreibung der Rollen wird angesichts der zu behandelnden Problemstellung verzichtet, da diese ausschließlich Themen der Softwareentwicklung beinhalten und daher keine weiteren relevanten Erkenntnisse liefern.

Bewertung der Methode:

Identifizierte Stärken des Modells

Das Modell arbeitet mit kurzen Entwicklungsschritten, zerlegt das geplante „große Ganze" in kleinere Teilerzeugnisse bzw. Arbeitspakete. Damit lassen sich kurzfristig messbare Resultate erzielen, die als Meilensteine für den Projekterfolg fungieren. Die Vorgehensweise bleibt stets strukturiert und ermöglicht eine einfache Umsetzung. Auch in diesem Modell findet sich eine klare Festlegung von Verantwortlichkei-

173 Vgl. Masak: Moderne Enterprise Architekturen, 2005, S. 273.

174 Vgl. Alpar/Alt/Bensberg/Grob/Weimann/Winter: Anwendungsorientierte Wirtschaftsinformatik, 2014, S. 327 f.

ten wieder, sodass jedes Mitglied sich schnell seiner Aufgabenstellungen bewusst und in seiner Rolle zielorientiert agieren kann. Die Teambildung erfolgt den Anforderungen an das Feature entsprechend und variiert in kurzen Zyklen ständig, wodurch Kompetenzen stets effizient gebündelt werden. Ferner lässt sich der „Flow“ von FDD mit den Methoden des klassischen Projektmanagements koppeln und steuern. Das Modell eignet sich ferner für alle Projektgrößen und ist auch mit einer geringen Mitarbeiteranzahl umsetzbar.

Identifizierte Schwächen des Modells

Der Endnutzer bzw. Kunde ist laut der Methodik nur in der Anfangs- und Endphase aktiv beeinflussend involviert. Er liefert eine grobe Vorstellung, die weiteren Spezifikationen dieser Anforderungen obliegen den unternehmensinternen Teams der Planungsphase. Abschließend nimmt der Kunde das implementierte Endergebnis ab. Auch die Priorisierung erfolgt ohne den weiteren Einfluss externer Quellen. Der Kundeneinfluss – insbesondere in den letzten zwei Phasen – ist daher stark eingeschränkt. Der Projekterfolg ist zudem stark von der Planungsphase abhängig, die im Vergleich zu anderen Methoden zusätzlich mit einem hohen Dokumentationsaufwand verbunden ist. Auch Kostenkontrollen müssen in dieser Phase von Beginn einbezogen werden. Weiterhin ist eine leichte Einschränkung der Feature Teams festzustellen: Aufgrund der begrenzten Zeit ist es diesen Teams kaum möglich, eigenständige Optimierungsvorschläge zu entwickeln oder umzusetzen. Das FDD verfügt dahingehend trotz des humanorientierten Ansatzes zusätzlich über einen Planverfolgungscharakter, da es primär stets die Feature Listen abzuarbeiten gilt.

Bewertung hinsichtlich Eignung für KMU

Das FDD **eignet sich für Unternehmen jeglicher Größe**. Der Aspekt, dass die Teamgröße variable ausfallen kann, ist besonders für KMU vorteilhaft. Sofern in der Planungsphase geeignete Kostenkontrollpunkte berücksichtigt werden, ist das Projektrisiko durchaus überschaubar und ermöglicht KMU, die begrenzten Ressourcen effizient einzusetzen. Die Methode lässt sich leicht in die unternehmerischen Tätigkeiten integrieren und durch den Einsatz geeigneter Instrumente mit geringem Aufwand steuern. Durch die Einbindung des Kunden in der Anfangsphase wird ferner das Risiko gemindert, dass an Kundenwünschen vorbeientwickelt wird. Die Herausforderungen bestehen gerade für KMU sowohl in einer detaillierten Planung und

Strukturierung der ersten drei Phasen und einer geeigneten Zusammenstellung der Feature Teams. Ein gewisser Grad methodischen Wissens wird für einen stabilen FDD Prozessverlauf vorausgesetzt.

3.1.2.3 Survival of the Fittest

Eine an Scrum orientierte Methode stellt das 2014 vorgestellte Survival-of-the-Fittest-Modell (SOTF) nach Szinovatz und Müller dar, das einen Wettbewerb einzelner Teams um die begrenzten Ressourcen innerhalb eines Unternehmens fördert (vgl. Abbildung 25). Im Anschluss werden nur die wesentlichen Unterschiede zur Methode Scrum aufgezeigt, da das Ablaufschema nur geringfügige Abweichungen aufweist. Grundlegend ist das SOTF-Modell, wie auch bei Scrum, von iterativen Vorgängen und selbstorganisierten und interdisziplinären Teams geprägt. Ausschlagend für dieses Modell ist jedoch, dass in der Anfangsphase, in der die Rahmenbedingungen für ein Projektvorhaben festgelegt werden, ein fest definiertes – knapp kalkuliertes – Budget auf gleichzeitig operierende Teams aufgeteilt wird.

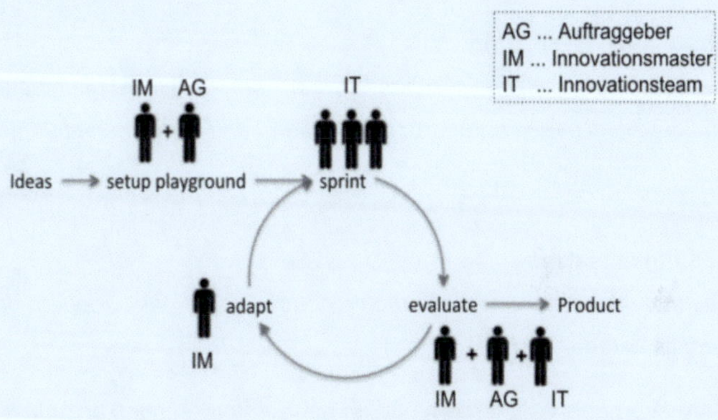

Abbildung 25: Survival-of-the-Fittest-Modell nach Szinovatz und Müller[175]

Ziel ist es, dass unterschiedliche Ideen parallel verfolgt werden und es im weiteren Verlauf gemessen am Projektstatus zu einer ständigen Ressourcenumverteilung kommt. Die Teams stehen somit in einen ständigen Wettstreit um die stark begrenzten Ressourcen. Die Entscheidungsmacht über diese Umverteilung liegt dabei in der Rolle eines Innovationmasters. Diese Rolle hat sehr große Ähnlichkeiten mit dem

175 Schoeneberg: Komplexitätsmanagement in Unternehmen, 2014, S. 102.

Anforderungsprofil, die an einen ScrumMaster gestellt werden, jedoch verfügt dieser über weitaus mehr Handlungsmacht. Ein Projektteam kann aus einem Mitglied bis fünf Mitgliedern bestehen. Die Anzahl und Zusammenstellung der Teams orientieren sich an den definierten Rahmenbedingungen. So ist es auch möglich, dass ein Team teilweise aus unternehmensexternen Personen bestehen kann. Ferner wird die Position eines Projektleiters nicht kategorisch ausgeschlossen, sondern kann optional Anwendung finden. Eine weitere Besonderheit stellt die Verantwortlichkeit für den Erfolg des Projektes bzw. Outputs dar. Lag diese bei Scrum noch beim Product Owner, wird diese Funktion nun ebenfalls vom Innovationsmaster wahrgenommen. Dem Innovationsmaster kommt somit eine sehr zentrale Rolle zur Steuerung des Projektverlaufs zu. Ihm ist es u.a. gestattet, durch Veränderungen

- **des finanziellen Flusses**
  (Ein vielversprechenderes Projekt eines Teams kann z. B. mit mehr Geldmitteln versorgt werden, einem weniger erfolgversprechenderem Team werden diese Mittel hingegen entzogen.)

- **der personellen Besetzung**
  (Fehlt einem Team z. B. spezifisches Wissen, kann ein hierzu geeignetes Teammitglied aus einem anderen Team entfernt und in das neue integriert werden.)

- **des Lösungsansatzes**
  (z. B. keine Lösungsgenerierung durch eigenes Projektteam, sondern durch Auslagerung an externe Partner)

den Erfolg des Vorhabens zu fördern und an neue Anforderungen anzupassen.

Zur Vorgehensweise:

Die Ideengenerierung als eigenständiger Prozessschritt ist kein Teil des SOTF-Modells und als Vorphase separat zu betrachten. Nachdem ein Ideenpool generiert wurde, werden in der Setup Playground-Phase die bereits erwähnten Rahmenbedingungen u. a. bzgl. des Budgets, der Zusammenstellung und Anzahl der Teams, der Dauer bzw. der Anzahl der Sprints und der Bewertungskriterien (z. B. mittels Checklisten) festgelegt. Während Scrum eine Sprintlänge von max. 30 Tagen vorgibt, sind im SOTF-Modell Sprints von zwei bis sechs Wochen möglich. Anschließend werden die Aufgaben von parallel operierenden Teams in Sprints ausgeführt (sprint). Die Ergebnisse werden im Anschluss jeweils in einer Präsentation zusammengetragen, vorgestellt und durch den Innovationsmaster zusammen mit dem Auftraggeber bewertet (evaluate). Auf Basis der daraus resultierenden Erkenntnisse trifft der Innovationsmaster als Generalist seine Entscheidung zur Ressourcenumverteilungen (adapt).[176]

Bewertung der Methode:

Identifizierte Stärken des Modells

Durch die klare zeitliche, finanzielle und personelle Ressourcenbegrenzung zu Beginn ist es dem Management möglich, das Projektrisiko individuell zu kalkulieren und einzudämmen. Die Teams nehmen im Projektgeschehen eine Wettkampf-Position ein, in der es darum geht, mit möglichst geringen Mitteln ein Ziel zu erreichen, wodurch allgemein ein verantwortungsvoller Umgang mit begrenzten Ressourcen gefördert wird. Zudem belebt der Wettbewerbscharakter die Aktivitäten im Unternehmen, da einzelne Teams ihre Motivation aus dem Konkurrenzdenken beziehen. Das Modell verfügt dabei jedoch über einen sehr hohen Freiheitsgrad im Vergleich zu Phasenmodellen. Ideen mit anfänglich weniger guten Erfolgsaussichten erhalten die Möglichkeit, gefördert und nicht direkt verworfen zu werden, sofern die Budgetvorgaben oder Anforderungen dies erlauben. Durch die anschließende Bewertung anhand von Kontrollkriterien können diese im Anschluss ohnehin frühzeitig durch die zeitlich begrenzten Sprints identifiziert und die damit freiwerdenden Ressourcen verlagert werden. Ferner ist es dem Projektteam möglich, schnell auf veränderte Anforderungen zu reagieren. Hierzu lässt sich ergänzend die Kundenintegration in jedem Zyklus ermöglichen. Auch die Festlegung der Anzahl zu absolvierender Sprints ist für den Erfolg ausschlaggebend und mindert das Risiko, dass Projekte unnötig in die Länge gezogen und Ressourcen zu lange beansprucht werden. Die Methode bietet somit eine gute Balance zwischen Flexibilität und strukturiertem Ablauf. Auch die Rolle des Innovationsmanagers verfügt in dieser Form über viele positive Aspekte. Durch seinen – im Vergleich zum Scrum Master – erweiterten Handlungsspielraum ist es ihm erlaubt, auf Veränderungen frühzeitig aktiv zu reagieren und stärker in den

176 Vgl. Schoeneberg: Komplexitätsmanagement in Unternehmen, 2014, S. 100 ff.

Projektverlauf einzugreifen. Dadurch ist es ihm durch den engen Kontakt mit den einzelnen Teams möglich, realistische Einschätzungen vorzunehmen, an welcher Stelle die Ressourcen dringender benötigt werden.

Identifizierte Schwächen des Modells

Die Beschreibung weist einige Lücken auf. So finden sich keine genaueren Angaben der zu verwendenden (wissenschaftlichen) Instrumente innerhalb des Projektgeschehens. Ferner werden die Aktivitäten zur Ideengenerierung ausschließlich vorausgesetzt und nicht als aktiver Teil des SOTF-Modells angesehen und somit nicht näher beschrieben. Die detaillierte Planung und Festlegung der Anforderungen vor Beginn der Teamarbeit stellen sich ebenfalls als problematisch dar. So haben Fehleinschätzungen des freizugebenden Budgets weitreichende Folgen für den Projekterfolg. Ein zu stark begrenztes Budget hat unweigerlich Potential- und Kreativitätseinschränkungen der Teams bzw. der Prozesse zur Folge, da viele Wege aufgrund fehlender finanzieller oder personeller Kapazitäten nicht eingeschlagen bzw. kategorisch im Vorfeld ausgeschlossen werden. Kruse wies bereits 2008 auf die Gefahren einer derartigen Vorgehensweise hin und prognostizierte mit seinen satirischen acht Regeln Handlungsempfehlungen, mit denen ein Unternehmen gelähmt oder sogar vollständig stillgelegt werden kann.

„Rufen Sie einen umfassenden Wettbewerb aus, machen Sie klar, dass bei Ihnen wirklich nur der Einsatzbereiteste überlebt.“[177]

Die Rolle des Innovationsmasters ist ebenfalls mit einigen Risiken verbunden. Dieser verfügt über sehr viel Macht und Einfluss auf operativer und strategischer Projektebene. Die Prozesse sind sehr stark durch ihn geprägt, von ihm abhängig und sind mit hohen Anforderungen an diese einzelne Person verbunden. Es besteht zudem die Gefahr, dass Entscheidungen weniger objektiv oder durch die Fülle an wahrzunehmenden Aufgaben fehlerhaft getroffen werden. Es ist weiterhin nicht gewährleistet, dass mit dieser Methode die richtigen Ideen verfolgt bzw. gefördert werden oder zum Projekterfolg führen. So können im weiteren Verlauf womöglich zu viele Ressourcen zur Verwirklichung falscher Ideen bereitgestellt werden und im Umkehrschluss weitaus erfolgversprechendere Ideen durch zu geringe Zuwendungen scheitern.

177 Kruse: 8 Regeln für den totalen Stillstand im Unternehmen, 2013, abgerufen am 30.11.2017.

Bewertung hinsichtlich der Eignung für KMU

Wie bereits mehrfach deutlich wurde, ist eine ressourcenorientierte Vorgehensweise vorteilhaft für KMU. Dieser Aspekt wird besonders durch das SOTF-Modell hervorgehoben und prozessbestimmend eingesetzt. Damit das Modell jedoch mit seinem angestrebten Wettkampfcharakter angewendet werden kann, müssen mindestens zwei Teams parallel an unterschiedlichen Ideen arbeiten, von denen in der Regel zukünftig nur eine Idee intensiv weiterverfolgt wird. Mit jedem weiteren Team nehmen Komplexität und Aufwand eines Innovationsvorhabens für das Unternehmen exponentiell zu. Für KMU ist aufgrund der personellen Ressourcenbegrenzung daher nur die Bildung weniger und möglichst kleiner Teams möglich. Ferner haben besonders KMU genau darauf zu achten, in die Ideen ihre Mittel fließen und dass sie keine Förderungen schlechter Ideen vornehmen bzw. diese frühzeitig erkennen und deren Umsetzung unterbinden. Betrachtet man das Modell im Ganzen und berücksichtigen Unternehmen die beschriebenen Aspekte hinreichend, **eignet es sich sehr gut für KMU**.

3.1.2.4 Kanban

Der Begriff Kanban wird in der betriebswirtschaftlichen Lehre unterschiedlich ausgelegt. Geprägt wurde er überwiegend durch den Toyota-Produktionsprozess, in dem Kanban zur Reduzierung von Lagerbeständen und zur Stabilisierung des Fertigungsflusses eingesetzt wird. Kanban als agile Lean-Methode in der Softwareentwicklung geht hauptsächlich auf die Arbeiten von David J. Anderson aus dem Jahr 2007 zurück (vgl. Abbildung 26).[178] Als zentrales Instrument der Methode wird zur Steuerung der Wertschöpfungsprozesse das Kanban-Board eingesetzt, das eine begrenzte Anzahl von Arbeitspaketen in Form von Signalkarten beinhaltet und Arbeitsabläufe steuert und visualisiert.[179] Das Kanban-System macht keine konkreten Vorschriften bzgl. Teambildung, Rollenverteilung oder Priorisierung von Anforderungen, sondern überlässt diese Entscheidungen dem Unternehmen. Kanban begrenzt sich ausschließlich auf die Schaffung von Transparenz und von schnellen Durchlaufzeiten im Ablaufprozess. Tabelle 10 dient der Visualisierung eines fiktiven Kanban-Prozesses. In den Spalten „Input" und „Output" wird von einer Limitierung auf maximal drei und

[178] Vgl. Baumgartner/Klonk/Pichler/Seidl/Tanczos: Agile Testing, 2013, S. 31.
[179] Vgl. Epping: Kanban für die Softwareentwicklung, 2011, S. 115.

in den übrigen Spalten auf maximal zwei parallel bearbeitbare Anforderungen ausgegangen.

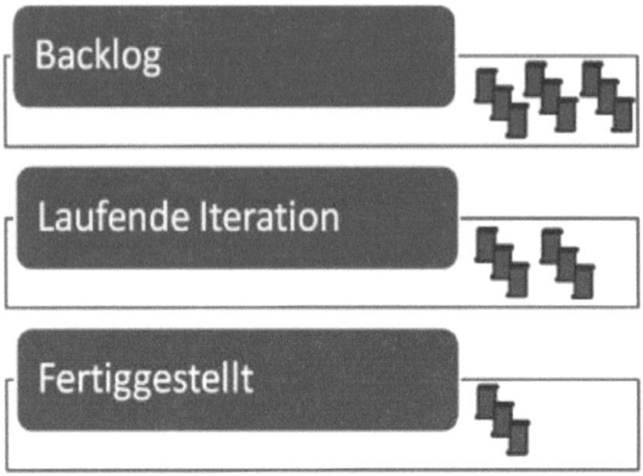

Abbildung 26: Beispiel für Aufbau eines Kanban-Boards[180]

Tabelle 10: Anwendungsbeispiel für Kanban-System[181]

Input	Analyse		Entwicklung		Test		Output
Anforderung (N) Anforderung (L) Anforderung (F)	In Arbeit	fertig	In Arbeit	fertig	In Arbeit	fertig	(B) (A)
	(H)	(M) (J)	(C)	(E) (I)	(G) (D)	(K)	

Zu Beginn werden sämtliche Anforderungen (A-N) identifiziert und in einem Backlog zusammengetragen, worauf anschließend der zukünftige Arbeitsaufwand ermittelt wird. Nach der Ermittlung der Anforderungen für die Realisierung eines Erzeugnisses

180 MITP: Agile Techniken für klassisches Projektmanagement, 2011, S. 124.

181 In Anlehnung an Gross: Kanban made simple, 2003, S. 99.

werden diese jeweils in Form kleiner Karten beschrieben und in der ersten Spalte (Input) eines Boards gesammelt. Anschließend werden die darauffolgenden Spalten (Phasen) hinsichtlich ihres Fassungsvermögens von Anforderungen limitiert, sodass nur eine bestimmte Anzahl an Aufgaben in diese Spalte einfließen kann. Die Menge der Aktivitäten innerhalb einer Phase bleibt während des gesamten Prozesses limitiert und darf unter keinen Umständen überschritten oder verändert werden.[182] In dem oben aufgeführten Beispiel wäre es also möglich, Anforderung (J) an die Entwicklung zu übergeben, da die Kapazität die Aufnahme einer Anforderung ermöglicht. Hingegen verbleiben die Anforderungen (E) und (I) solange in der Entwicklung, bis eine der beiden Anforderungen (G) und (D) fertiggestellt ist. Dieses Vorgehen soll sicherstellen, dass Phasen nicht überlastet werden und Aufgaben in einem Fluss bearbeitbar bleiben. Der Einsatz einer Pufferspalte zu Beginn, in der alternative Anforderungen geparkt werden, kann darüber hinaus schnell Aufschluss darüber geben, ob der Prozess durchlässig oder verstopft ist. Die Aufgaben werden von eigenständig organisierten Teams ausgewählt und abgearbeitet. Diese Ergebnisse werden anschließend analysiert und entwickelt, ähnlich wie im FDD-Modell (siehe Kapitel 3.1.2.2). Der wesentliche Unterschied besteht in der Limitierung der Anforderungen und nicht zwingend vorgeschriebenen Priorisierung. Sämtliche Anforderungen werden im übertragenen Sinne durch einen Flaschenhals geführt und enden in der Abnahme (Output). Anforderungen, die nicht abgenommen wurden, werden ins Backlog zurückgeführt und der Aufwand muss erneut eingeschätzt werden.[183] Kanban eignet sich insbesondere für Projekte, die eine hohe Komplexität aufweisen, also z. B. durch häufige Anforderungsänderungen oder regelmäßige Unterbrechungen geprägt sind.[184] Projekte können somit einfach eingefroren und ohne großen Aufwand fortgesetzt werden. Neben dem Kanban-Board sind auch Stand-Ups und Retrospektiven ein fester Bestandteil der Kanban-Methodik. Bei einem Stand-Up handelt es sich um ein tägliches Teammeeting, das stehend ausgeführt wird und sowohl räumlichen als auch zeitlichen Restriktionen unterliegen sollte. Die Stand-Ups ähneln dabei stark dem Vorgehen eines Daily-Scrum (siehe Kapitel 3.1.2.1) und greifen inhaltlich auf die gleichen Fragestellungen zurück. Davon abweichend hat allerdings nur ein eingeschränkter Personenkreis (direkte Teammitglieder) Zugang zu diesen Meetings. Ähnlich verhält es sich bei den Retrospektiven, die hauptsächlich organisatorische Ver-

182 Vgl. Epping: Kanban für die Softwareentwicklung, 2011, S. 118.
183 Vgl. Gross: Kanban made simple, 2003, S. 99.
184 Vgl. Wolle: Risikomanagementsysteme in Versicherungsunternehmen, 2014, S. 49 f.

besserungen zu Tage fördern sollen und eventuell als Auslöser neuer Anforderungen gelten. Jedoch ist hier die Teilnahme von indirekt betroffenen Personen (z. B. des Auftraggebers) zulässig. Wie das FDD-Modell ist Kanban ebenfalls mit der klassischen Projektmanagementmethode kompatibel, sofern ein konstanter Prozessfluss mit integrierten Kontrollen von Messgrößen berücksichtigt wird. Kanban greift hierzu ebenfalls auf User Stories und durch den Auftraggeber oder (teilweise) Auftragnehmer definierte Abnahmekriterien zurück.[185] **Zusammenfassend lassen sich folgende Kernwerte des Kanban-Systems feststellen:**[186]

- Mache den Workflow sichtbar (Kanban-Board)!
- Begrenze die Anzahl zu erledigender Aufgaben bzw. Arbeiten!
- Selbstorganisation: Keine Zuteilung von Arbeitspakten!
- Steuerung des Prozesses mittels Regeln!
- Regelmäßige Ergebnispräsentationen und Feedbacks!
- Permanente Optimierung (Kaizen)!

Bewertung der Methode:

Identifizierte Stärken der Methode

Wie auch das FDD-Modell arbeitet Kanban in kurzen Entwicklungsschritten, zerlegt also das geplante „große Ganze“ in kleinere Teilerzeugnisse bzw. Arbeitspakete. Damit lassen sich kurzfristig messbare Ergebnisse und Hindernisse mit geringem Dokumentationsaufwand identifizieren, die in täglichen Meetings eruiert werden können. Die Vorgehensweise bleibt stets strukturiert und ermöglicht eine einfache Umsetzung. Durch die klare Begrenzung der Aufgaben ist es dem Team möglich, effizient zu arbeiten und keiner Überlastung zu unterliegen. Dabei kann eine hohe Durchlaufzeit gewährleistet und auf Anforderungsänderungen schnell reagiert werden. Auch diese Methode ist mit dem klassischen Projektmanagement kompatibel. Das Modell eignet sich ferner für alle Projektgrößen und ist auch mit einer geringen Mitarbeiteranzahl umsetzbar. Durch die Visualisierung ist es ferner möglich, Projekte einzufrieren und problemlos zu einem späteren Zeitpunkt fortzusetzen.

185 Vgl. Epping: Kanban für die Softwareentwicklung, 2011, S. 89 ff.

186 Vgl. Baumgartner/Klonk/Pichler/Seidl/Tanczos: Agile Testing, 2013, S. 31.

Identifizierte Schwächen der Methode

Kanban trägt weniger den Charakter eines weitreichend unternehmensverändernden Modells als mehr den eines Modells, das Hilft Dinge zu implementierenden. Mit Kanban besteht das Risiko, dass die Teammitglieder einen zu stark ausgeprägten aufgabenbezogenen Fokus einnehmen und den Gesamtprozess aus dem Auge verlieren. Optimierungsmaßnahmen, die dem gesamten Prozess helfen und nicht nur der jeweiligen Aufgabe bzw. Anforderung zugutekommen, könnten dabei leicht untergehen. Durch eine zu starke Begrenzung der Aufgabenfelder kann ein Projekt zudem zeitlich in die Länge gezogen werden. Ferner bleiben die Rolle und der Einfluss des Kunden ungewiss.

Bewertung hinsichtlich der Eignung für KMU

Es lässt sich zweifelsfrei feststellen, dass Kanban sich für jede Unternehmensgröße und somit **auch für KMU eignet**. Das Kanban-Board stellt dabei ein effizientes Hilfsmittel zur Planung und Steuerung unternehmerischer Prozesse dar und ermöglicht eine besonders gute Ressourcenplanung und -verteilung. Ein Kritikpunkt, der sich besonders für KMU nachteilig auswirkt, ist das fehlende Einbeziehen des Kunden innerhalb des Kanban-Prozesses. Unternehmen müssen Mittel und Wege finden, diese frühzeitig aktiv einzubinden, um hinreichend kundenorientierte Produkte oder Dienstleistungen generieren zu können. Eine Implementierung eignet sich daher nur für Unternehmen, die sich der identifizierten Stärken und Schwächen des Modells bewusst sind und vorrangig komplexe Projekte managen müssen.

3.1.2.5 Design Thinking

Der Ursprung von Design Thinking wird auf Aktivitäten der Universität Stanford in den späten 1990er Jahren und auf die später gegründete Innovations-Agentur IDEO zurückgeführt (vgl. Abbildung 27).[187] Beim Design Thinking handelt es sich nicht um eine Methode aus der Softwareentwicklung. Es beinhaltet jedoch eine Vielzahl von Prinzipien und Elementen agiler Methoden.[188] Verfolgt wird ein human-zentrierter Ansatz, der primär radikale Innovationsvorhaben fokussiert, statt auf marginale Verbesserungen an bestehenden Erzeugnissen bzw. Gegebenheiten zu setzen.[189]

187 Vgl. Gürtler/Meyer: 30 Min. Design Thinking, 2013, S.14.
188 Vgl. Komus et al.: Internationale Studie: Status Quo Agile 2014, Ergebnisbericht, 2014, S. 10.
189 Vgl. Schoeneberg: Komplexitätsmanagement in Unternehmen, 2014, S. 80.

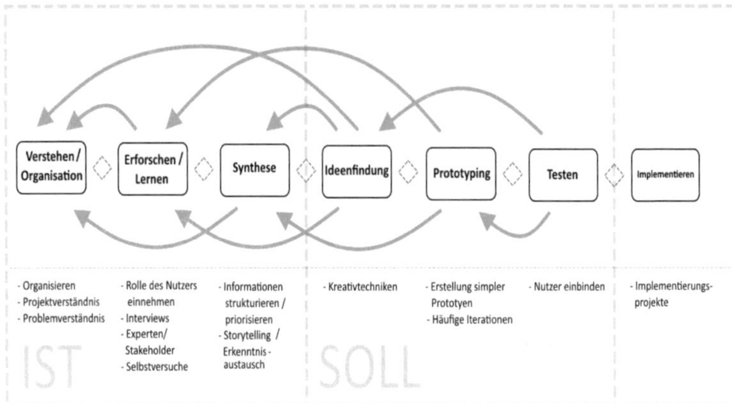

Abbildung 27: Design Thinking Prozess[190]

Im Zentrum stehen das Verständnis der Bedürfnisse des Nutzers bzw. der Kunden, die schnellstmögliche Generierung eines Prototyps und die daraus resultierenden Lerneffekte. Ziel ist es, diese Erkenntnisse mit technischer Umsetzbarkeit und Wirtschaftlichkeit zu vereinbaren. Einen wesentlichen Bestandteil der Design Thinking Methode macht auch die Bereitstellung und Gestaltung der Räumlichkeiten und Arbeitsatmosphäre aus. Laut einer Studie aus dem Jahre 2014 stellten nur 13% der Unternehmen, die Design Thinking aktiv anwenden (n=84), separate Räumlichkeiten zur Verfügung.[191] Bei angemessener Anwendung der Methode sind dem Team ein Raum und notwendige Instrumente zur Verfügung zu stellen, damit Kreativitätstätigkeiten umgesetzt und in vollem Umfang ausgelebt werden können. Zum besseren Verständnis wurde die Methode für die Beschreibung in zwei Hauptphasen aufgeteilt, die nachfolgend als Ist-Analysephase und Soll-Analysephase gekennzeichnet werden. Wichtig ist für das Verständnis ferner, dass das Modell nicht so linear verläuft, wie es auf dem ersten Blick in Abbildung 27 scheint. Design Thinking ist darauf ausgelegt, dass zu jeder Zeit Sprünge nach vorne oder hinten vollzogen werden können.

Ist-Analysephase: Das Verstehen des Ist-Zustandes

Verstehen bzw. Organisation: Die Anfangsphase beginnt mit der Organisation des Projektteams. Die Teamgröße wird hierzu auf vier bis sechs Personen beschränkt.

---

190 In Anlehnung an Gürtler/Meyer: 30 Min. Design Thinking, 2013, S.34.

191 Vgl. Komus et al.: Internationale Studie: Status Quo Agile 2014, Ergebnisbericht, 2014, S. 107.

Abweichend von der zuvor beschriebenen Methode „Scrum“, sind bis auf den Coach bzw. Prozessbeauftragten weitere Rollen nicht fest definiert. Der Coach ist in seiner Funktion mit den Aufgabenfeldern eines ScrumMasters (siehe Kapitel 3.1.2.1) vergleichbar. Das gesamte Team sollte sich jedoch weiterhin durch Diversität und Interdisziplinarität auszeichnen. Nutzer als Mitglieder des Kernteams sind untersagt. Es besteht ansonsten die Gefahr, dass sich die übrigen Teammitglieder zu stark auf die Belange des Einzelnen einlassen und somit nicht ihr vollständiges Potential entfalten können. Ist das Team gebildet, wird mit der Projektplanung begonnen. Es erfolgt die Definition der „Design Challenge“ bzw. des Projektauftrages mit einer zentralen am Bedürfnis des Menschen ausgelegten Fragestellung. Anschließend sind die Rahmenbedingungen, Abgabetermine innerhalb der Phasen festzulegen und durch Meilensteine, in den die Ergebnisse der Vorphase präsentiert werden, abzugrenzen. Auch die Anzahl an Iterationen wird im Vorfeld verbindlich festgelegt bzw. getaktet. Über den gesamten Prozess hinweg hat nach jeder Iteration eine Kurzpräsentation innerhalb der Meilensteingrenze zu erfolgen, innerhalb welcher auch unfertige Ergebnisse präsentiert werden. Die einzelnen Teams verfügen dabei über maximal drei Minuten Redezeit, um ihr Ergebnis vorzustellen. Erst nach der Planung beginnt das intensive Hinterfragen der festgeschriebenen Problemstellung, ohne dabei in Lösungsansätzen zu denken. Die Formulierung muss wohlüberlegt sein, da sie den weiteren Verlauf und das Ziel stark beeinflusst.[192] Hierzu müssen die einzelnen Mitglieder zu „leichten Experten“ werden. Dies erleichtert die Kommunikation zwischen den Stakeholdern (z. B. Kunden, Nutzern) und Teammitgliedern und trägt zu einem einheitlichen Verständnis bei.

Erforschen bzw. Lernen: Diese Phase befasst sich mit der intensiven Informationsbeschaffung und Interaktion mit den jeweiligen Stakeholdern. Es gilt, möglichst viele Informationen von unterschiedlichen Quellen hinsichtlich der „Design Challenge“ zu erhalten. Geprägt ist dieses Vorhaben von eindringlichen Interviewtätigkeiten, gekoppelt mit Expertengesprächen. Zu diesem Zweck wird das Design Thinking Team in Recherche Teams aufgeteilt (z. B. Zweiergruppen). Teammitglieder sollen sich zudem auch außerhalb des Unternehmens ein realistisches Bild der Problematik verschaffen, indem sie die Rolle des Nutzers einnehmen und sich in dessen Situationen hineinversetzen bzw. kurzfristig einleben.

192 Vgl. Schoeneberg: Komplexitätsmanagement in Unternehmen, 2014, S. 82.

Synthese: Sind die Recherchearbeiten abgeschlossen, ist der Bestand an Informationen am Ende sehr hoch. Diesen Bestand gilt es nun genauer zu betrachten und auf seine Relevanz hin zu überprüfen, strukturieren und priorisieren. Weiterhin sollen die Teammitglieder von ihren Interviews während des Storytellings aus der Ich-Perspektive des Nutzers berichten und persönliche Eindrücke einfließen lassen. Anschließend werden Profile über (fiktive) Nutzer erstellt, in denen die Erkenntnisse zusammengetragen und Fragestellungen zur Problemlösung des jeweiligen individuellen Problems konzipiert werden. Der Erfolg der weiteren Tätigkeiten ist stark von diesen Prozessen abhängig. Eine Auswahl geeigneter Instrumente zur richtigen Synthese findet sich in Tabelle 11. Mit der Konzipierung der konkreten Fragestellung ist die Ist-Analysephase abgeschlossen. Sämtliche Teammitglieder sollten nun über das notwendige Hintergrundwissen verfügen, um sich mit der Problematik kunden- und lösungsorientiert auseinandersetzen zu können.

Soll-Analysephase: Die Ermittlung der Lösung

Ideenfindung: Nach der konkreten Fragenformulierung kann nun an deren Beantwortung gearbeitet werden. Hierzu wird auf das klassische Brainstorming-Verfahren zurückgegriffen. Die generierten Ideen werden anfangs nicht bewertet, sondern nur weiterentwickelt. Ausschließlich das Team entscheidet anschließend welche Ideen vielversprechend sind und vorerst verfolgt werden. Die Wahl fällt zu Gunsten von Ideen aus, die u. a. für den Kunden den größten Nutzen bringen, am einfachsten zu realisieren sind und das größte Marktpotential aufweisen.

Prototyping: An diesem Punkt beginnt der eigentliche Hauptaspekt des Design Thinking Ansatzes. Es gilt, aus den Ideen schnellstmöglich viele unterschiedliche greifbare, konkrete und funktionsfähige Ergebnisse zu erzeugen. Dabei ist es nicht notwendig, dass das Erzeugnis über ein finales Design verfügt oder markttauglich ist. Entstehen können diese Prototypen unter Verwendung normaler Alltagsgegenstände. Sie dürfen jedwede Form annehmen. Bevorzugt werden Skizzen oder Konstruktionen, die nur notdürftig zusammengestellt wurden und dadurch noch frühzeitig verworfen oder angepasst werden können. Sie sollen vorerst nur eine Version einer Lösung visualisieren, die, egal auf welchem Weg, die vorliegende Problemstellung beantwortet. Besonders dieser Prozess ist von häufigen Iterationen und Anpassungen geprägt. Es gilt, aus den verschiedenen Prototypen zu lernen und die wesentlichen

Eigenschaften für die Problemlösung zu identifizieren, die dann Einzug in das finale Ergebnis halten.

Testen: Die erstellten Prototypen werden primär durch Nutzer getestet, können jedoch auch durch Experten aus der Forschung parallel hierzu überprüft werden. Neu gewonnene Erkenntnisse fließen sofort in ein neues Erzeugnis ein. Jede abgeschlossene Iteration von Prototyping und Test zieht einen weiteren Lerneffekt für das Team, aber auch eine Darlegung der Ergebnisse vor den strategischen Entscheidungsträgern des Managements nach sich. Jeder Prototyp wird dem Management stets nur in Verbindung mit den jeweiligen Forscher- und Nutzeraussagen präsentiert. Die Intention zur Herstellung und der identifizierte und verifizierte Nutzen sollen transparent und nachvollziehbar dargelegt werden.

Tabelle 11: Instrumente des Design Thinking Prozesses

Verstehen/ Organisieren	Erforschen/ Lernen	Synthese	Ideenfindung/ Lösung
Projektplanungs-tools	Nutzerinterviews Fragebögen Feldbeobachtungen	2 x 2 Matrix Venn Diagramm Storyboards Persona Zeitachse Empathy Map	Brainstorming Task Board Ideenspeicher

Implementieren: Sämtliche vorangegangenen Prozessschritte werden so oft wiederholt, bis ein markttaugliches und für die Serienfertigung geeignetes Produkt als Endergebnis fertiggestellt werden kann und die Fragestellung der „Design Challenge" hinreichend beantwortet wird. Daraufhin kann das fertige Erzeugnis in das Produktionssystem überführt und die Markteinführung vollzogen werden. Die Aktivitäten zur strategischen Planung (z. B. Erstellung des Business Cases etc.) werden hierzu in parallel ablaufenden Prozessen iterativ aufgenommen, sobald die Präsentationen einen Release zu einem absehbaren Zeitpunkt prognostizierbar machen. Es handelt sich hierbei um eigenständige agile Prozesse.[193] Design Thinking wird von Externen oft als Vorhaben mit einem weniger „ernsten“ Charakter betrachtet. Dabei lässt sich die Methode mit der Lean Management Philosophie einer planbaren und effizienten Produktentwicklung koppeln, sofern die notwendigen Kompetenzen vorhanden sind.[194] Seit 2012 ist ein deutlicher Anstieg des Interesses an dieser Methodik zu beobachten.[195]

Bewertung der Methode:

Identifizierte Stärken der Methode

Die Methode zeichnet sich durch einen sehr freien Charakter aus. Innerhalb der Beschreibung findet sich für den gesamten Prozess eine Vielzahl von einfachen und eventuell bereits vertrauten Instrumenten, die sich auch für Personen mit wenig Projekterfahrung leicht anwenden lassen. Der Ansatz, dass Projektmitglieder sich in ein Nutzerumfeld einfühlen bzw. einfügen müssen und somit ein kurzfristiger Rollentausch simuliert wird, durchbricht die sonst so unternehmensfixierte Sichtweise und eröffnet neue Perspektiven für radikalere Innovationen. Dieser Perspektivwechsel gekoppelt mit intensiven Interviewaktivitäten lässt ein marktorientiertes Anforderungsprofil für die Bedürfnisse des Nutzers entstehen und impliziert gleichzeitig die Bündelung von unterschiedlichen Kompetenzen.

Daher eignet sich die Methode insbesondere für schwierige und komplexe Problemstellungen, deren Anforderungen nicht ohne die Sicht des Nutzers bzw. starken Kundeneinbezug identifizieren lassen. Ferner sieht die Methode in der Prozessansicht den Einsatz von Meilensteinen vor, denen besonders in fortgeschrittenen Phasen eine entscheidende Bedeutung zukommt. Durch die vorgeschriebene, schnelle Entwicklung verschiedener Prototypen, die neben der frühen Entstehung auch sofort durch den Nutzer evaluiert werden, erhalten alle Beteiligten frühzeitig die notwendigen Rückmeldungen für Optimierungsfelder und die Akzeptanz des Erzeugnisses. Durch dieses Vorgehen können auch kognitive Dissonanzen seitens des Managements gemindert werden. Ermöglicht wird dies durch das ständige Hin- und Her-

---

193 Vgl. Gürtler/Meyer: 30 Min. Design Thinking, 2013, S.33 ff.

194 Vgl. Schoeneberg: Komplexitätsmanagement in Unternehmen, 2014, S. 80.

195 Vgl. Komus et al.: Internationale Studie: Status Quo Agile 2014, Ergebnisbericht, 2014, S. 110.

springen zwischen den einzelnen Prozessschritten und durch Anpassungen an veränderte Anforderungsprofile. Ideen werden nicht direkt aussortiert, sondern nur hintenangestellt. Die Entscheidung darüber, ob die Ideen verwirklicht werden, obliegt dem Team selbst und unterliegt keinen direkten entscheidungspolitischen Restriktionen übergeordneter Hierarchieebenen. Im Vordergrund bei der Umsetzung stehen Spaß an der Zusammenarbeit, der Kreativität und die Lieferung schneller Ergebnisse. Design Thinking eignet sich für jede Form von Innovationsvorhaben.

Identifizierte Schwächen der Methode

Bei all der Kreativität und Flexibilität setzt die Methode bei ihrer Beschreibung einen zu starken Fokus auf die Ideengenerierungsphase und vernachlässigt weitere Angaben für darauffolgende Aktivitäten, wie z. B. die Markteinführung. Auch zeigen sich die Meilensteine als sehr ineffektiv, da diese primär nur der Präsentation des Ergebnisses dienen. Dem Projektteam werden sehr große Freiräume gegeben. So unterliegt die Entscheidung, darüber, ob die Ideen verwirklicht werden, vorerst dem Team selbst, was Risiken mit sich bringt. So kann die Auswahl einer Idee stark subjektiv geprägt oder das Potenzial falsch eingeschätzt werden. Dies kann dazu führen, dass falsche Idee weiterverfolgt und realisiert werden oder erfolgversprechende Ideen abgelehnt werden.

Das gleiche Risiko besteht auch bei der Durchführung der Interviews. Werden Aussagen falsch interpretiert, so lassen sie falsche Rückschlüsse zu und lenken Aktivitäten in die falsche Richtung. Zudem ist die Erhebung und Auswertung mit einem hohen (Dokumentations-)Aufwand verbunden. Ferner mangelt es der Methode aus Prozesssicht an klar definierten Kontrollkriterien sowie Umsetzungs- bzw. Kosten-Nutzen-Kontrollen. So werden unter Umständen Projekte fortgeführt, die langfristig keine Aussicht auf Erfolg haben. Weiterhin wird die Rolle des Nutzers nur auf die Interviews und das Testen beschränkt. Dabei könnte die gemeinsame Kooperation und Entwicklung von Lösungsansätzen zwischen diesen beiden Prozessschritten früher wichtige Erkenntnisse liefern. Bis auf die Tätigkeitsfelder des Coachs wird nichts Näheres über die Rollen der anderen Mitglieder ausgesagt. Direkte Verantwortlichkeiten bzgl. Budgetverantwortung und Freigabe von weiteren Ressourcen bleiben weitestgehend ungeklärt. Von jedem Projektmitglied werden u. a. sowohl ein besonders hohes Maß an Kreativität als auch fundierte Kenntnisse zur Planung und Umsetzung von Interviews neben der Wahrnehmung des Alltagsgeschäfts gefordert. Andernfalls eignet sich eine Person nicht für ein derartiges Projekt. Ohne eine wohlüberlegte Planung und Disziplin führt diese Methode unweigerlich zu chaotischen Verhältnissen.

Bewertung hinsichtlich der Eignung für KMU

Design Thinking bietet für KMU eine gute Möglichkeit, Projekte mit einem geringen personellen und finanziellen Aufwand umzusetzen. Positiv ist diesbezüglich anzumerken, dass die auszuführenden Aktivitäten nicht ausschließlich in Vollzeit abgearbeitet werden müssen und somit auch das Alltagsgeschäft von Projektmitgliedern parallel weiterhin wahrgenommen werden kann. Wie schon bei Scrum ersichtlich wurde, eignet sich die empfohlene Begrenzung der Teamgröße auf maximal sechs Mitglieder ebenfalls für KMU. Aber auch hier ist der Projekterfolg erneut stark abhängig von der jeweiligen Projektgröße und der damit verbundenen Projektdauer. Ob die Anzahl der beteiligten Personen bei größeren Vorhaben ausreichend ist, darf bezweifelt werden. Die Methodik setzt zudem verstärkt ein ausgeprägtes analytisches Denken voraus, besonders einen hohen Kenntnisstandard im Umgang mit der Erhebung und Auswertung von Daten, die mittels Interviews generiert werden. Das Personal von KMU verfügt diesbezüglich i. d. R. jedoch kaum über fundierte Kenntnisse. Hinsichtlich der Einführung der Methodik bedarf die Vorgehensweise keiner detaillierten Einweisung und Vorbereitung. Allerdings sollte die Projektorganisation von qualifiziertem Personal mit fundiertem Methodenwissen umgesetzt werden. Durch seine universell einsetzbare Kompatibilität bietet die Methode eine gute Alternative für die Beantwortung komplexer Fragestellungen jedweder Art. Die Methode eignet sich von der Herangehensweise und dem geringen Ressourcenaufwand daher **sehr gut für KMU**, die – ähnlich wie bei Scrum – vorrangig kleine bis mittlere Projekte verwirklichen möchten.

3.2 Aktuelle Ergebnisse wissenschaftlicher Untersuchungen

Nachdem in Kapitel 3.1 verschiedene Phasenmodelle und Methoden vorgestellt wurden, gilt es innerhalb dieses Kapitels, sowohl KMU-spezifische als auch projektbezogene Erkenntnisse wissenschaftlicher Untersuchungen zu betrachten. Es ließen sich nur wenige Studienergebnisse ermitteln, die das Thema Agilität außerhalb der Softwareentwicklung aufgegriffen haben, sodass in den folgenden Kapiteln nur Erkenntnisse dieser Branche in die Betrachtung einbezogen werden können.

3.2.1 Innovationshemmnisse in KMU

KMU werden – u.a. weil es sehr viele KMU gibt – häufig für wissenschaftliche Untersuchungen herangezogen. Dies gilt auch im Kontext der Innovationsforschung und den damit verbundenen Hindernissen, mit denen sich KMU im Vergleich zu Großunternehmen ausgeprägter konfrontiert sehen. Oft scheitern Innovationsprojekte jedoch auch aus ganz anderen Gründen. Nur in wenigen Fällen legen KMU generell einen Phasenprozess mit jeweilig abzuarbeitenden Prozessschritten im Vorfeld fest.[196] Ferner verfügen laut einer Studie aus Bern zum Thema Innovation in KMU ca. 66% der befragten Unternehmen über eine schriftlich fixierte Unternehmensstrategie, jedoch nur ca. 25% über eine Innovationsstrategie. Dies lässt die Vermutung zu, dass KMU oft auf die Kunden reagieren, anstatt proaktiv zu handeln. Meist sind Innovationsstrategien in den Köpfen des Managements verankert, doch erfahren diese aufgrund ihrer Intransparenz keine Weiterentwicklung durch den Austausch mit anderen Beteiligten.[197] Für KMU setzt besonders das frühzeitige Erkennen und Erschließen von Marktchancen eine strategische Marktorientierung und die Konzentration auf die eigenen Kernkompetenzen voraus.[198] Hierzu bedarf es jedoch spezieller geordneter Strukturen, die das vorliegende Ziel greifbar werden lassen. Eine Befragung in sächsischen KMU ergab, dass in ca. 50% der Unternehmen der Innovationsprozess oder Teilprozesse durch Organisationsstrukturen und Verfahrensweisen geregelt sind. Hauptsächlich ist eine solche Regelung allerdings nur auf die Anwendung von Projektmanagementmethoden oder Qualitätsmanagement-Systemen zurückzuführen.[199] Eine weitere Studie belegt: Gerade einmal 12,9 % der mittleren Unternehmen (bis zu 249 Mitarbeiter) weisen eine fest geregelte Struktur zur Chancen- und Ideenfindung auf. Bei kleinen Unternehmen (unter 10 Mitarbeiter) sind es nur 6,6%.[200] Dies macht deutlich, dass KMU starke organisatorische Defizite aufweisen, die sich durch eine konkrete Auseinandersetzung und Formulierung strategischer Überlegungen und den Abbau von Hemmnissen beheben ließen. Während einer im Großraum Hamburg angelegten Studie aus dem Jahr 2007 gaben 70 KMU unterschiedlicher Branchen Gründe für Innovationshemmnisse an. Neben Finanzierungsproblemen (51%) wurden u. a.

---

196 Vgl. Verworn/Lüthje/Herstatt: Innovationsmanagement in KMU, 2000, S. 21.

197 Vgl. Thom/Müller: Leadership – Best Practices und Trends, 2006, S. 257 ff.

198 Vgl. Zanger in Geschka: Innovations- und Technologiemanagement, 1999, S. 171.

199 Vgl. Fox: InnoLab Pro Studie 2009 - Ergebnisbericht, 2010, S. 33.

200 Vgl. Holl/Menzel, Morcinek/Mühlberg/Schäfer/Schüngel: Studie zum Innovationsverhalten deutscher Software-Entwicklungsunternehmen, 2006, S. 135.

- der Mangel an Qualifikationen auf operativer und strategischer Ebene (49%)
- der Bürokratieaufwand (47%)
- Schwierigkeiten bei Kooperationsaktivitäten (33%)
- die Konzeption (30%)
- das Projektmanagement (27%)
- das Innovationsprozess-Management (26%)

als Hauptproblemfelder angegeben. Die starke Ausprägung bezüglich der Schwierigkeiten bei Kooperationsaktivitäten ist dadurch zu begründen, dass 93% der innovativsten KMU Kunden aktiv in den Innovationsprozess integrieren und somit die Wahrscheinlichkeit von Interessenkonflikte ansteigt.[201] Diese Hemmnisse verteilen sich über den gesamten Prozess und machen sich in den verschiedenen Phasen unterschiedlich stark bemerkbar. Der Fachkräftemangel und der Bürokratieaufwand werden dabei insbesondere in technisch orientierten Segmenten bemängelt. Die meisten Projekte scheiterten aus finanztechnischen Gründen innerhalb der befragten KMU während der Konzeptionierungs- (42%) und Umsetzungsphase (42%). Insbesondere kleinere Unternehmen kommen oft nicht über die Planungsphase hinaus.[202]

Eine Studie der Fachhochschule für Wirtschaft in Berlin ermittelte ferner, dass in Bezug auf die Partnersuche für Innovationskooperationen nur 20% der befragten KMU Hochschulen eine wichtige Rolle einräumen, allerdings nur 30% (überwiegend Kleinstunternehmen) hier aktiv suchen.[203] Wie Untersuchungen von Gassmann und Suttner im Jahr 2008 aufzeigten, unterliegen Innovationsprozesse sehr häufig typischen Fehlern. Die Autoren entwickelten daraufhin einen Maßnahmenkatalog von zu ergreifenden Maßnahmen, um den jeweiligen Defiziten möglichst entgegenwirken zu können. Tabelle 12 stellt eine komprimierte Übersicht der ermittelten Erkenntnisse dar. Betrachtet man die ermittelten Innovationshemmnisse zusammen mit den typischen Fehlern des Innovationsprozesses und stellt die zu vermittelnden Werte des agilen Manifestes gegenüber, scheinen diese Differenzen größtenteils durch die Anwendung der bereits beschriebenen agilen Methoden in der Theorie durchaus lösbar.

---

201 Vgl. Schewe/Becker: Innovationen für den Mittelstand, 2009, S. 109.

202 Vgl. Herstatt/Buse/Tiwari/Stockstrom: Innovationshemmnisse in KMU der Metropolregion Hamburg, 2007, S. 14 ff.

203 Vgl. Rüggeberg/Burmester: Innovationsprozesse in KMU, 2008, S. 25.

Tabelle 12: Fehler und Maßnahmen des Innovationsprozesses[204]

Fehler	Maßnahme
Dokumentation der Innovationsprozesse, ohne dass diese gelebt werden	Disziplin & Commitment fördern
Prozesse sind zu dominant und detailliert	Freiräume (definiert) schaffen
Mangelnde Kompetenz von Projektmanager	Führungs-, Aufgaben-, Verantwortungsbewusstsein schaffen
Zu starker Fokus auf F&E Aktivitäten	Bereichsübergreifende Teambildung
Mangelndes Grundlagenwissen	Klärung des Wissensstandes aller Teammitglieder
Checkpoints/Checklisten werden aufgrund Zeitdrucks einfach übergangen	Definierte unvermeidbare Meilensteine vor Projektbeginn
Das Verwerfen bzw. Ignorieren guter Ideen	Definiertes bzw. gelebtes Ideenmanagement; Dokumentation und Speicherung
Das intransparente Verwerfen von Projektvorhaben, was das jeweilig angedachte Projektteam (zukünftig) demotiviert	Einbezug von Mitgliedern in Entscheidungsprozess bzw. anschließende Aufklärung
Richtlinien und Entwicklungshandbücher nehmen zu, Mitarbeiter leben aber weniger nach diesen (Komplexität zu hoch)	Trainings im Umgang mit Innovationsprojekten durch Kontinuität

3.2.2 Projektmanagement in KMU

Aufgrund der in Kapitel 3.1 identifizierten hohen Relevanz des Projektmanagements innerhalb phasengesteuerter Innovationsprozesse gilt es innerhalb dieses Kapitels, faktische Zusammenhänge zwischen mittelständischen Unternehmen und dem Umgang mit Projektmanagement näher zu betrachten. Aufgrund des begrenzten Umfangs dieses Buches wird hierzu nur kurz auf die Schwerpunkte Projektdefinition, Employee-Involvement und Reaktion auf Anforderungsänderungen eingegangen. Diese gelten als Hauptberührungspunkte agiler Werte und Prinzipien. Mit der Studie

204 Vgl. Gassmann/Sutter: Praxiswissen Innovationsmanagement, 2008, S. 42 f.

„Projektmanagement 2008“ konnten hierzu innerhalb von 106 mitteständischen Unternehmen drei stark ausgeprägte Muss-Kriterien für das Zustandekommen von Projekttätigkeiten ermittelt werden. Hierzu bedarf es primär neben einer fest definierten Zielsetzung zusätzlich einer zeitlichen und inhaltlichen bzw. sachlichen Limitierung bzgl. des Projektumfangs. Die Festlegung eines definierten Budgets, die Einmaligkeit des Vorhabens und der Innovationscharakter folgen im direkten Anschluss mit einer mittleren Ausprägung, während einer abteilungs- bzw. bereichsübergreifenden Themenbearbeitung nur eine sehr geringe Relevanz innerhalb von KMU beigemessen wird. Ferner konnte festgestellt werden, dass nur 13,2 % der Akteure für die Bearbeitung von Projektthemen vollständig vom Alltagsgeschäft freigestellt werden und 82,2% der Mitarbeiter, unabhängig von ihrer Rollenklassifizierung, oft in mehr als in ein Projekt gleichzeitig eingebunden sind. Die befragten mittelständischen Unternehmen gaben hierzu zusätzlich an, dass 48% der Projektleiter und ca. 57% der Projektteams keine Grundlagenschulung bzw. Weiterbildung in Projektmanagementthemen vor Projektbeginn erhalten.[205] Daraus lässt sich ableiten, dass die allgemeine Fehleranfälligkeit vorliegender Prozesse durch nicht qualifiziertes Personal und damit einhergehende Ressourcenverschwendungen vom Management überwiegend hingenommen wird. Als einer der Hauptursachen für das Scheitern von Projekten im Mittelstand gelten neben einer mangelnden qualifizierten Anwendung der Methodik sowohl eine unzureichend umgesetzte Risikoplanung als auch häufig auftretende Kosten- und Terminüberschreitungen.[206] Zurückzuführen ist dies überwiegend auf die Limitierung der Ressourcen Personal und Zeit, die die Flexibilität und Handlungsspielräume der Akteure in einem Projekt stark eingrenzen und die schnelle Reaktion auf Anforderungsänderungen erschweren. Das Auftreten einer Störung innerhalb der Prozesse verlangt das Einleiten kurzfristiger Gegenmaßnahmen, die allerdings häufig negative Konsequenzen in Bezug auf die gesetzten Ressourcen- oder Qualitätsziele mit sich bringen. Ungefähr die Hälfte der befragten Unternehmen der Studie „Projektmanagement 2008“ sieht hierzu z. B. häufig die Verlängerung der Projektlaufzeit und Abarbeitung des Vorhabens in Teilprojekte als ersten Handlungsschritt vor.

205 Vgl. Kern/Nagengast: Projektmanagement 2008, 2008, S. 13 ff.

206 Vgl. Herstatt/Buse/Stockstrom/Tiwari/Klatt: Erfolgreiches Projektmanagement in der Neuproduktentwicklung von KMU, 2007, S. 2 f.

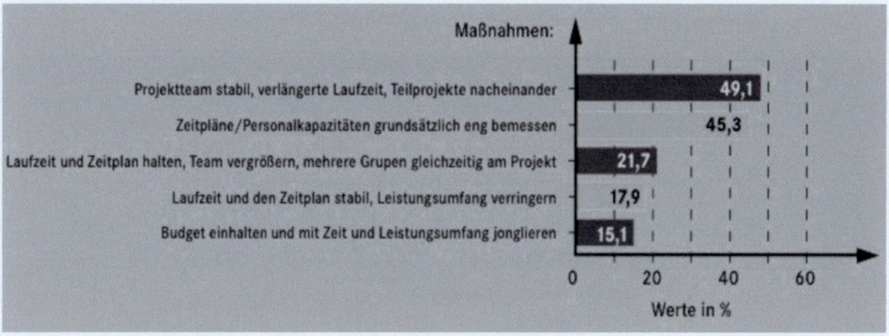

Abbildung 28: Ergriffene Maßnahmen bei Planabweichungen in KMU[207]

3.2.3 Klassisches versus agiles Projektmanagement

Aufgrund der zunehmenden Komplexität von Projekte, ist eine Planbarkeit über längere Zeiträume oft nicht mehr effizient möglich. Vor diesem Hintergrund stellen agile Methoden eine vielversprechende Alternative dar. Einer der Gründe hierfür ist mit dem Wunsch nach geeigneten Steuerungsmechanismen verbunden, die den Prozess flexibler und schneller gestalten, indem ein detaillierter Planungs- und Dokumentationsaufwand, wie ihn klassische Methoden aufweisen, nicht verlangt wird.[208] Laut eines Ergebnisberichts der Standish Group führen im direkten Vergleich zur traditionellen Wasserfallmethode agile Methoden zu einer dreimal so hohen Erfolgsquote und verursachen dabei weniger Kosten- und Zeitüberschreitungen. Dies wird auf den Verzicht von langen Entwicklungs- und Testzyklen zurückgeführt.[209] Allerdings ist das Verfolgen eines sequentiell verlaufenden Phasenmodells, wie dies beim Prozess des klassischen Projektmanagement erfolgt, nicht ausschließlich als negativ zu bewerten. Es kommt hierbei mehr auf die an ein Ziel gebundenen Bedingungen an. Besonders bei klar definierbaren Projektzielen, die mit stabilen Anforderungen versehen werden, eignet sich die Anwendung einer derartigen Vorgehensweise, da Teilprozesse genauer definierbar und planbar gemacht werden können. Anders verhält es sich bei überwiegend volatilen Anforderungen, die eine konkrete Planung unmöglich erscheinen lassen.

---

207 Kern/Nagengast: Projektmanagement 2008, 2008, S. 20.

208 Vgl. Kirchhof/Kraft: Agile und klassische Methoden im Projekt passend kombinieren, in: Projektmagazin Ausgabe 11/12, S. 1.

209 Vgl. Roth/Ernsten: Projektplanung an Marktbedingungen anpassen, 2014, abgerufen am 29.12.2017.

Tabelle 13: Studienergebnisse agiler Methoden - VersionOne[210]

Top 5 Gründe für Einführungsentscheidung		Festgestellte Verbesserungen seit Einführung	
1.	Verkürzung Time to Market	Management von Prioritäten	**84%**
2.	Management von Prioritäten	Projekttransparenz	**77%**
3.	Produktivitätssteigerung	Verbesserte Produktivität	**75%**
4.	Ausrichtung der IT an Geschäftszielen	Verbesserte Teammoral	**72%**
5.	Verbesserte Softwarequalität	Kürzere Time to Market	**71%**

Auf Basis der in Kapitel 3.1.2.1 durchgeführten Analyse setzt Scrum die Verfügbarkeit mehrerer fachlicher Vertreter mit Entscheidungsvollmachten voraus, die nicht in der Funktion eines Projektleiters auftreten und ein abteilungsübergreifendes Umdenken innerhalb der vorliegenden Organisationsstrukturen durchsetzen. Während der klassische Ansatz somit eine deduktive Planung vorsieht[211] und ein in Phasen eingeteiltes Vorgehen erfordert, stützt sich Scrum auf die Umsetzung der agilen Prinzipien und auf ein iterativ-interaktives Vorgehen mit früher Lieferung eines konkreten Ergebnisses. In einer jährlich durchgeführten Studie mit dem Titel „Status Quo Agile“ konnte Ende 2014 Scrum erneut als die einflussreichste agile Methode bestätigt werden, die zudem laut der ermittelten Ergebnisse auch außerhalb der Softwareentwicklungsbranche Anwendung findet.[212] Bereits 2011 konnte dank einer Umfrage des US-amerikanischen Softwareunternehmens VersionOne der Trend zur Nutzung der Methodik Scrum auf Basis von insgesamt 6.042 Antworten festgestellt werden. Mit einem Anteil von 52% stellte es die am häufigsten eingesetzte agile Methode dar. Dies unterstreichend die Bedeutung von Scrum zur Beantwortung der zu Grunde liegenden Forschungsfrage. Nennenswert ist zudem, dass agile Methoden überwiegend von kleinen und mittelständischen Unternehmen (75%) favorisiert werden, während mit einem Anteil von nur 13% Großunternehmen dem agilen Trend folgten. Dies wird auf eine mangelnde Veränderungsbereitschaft und fehlende Unterstützung seitens des Managements zurückgeführt.[213]

---

210 In Anlehnung an Büdinger: Agile Methoden unter der Lupe, 2012, abgerufen am 29.12.2014.

211 Vgl. Walter: Projektmanagement, 2006, S. 104.

212 Vgl. Komus et al.: Internationale Studie: Status Quo Agile 2014, Ergebnisbericht, 2014, S. 3 ff.

213 Vgl. Büdinger: Agile Methoden unter der Lupe, 2012, abgerufen am 29.12.2014.

Tabelle 14: Gegenüberstellung klassischer und agiler Organisation[214]

Klassische Organisation	Agile Organisation
Position	Rolle
Experte	Generalist
Teamleiter	ScrumMaster
Produkt-/Projektmanager	Product Owner
Zuständigkeit Management: Team	Zuständigkeit Management: Individuum
Passivität	Aktivität
Planung des Ungewissen durch lange Zeithorizonte	Planung überschaubarer Zeitspannen
Intransparenz	Transparenz
Anwesenheit	Leistung
Kunde als fremdes Wesen	Einbindung des Kunden
Verantwortungsdelegation	Verantwortungsübernahme
Kontrolle	Selbstverantwortung – positives Menschenbild
Job	Leidenschaft

Die Studie ermittelte weiterhin fünf Einführungsentscheidungen seitens der befragten Unternehmen und anschließende Überprüfung der tatsächlich eingetroffenen Verbesserungen, welche in Tabelle 14 dargelegt werden. Es lässt sich somit feststellen, dass agile Methoden zumindest in der Softwareentwicklung große Erfolge erzielen. Die steigende Präsenz von Scrum stellt zudem einen Durchbruch für weitere Branchen ohne IT-Bezug dar und bestätigt somit das wachsende Interesse an agilen Methoden innerhalb der Projektwelt. Eine detailliertere Betrachtung macht die organisatorischen Unterschiede zwischen dem klassischen Projektmanagement und Scrum zum Verständnis nochmals komprimiert deutlich.

3.3 Zusammenfassung und Übersichtsmatrix

Dieses Kapitel dient der komprimierten Zusammenfassung der ermittelten Erkenntnisse bezüglich der Eignung der analysierten Modelle und Methoden für KMU. Neben inhaltlichen Überschneidungen werden zudem sowohl die Kriterien zur Entwicklung eines neuen Modells in Kapitel 4 definiert als auch die wesentlichen Merkmale der vorangegangenen Untersuchungsgegenstände in einer Übersichtsmatrix abschließend dargestellt.

---

214 Gloger/Häusling: Erfolgreich mit Scrum – Einflussfaktor Personalmanagement, 2011, S. 21.

3.3.1 Ergebnisbetrachtung untersuchter Phasenmodelle

Wie die Analysen in Kapitel 3.1.1 aufzeigen, unterscheiden sich die beschriebenen Modelle bezüglich ihrer Struktur häufig nicht signifikant voneinander. Sämtlichen Modellen liegt ein systematischer, logischer Verlauf zu Grunde. Es lässt sich jedoch feststellen, dass erst neuere Modelle, aus den frühen 1990er Jahren, über eine detailliertere Beschreibung verfügen, die eine weniger problematische Überführung in das unternehmerische Prozessgeschehen ermöglicht und Interpretationsspielräume einschränkt. Inhaltlich setzen die Modelle unterschiedliche Schwerpunkte. Allerdings hat sich hinsichtlich des strukturellen Aufbaus sehr früh gezeigt, dass für die meisten Autoren ein einheitliches Verständnis zum Management der notwendigen Prozesse besteht und ein Innovationsvorhaben aufgrund seiner unterschiedlichen Themenkomplexe zwangsläufig in unterschiedliche Phasen aufgeteilt werden muss. Dabei variiert die Anzahl der Phasen und Teilprozesse, die vorgegeben werden, sehr. Thom äußerte sich allerdings kritisch bezüglich der Bildung eines reinen Phasenmodells. Ein Modell kann höchstens als ein grobes Grundgerüst entworfen werden, da jedes Modell an die Gegebenheiten und Zielsetzungen des jeweiligen Unternehmens angepasst werden muss. Zusätzlich erscheint es darauf aufbauend unmöglich, eine klare Abgrenzung der einzelnen Phasen vorzunehmen. Ein Innovationsprozess setzt sich aus vielen, ineinander verflochtenen Teilprozessen zusammen, die zwangsläufig Überlagerungen mit sich bringen.[215] Ein vermehrt auftretendes Defizit macht sich durch den Mangel der Beschreibung einer anzuwendenden Projektmanagementmethode bemerkbar. Dies kann darauf zurückgeführt werden, dass die Autoren

- eine klare Trennung zwischen Innovationsmanagement und Projektmanagement
- die freie Wahl der anzuwendenden Projektmanagementmethode
- das klassische Projektmanagement als Basiswerkzeug

voraussetzen. Sechs der sieben Modelle sehen eine eigenständige Ideationsphase vor, wo hingegen nur die Hälfte hierzu die direkten Einbeziehung externer Quellen beschreibt bzw. in Betracht zieht. Allerdings sind KMU besonders auf Kooperationen angewiesen, um Defizite im Vergleich zu Großunternehmen kompensieren zu können.[216] Gleiches gilt für die Dokumentation und Speicherung von Daten über den gesamten Prozessverlauf hinweg. Insgesamt liegt der primäre Fokus auf den Kon-

---

215 Vgl. Thom: Grundlagen des betrieblichen Innovationsmanagements, 1980, S. 45.

216 Vgl. Schewe: Innovationen für den Mittelstand, 2009, S. 113.

trollmechanismen am Ende einer Phase. An dieser Stelle werden die gestellten Anforderungen und Fortschritte überprüft und abgenommen. Ausschließlich neuere Modelle berücksichtigen den Einsatz geeigneter wissenschaftlicher Methoden zur Prozesssteuerung und für die Ideenbewertung innerhalb der verschiedenen Phasen. Das Ziel muss es allerdings sein, in frühen Phasen zu erkennen, welche Ideen erfolgversprechend sind und welche verworfen werden müssen. Nur dies ermöglicht anschließend den sinnvollen Einsatz begrenzter Ressourcen, was insbesondere für KMU von hoher Bedeutung ist. Darüber hinaus empfiehlt sich der frühe Einsatz von speziellen Meilensteinkriterien, die als geeignete Bewertungskriterien der generierten Ergebnisse fungieren. Je später Unternehmen zu derartigen Zwischenergebnissen gelangen, desto höher werden die bereits erwähnten „sunk costs".[217] In den meisten Modellen wird auf den Einsatz von Meilensteinen als Abgrenzungs- und Bewertungspunkte verzichtet. Dieses Merkmal tritt erst durch die Modelle von Cooper/Kleinschmidt und von von Ahsen et al. in den Vordergrund. Gerade diese Modelle ermöglichen zudem die frühzeitige Reaktion auf Anforderungsänderungen, was auch auf eine mehr oder weniger iterative Vorgehensweise zurückzuführen ist. Ferner lässt sich feststellen, dass ausschließlich die Modelle nach Geschka und Cooper/Kleinschmidt auf die Vergabe eindeutiger Rollen und Verantwortlichkeiten für den Innovationsprozess eingehen und insbesondere das Modell nach Geschka den Fokus auf ein hohes Customer-Involvement lenkt. Insgesamt konnten somit nur wenige Modelle identifiziert werden, die sich ohne Einschränkungen für den Einsatz innerhalb KMU eignen. Es gilt jedoch zu beachten, dass die untersuchten Phasenmodelle mehr oder weniger ein Framework darstellen und in der Praxis unternehmensspezifische Anpassungen vorgenommen werden müssen.

<u>Zusammenfassend lassen sich somit neben den in Kapitel 3.1.1 zu beachtenden Erfolgsfaktoren folgende grundlegende Kriterien eines Phasenmodells für das Innovationsmanagement innerhalb KMU bestimmen:</u>

- Einteilung des Innovationsprozesses in voneinander abgegrenzte Phasen
  - Identifikation von Innovationschancen *(Reichwald/Piller und Geschka)*
  - Ideengenerierung, Auswahl und Speicherung *(von Ahsen et al. und Geschka)*
  - Konzepte auf Basis von Ideen erstellen *(von Ahsen et. al.)*

[217] Vgl. von Ahsen: Bewertung von Innovationen im Mittelstand, 2010, S. 2.

- Überführung des Konzeptes in konkretes Ergebnis *(von Ahsen et al.)*
- Prototyping *(Reichwald/Piller)*
- Test des Ergebnisses *(Cooper/Kleinschmidt)*
- Vorbereitung für Markteinführung *(von Ahsen et al.)*
- Markteinführung *(von Ahsen et al.)*

- Einsatz von Meilensteinen als Abgrenzungs- und Bewertungspunkte
    - Ideen- bzw. Fortschrittsbewertung und Auswahl *(von Ahsen et al.)*
    - Projektfortschrittskontrollen *(Cooper/Kleinschmidt)*
    - Fortführungs-, Wiederholungs- und Abbruchentscheidungen *(Cooper/Kleinschmidt)*
- Geringfügige Überlagerung/Parallelisierung verschiedener Phasen und Aufgabenpakete *(von Ahsen et al.)*
- Früher Einsatz geeigneter Ideenbewertungsinstrumente *(von Ahsen et al.)*
- Einbezug externer Quellen in relevanten Phasen *(Reichwald/Piller und Geschka)*
- Fortschrittsdokumentation und Datenspeicherung *(Geschka/von Ahsen et al.)*
- Iterative Vorgehensweise *(von Ahsen et al.)*

Tabelle 15: Legende der Merkmale untersuchter Phasenmodelle

Kürzel	a.)	b.)	c.)	d.)	e.)	f.)	g.)
Modell nach	Thom	Brockhoff	Geschka	Schmitt-Grohe	Reich-wald/Piller	Cooper/ Kleinschmidt	von Ahsen
Kapitel	**3.1.1.1**	**3.1.1.2**	**3.1.1.3**	**3.1.1.4**	**3.1.1.5**	**3.1.1.6**	**3.1.1.7**

Kürzel	**Aussage**
X	Trifft zu
-	Trifft nicht zu
k. A.	Keine konkrete Aussage möglich / Beschreibung enthält keine Angaben
Gelbe Markierung	Berücksichtige Merkmale/Eigenschaften für Entwicklung eines neuen Modells

Als das geeignetste Referenzmodell für die Entwicklung eines neuen Innovationsmodells für KMU kann abschließend das **Modell von von Ahsen et al.** angesehen werden. Hinsichtlich der in Kapitel 3.1.1.7 ermittelten Defizite lässt sich als erste Prognose festhalten, dass der Mangel an einer geeigneten Beschreibung der Projektmanagementmethode, Projektverantwortlichkeiten und bereichsübergreifenden Interaktionen durch Elemente der agilen Methoden kompensiert werden kann. Zusätzlich ergänzt sich die bereits gegebene iterative Vorgehensweise des Modells sehr gut mit den Zielsetzungen und Vorgehensmodellen agiler Methoden. Hinsichtlich der zu beantworteten **Forschungsfrage a)** in Bezug auf die Phasenmodelle werden die ermittelten Ergebnisse, die **Unterschiede** und zu übernehmenden **Eigenschaften** zur Überprüfung der vorangegangenen Merkmale in den Tabellen 16 und 17 zusammengefasst und in einer komprimierten Übersicht gegenübergestellt. Für das Verständnis der komprimierten Ansichten dient folgende Legende (vgl. Tabelle 16):

Tabelle 16: Überprüfung der Modelle[218]

Überprüfte Erfüllungsmerkmale der Modelle nach	a.)	b.)	c.)	d.)	e.)	f.)	g.)
Klar formulierte und transparente Innovationsstrategie seitens Management	k. A.	k. A.	X	k. A.	k. A.	X	X
Konzentration auf Kernkompetenzen	k. A.	k. A.	X	k. A.	k. A.	X	X
Innovationshemmende Widerstände frühzeitig unterbinden/abbauen	k. A.	k. A.	k. A.	k. A.	k. A.	k. A.	k. A.
Innovationsfördernder Führungsstil	k. A.	k. A.	k. A.	k. A.	k. A.	k. A.	k. A.
Effiziente Ermittlung relevanter Informationen über den Markt und Wettbewerb	k. A.	k. A.	X	X	X	X	X
Geringer Formalisierungsgrad	X	-	bedingt	-	bedingt	-	bedingt
Eindeutige Ideengenerierungs- und Ideenbewertungsphase	X	-	X	X	X	X	X
Verwendung geeigneter Instrumente zur Ideenbewertung	k. A.	k. A.	X	X	k. A.	X	X
Fundiertes Methodenwissen	k. A.	k. A.	k. A.	k. A.	k. A.	k. A.	k. A.
Klare Definition/Festlegung von Projektverantwortlichkeiten	-	-	X	-	-	X	-
Strukturiertes Vorgehen mit notwendiger Detailtiefe	-	-	X	X	X	X	X
Ständige Umsetzungs- und Kosten-Nutzen-Kontrollen	k. A.	X	X	X	bedingt	X	X
Klare Markt- und Kundenorientierung während der Prozesse	k. A.	k. A.	X	X	X	X	X
Einsatz kontinuierlicher Abgrenzungs- und Bewertungspunkte	-	-	-	-	-	X	X
Einbezug von Kooperationspartnern bei radikalen Innovationen	k. A.	k. A.	X	X	X	bedingt	X
Bereichsübergreifende Zusammenarbeit, insbesondere bei Kooperationen	k. A.	X	X	X	k. A.	X	k. A.

218 Die Kriterien beruhen auf den Quellenangaben in Kapitel 3.1.1.

Die nachfolgende Tabelle bietet einen Überblick über die Eigenschaften der Modelle, die untersucht wurden.

Tabelle 17: Übersichtsmatrix der bewerteten Modelleigenschaften[219]

Auswahl untersuchter Eigenschaften der Modelle nach	a.)	b.)	c.)	d.)	e.)	f.)	g.)
Linear	X	X	X	X		X	
Iterativ							X
Interaktiv					X		
Ausreichende Modellbeschreibung verfügbar	-	-	X	X	X	X	X
Anwendung wissenschaftlicher Methoden	k. A.	k. A.	X	X	X	X	X
Anwendung von Projektmanagementmethoden/-instrumenten	k. A.	k. A.	X	k. A.	k. A.	X	k. A.
Zeit-/Ressourcen-/Kostenplanung	X	k. A.	X	X	X	X	X
Einsatz von Lasten- & Pflichtenheften	k. A.	k. A.	X	-	-	X	X
Projektdokumentation/-speicherung vorgesehen	k. A.	X	X	k. A.	k. A.	k. A.	X
Ablaufmerkmale	**a.)**	**b.)**	**c.)**	**d.)**	**e.)**	**f.)**	**g.)**
Leicht verständliches Modell*	X	X	X	X	X	X	X
Eindeutiger / Klar strukturierter Aufbau*	X	X	X	X	bedingt	X	X
Beinhaltet eigene Ideationsphase (Ideengenerierung)	X	-	X	X	X	X	X
Ideationsphase in Kooperation mit externen Quellen	k. A.	k. A.	X	X	X	-	k. A.
Einbezug externer Quellen allgemein in Prozessen vorgesehen	k. A.	k. A.	X	X	X	bedingt	X
Einbezug anderer Abteilungen in frühen bzw. relevanten Phasen	k. A.	X	X	X	k. A.	X	k. A.
Separate externe Workshops vorgesehen	k. A.	k. A.	X	X	k. A.	k. A.	k. A.
Kostenkontrollen bei Phasenübergängen / innerhalb jeder Phase	k. A.	X	X	X	bedingt	bedingt	X
Frühzeitige Reaktion auf veränderte Anforderungen sind möglich	-	-	-	-	X	X	X
Bewertung von Innovationsvorhaben	**a.)**	**b.)**	**c.)**	**d.)**	**e.)**	**f.)**	**g.)**
Entscheidungen werden mittels Marktanalysen unterstützt	k. A.	k. A.	X	X	X	X	X
Kontrollkriterien für Abbrüche/Wiederholungen vorab definiert	-	X	k. A.	X	k. A.	X	X
Kontrollkriterien werden kontinuierlich neu bewertet	-	-	-	X	k. A.	X	X

[219] *Bewertung erfolgte nach Auffassung des Verfassers.

Bewertung von Innovationsvorhaben	a.)	b.)	c.)	d.)	e.)	f.)	g.)
Kontinuierliche Bewertung des Innovationsprojektes (intern)	X	k.	X	X	X	X	X
Kontinuierliche Bewertung des Innovationsprojektes (extern)	k. A.	k. A.	X	-	X	X	k. A.
Objektive Bewertung gefährdet*	k. A.	k. A.	-	X	X	-	-
Aufbaumerkmale	**a.)**	**b.)**	**c.)**	**d.)**	**e.)**	**f.)**	**g.)**
Phasenüberlappung(en) möglich	-	-	X	-	X	X	X
Parallele Bearbeitung der Arbeitspakete möglich	-	-	X	-	X	X	X
Einsatz von Meilensteinen	-	-	-	-	-	X	X
Zeitnaher Abbruch des Projektes möglich	-	X	-	X	X	X	X
Rückschritte/Iterationen möglich	-	-	-	bedingt	bedingt	X	X
Trial & Error Maßnahmen möglich	-	k. A.	X	k. A.	X	k. A.	k. A.
Rollen & Verantwortlichkeiten eindeutig definiert	-	-	X	-	-	X	-
Serendipitäts-Effekt wird berücksichtigt	k. A.	X	k. A.	k. A.	X	k. A.	k. A.
Weitere Merkmale	**a.)**	**b.)**	**c.)**	**d.)**	**e.)**	**f.)**	**g.)**
Kreativitätseinschränkungen aufgrund formaler Restriktionen möglich*	k. A.	k. A.	X	X	X	X	-
Bedarf einer Forschungs- und Entwicklungsabteilung (oder ähnlichem)	k. A.	X	k. A.	-	X	-	-

3.3.2 Ergebnisbetrachtung untersuchter agiler Methoden

In Kapitel 3.1.2 wurden fünf agile Methoden mit ihren jeweiligen Stärken und Schwächen ausführlich dargelegt. Grundsätzlich kann festgestellt werden, dass die Methoden größtenteils als Alternative zum klassischen Projektmanagement angesehen werden können. Das klassische Projektmanagement ist durch die Festlegung eines übergeordneten konkreten Projektziels geprägt, auf das konsequent hingearbeitet wird. In dem zwischen Projektbeginn und Projektende festgeschriebenen Prozess besteht kaum Raum für kurzfriste Veränderungen. Agile Methoden hingegen setzen auf die Erfüllung von frühen releasefähigen Teilzielen, in deren Bearbeitungszeit aktuelle Veränderungen einbezogen werden. Auf diese Weise entwickelt sich das übergeordnete Ziel mit den sich ändernden Bedürfnisanforderungen weiter. Die Grundkonzepte der agilen Methoden sind aus der gesamten Betrachtung heraus sehr ähnlich strukturiert. Für die Umsetzung sind keine groß angelegten Planungsaktivitäten im Vorfeld vorgesehen. Das Projekt entwickelt sich über den gesamten Bearbeitungszeitraum inkrementell bzw. inkrementell-iterativ. Dennoch lässt sich eine gewisse Planungsroutine feststellen. Tägliche Meetings, vorzugsweise am gleichen Ort und mittels einer standardisierten Vorgehensweise, sind als fester Bestandteil der agilen Methoden vorgeschrieben. Gesteuert werden Prozesse durch den Einsatz individueller Instrumente, die dazu dienen, die Menge an Aufgaben für einen begrenzten Zeitraum zu reduzieren und eine teamorientierte Zusammenarbeit zu fördern. Agile Methoden sind ferner stark von der Akzeptanz und Anerkennung der agilen Werte seitens der involvierten Akteure abhängig.[220] Jedes Modell sieht die Kontrolle des aktuellen Status zu fest definierten Terminen und die frühzeitige Präsentation von ersten funktionsfähigen Ergebnissen vor. Diese erfolgen am Ende eines Sprints oder anhand vordefinierter Meilensteine.

Zusammenfassend lassen sich folgende Gemeinsamkeiten und Aufbaukriterien agiler Methoden festhalten:

- Limitierung der zu bearbeitenden Aufgaben innerhalb eines begrenzten Zeitraums
  - Kontinuierliche Priorisierung, Selektion und Auswahl neuer Anforderungen
  - Kontinuierliche Synthese von Anforderungen in Arbeitspakete
  - Lieferung von Ergebnissen nach max. 30 Tagen
- Kontinuierliche Statuskontrollen und Abnahmen seitens der Entscheidungsträger
  - Reviews fungieren als Meilensteine
  - Reviews am Ende einer Sprint-Dauer
  - Bewertung von Ergebnissen seitens der Kunden
  - Kontinuierliche Reflektion des Projektverlaufs und Identifikation von Optimierungspotentialen
- Tägliche teaminterne Meetings zur Statuskontrolle

220 Vgl. Epping: Kanban für die Softwareentwicklung, 2011, S. 136 ff.

- Kommunikation von Angesicht zu Angesicht
- vorzugsweise zur gleichen Zeit, am gleichen Ort

- Definition und Einhaltung von Methodik, Rollen und Verantwortlichkeiten
  - Kurze Sprintlängen, iterative Vorgehensweise
  - Verwendung von Kreativtechniken
  - Personen handeln ausschließlich innerhalb ihrer Rollendefinition
- Dynamisches Dokument zur Erfassung und Priorisierung der Anforderungen
  - Basis-Backlog zur Erfassung sämtlicher Anforderungen
  - Backlog mit Auswahl von Anforderungen für eine Sprint-Dauer
  - Erfassungs-Dokument für veränderte Kundenanforderungen/-wünsche
- Instrument(e) zur Visualisierung und Steuerung des Prozesses
  - Task- bzw. Kanban-Board
  - Projektfortschrittsdiagramm
- Interdisziplinäre Teambildung mit max. sechs Personen
  - Identifikation und Bündelung von Kompetenzen
  - separate Instanz mit Projektverantwortung
  - separate Instanz mit Methodenverantwortung
  - operativ ausführendes Team
  - Eigenverantwortliche und selbstorganisierte Umsetzung
- Zeitnahe Präsentation von (funktionsfähigen) Ergebnissen (u. a. Prototyping)
  - unter Einbindung des Kunden/Stakeholdern

Hinsichtlich der zu beantworteten **Forschungsfrage a)** in Bezug auf die agile Methoden werden die ermittelten Ergebnisse, die **Unterschiede** und zu übernehmenden **Eigenschaften** zur Überprüfung der vorangegangen Merkmale in den Tabellen 18 und 19 zusammengefasst und in einer komprimierten Übersicht gegenübergestellt. Aufgrund der Allgemeingültigkeit, dass agile Methoden überwiegend in KMU eingesetzt werden, kann auf eine nähere Überprüfung zur **KMU-Eignung** verzichtet werden. Für das Verständnis der komprimierten Ansichten dient folgende Legende (vgl. Tabelle 18). In der nachfolgenden Tabelle wird zusammenfassend dargestellt, über welche Erfolgsfaktoren bestimmte agile Prozesse verfügen.

Tabelle 18: Legende der Merkmale untersuchter agiler Methoden

Kürzel	x.)	w.)	x.)	y.)	z.)
Methode	Scrum	FDD	S-o-t-F	Kanban	Design Thinking
Kapitel	3.1.1.1	3.1.1.2	3.1.1.3	3.1.1.4	3.1.1.5
Kürzel	**Aussage**				
X	Trifft zu				
-	Trifft nicht zu				
k. A.	Keine konkrete Aussage möglich / Beschreibung enthält keine Angaben				
Gelbe Markierung	Berücksichtige Merkmale/Eigenschaften für Entwicklung eines neuen Modells				

Tabelle 19: Überprüfung auf Kriterien agiler Prozesse und Erfolgsfaktoren[221]

Merkmale der Modelle nach	v.)	w.)	x.)	y.)	z.)
Transparente Darstellung der Prozesse	X	X	k. A.	X	-
Geringer Dokumentationsaufwand	X	X	X	X	-
Kontinuierliche Qualitätsprüfung	X	X	X	X	k. A.
Hoher Grad des Customer-Involvements	X	X	X	X	X
Frühzeitige Reaktion auf Anforderungsänderungen möglich	X	X	X	X	X
Geringe Einarbeitungszeit	X	X	X	X	X
Klare Festlegung von Projektverantwortlichkeiten	X	X	X	-	bedingt
Klar formulierte und transparente Innovationsstrategie seitens des Managements	X	k. A.	k. A.	k. A.	-
Konzentration auf Kernkompetenzen	k. A.	k. A.	k. A.	k. A.	k. A.
Innovationshemmende Widerstände frühzeitig abbauen	X	k. A.	X	k. A.	k. A
Innovationsfördernder Führungsstil	X	X	X	k. A.	X
Effiziente Ermittlung relevanter Informationen über den Markt und Wettbewerb	k. A.	k. A.	k. A.	-	X
Geringer Formalisierungsgrad	-	bedingt	bedingt	bedingt	X
Eindeutige Ideengenerierungs- und Ideenbewertungsphase	bedingt	X	bedingt	-	X

221 Die Kriterien beruhen auf den Quellenangaben in Kapitel 3.1.1 und 3.1.2.

Merkmale der Modelle nach	v.)	w.)	x.)	y.)	z.)
Verwendung geeigneter Instrumente zur Ideenbewertung	bedingt	X	k. A.	-	X
Fundiertes Methodenwissen	k. A.	k. A.	k. A.	k. A.	k. A.
Strukturiertes Vorgehen mit notwendiger Detailtiefe	X	X	X	X	bedingt
Ständige Umsetzungs- und Kosten-Nutzen-Kontrollen	X	X	X	X	X
Klare Markt- und Kundenorientierung während der Prozesse	X	X	X	-	X
Einsatz kontinuierlicher Abgrenzungs- und Bewertungspunkte	X	X	X	X	X
Einbezug von Kooperationspartnern bei radikalen Innovationen	X	bedingt	X	k. A.	X
Bereichsübergreifende Zusammenarbeit, insbesondere bei Kooperationen	X	X	X	k. A.	X

Tabelle 20: Übersichtsmatrix der bewerteten agilen Methoden[222]

Auswahl untersuchter Unterschiede/Eigenschaften der Methoden nach	v.)	w.)	x.)	y.)	z.)
Linear					
Iterativ	X	X	X	X	X
Interaktiv	X		X		X
KMU-Eignung	X	X	bedingt	X	X
Methode & Vorgehensweise	v.)	w.)	x.)	y.)	z.)
Ausreichende Modellbeschreibung verfügbar	X	X	X	X	X
Anwendung wissenschaftlicher Methoden	bedingt	k. A.	k. A.	k. A,	X
Projektmanagementmethoden/-instrumente beschrieben	X	X	bedingt	X	X
Zeit-/Ressourcen-/Kostenplanung	k. A.	X	X	X	X
Einsatz von Lasten- & Pflichtenheften	-	-	-	-	-
Projektdokumentation/-speicherung vorgesehen	k. A.	X	k. A.	k. A.	X
Ablaufmerkmale	v.)	w.)	x.)	y.)	z.)
Leicht verständliches Modell*	bedingt	X	-	X	X
Klarer struktureller Aufbau*	X	X	X	X	bedingt
Beinhaltet eigene Ideationsphase (Ideengenerierung)	X	X	-	X	X

222 *Bewertung erfolgte nach Auffassung des Verfassers.

Ablaufmerkmale	v.)	w.)	x.)	y.)	z.)
Ideationsphase in Kooperation mit externen Quellen	X	X	X	X	X
Einbezug externer Quellen allgemein in Prozessen vorgesehen	X	bedingt	X	-	bedingt
Einbezug anderer Abteilung in frühen bzw. relevanten Phasen	X	X	k. A.	X	X
Separate externe Workshops vorgesehen	k. A.	k. A.	k. A.	k. A.	X
Kostenkontrollen bei Phasenübergängen / innerhalb jeder Phase	X	X	X	k. A.	k. A.
Frühzeitige Reaktion auf veränderte Anforderungen sind möglich	X	X	X	X	X
Bewertung von Projektvorhaben	**v.)**	**w.)**	**x.)**	**y.)**	**z.)**
Entscheidungen werden mittels Marktanalysen unterstützt	k. A.	k. A.	k. A.	k. A.	X
Kontrollkriterien für Abbrüche/Wiederholungen vorab definiert	k. A.	X	k. A.	X	X
Kontrollkriterien werden kontinuierlich neu bewertet	X	-	k. A.	X	X
Kontinuierliche Bewertung des Innovationsprojektes (intern)	X	X	X	X	X
Kontinuierliche Bewertung des Innovationsprojektes (extern)	X	-	bedingt	X	X
Objektive Bewertung gefährdet*	-	-	X	-	-
Aufbaumerkmale	**v.)**	**w.)**	**x.)**	**y.)**	**z.)**
Phasenüberlappung(en) möglich	-	-	-	-	X
Parallele Bearbeitung der Arbeitspakete möglich	X	X	X	X	X
Einsatz von Meilensteinen (Reviews)	X	X	X	-	X
Zeitnaher Abbruch des Projektes möglich	X	-	X	bedingt	bedingt
Rückschritte/Iterationen möglich	X	X	X	X	X
Trial & Error Maßnahmen möglich	X	-	X	k. A.	X
Rollen & Verantwortlichkeiten eindeutig definiert	X	X	X	-	bedingt
Serendipitäts-Effekt wird berücksichtigt	k. A.	k. A.	k. A.	k. A.	X
Weitere Merkmale	**v.)**	**w.)**	**x.)**	**y.)**	**z.)**
Kreativitätseinschränkungen aufgrund formaler Restriktionen möglich*	-	X	X	X	-
Dokumentationsaufwand ist vergleichsweise gering	X	X	X	X	-

4. Ansatz zur Generierung eines neuen Innovationsprozessmodells

Laut einer IBM-Studie aus dem Jahr 2010 bestätigten 1500 Chief Executive Officer unterschiedlicher Branchen, dass agile Methoden zukünftig eines der wenigen geeigneten Mittel darstellen, die der zunehmenden Komplexität moderner Innovationsprozesse entgegengestellt werden können.[223] Mit Hilfe der vorangegangenen Analysen der einzelnen Modelle und Methoden konnten hierzu bereits einige Stärken und Schwächen der jeweiligen Untersuchungsgegenstände identifiziert werden.

Hinsichtlich der Zielformulierung dieses Buches konnte ferner festgestellt werden, dass eine Implementierung agiler Methoden nur mit einem einhergehenden Austausch der in der Praxis hauptsächlich angewandten klassischen Projektmanagement-Methoden möglich ist. Während die Zielsetzung beider Methoden gleich bleibt, sind jedoch signifikante Unterschiede in der Vorgehensweise festzustellen, wie ein derartiges Ziel erreicht bzw. im Kontext des Innovationmanagements realisiert wird. Das klassische Projektmanagement ist in der Anfangsphase stark von ausgeprägten Planungsaktivitäten gekennzeichnet, wohingegen agile Methoden diese weitestgehend übergehen und auf eine schnelle und konkrete Zielumsetzung bzw. Realisierung setzen. Die Herausforderung von Kapitel 4 besteht somit darin, diesen Ansatz mit klassischen Innovationsprozessmodellen zu vereinen, die größtenteils, sofern vorgeschrieben, nur eine Implementierung altbewährter Projektmanagementpraktiken vorsehen. Allerdings stellt die Entwicklung eines standardisierten Modells bzw. einer standardisierten Vorgehensweise einen Widerspruch zur Agilität an sich dar, deren Kernstärke in den zu vergebenden und nutzenden Freiräumen liegt. Diese Beweglichkeit gilt es zu erhalten bzw. zu fördern und nicht durch eine detaillierte Definition einzelner Prozessschritte einzuschränken. Vielmehr sollen nur Schwerpunkte und Zielvorgaben vorgegeben werden.

Für die Entwicklung eines neuen Modells stellt zudem die überwiegend von Softwareentwicklung geprägte Beschreibung von Methoden- und Instrumenten eine besondere Herausforderung dar. Aufgrund des Mangels an wissenschaftlichen Untersuchungen innerhalb dieses Themengebietes und des Fehlens von Praxisbeispielen, wie diese Methoden außerhalb der benannten Branche angewendet werden können,

223 Vgl. IBM: Cuttin through Complexity with Business Agility, 2011, S. 2 f.

gestaltet sich eine wissenschaftlich fundierte Entwicklung als sehr schwierig und kann überwiegend nur durch eine subjektive Beurteilung erfolgen. Somit ist der Fokus dieses Buches nicht ausschließlich auf die Konzipierung einer möglichst freien agilen Vorgehensweise zu setzen, sondern zusätzlich auf die Anpassung von geeigneten Instrumenten, die dem Modell unterstützend zugeführt werden müssen. Diese Anpassungen sind zudem in einer Art und einem Umfang vorzunehmen, die die Akzeptanz von agilen Methoden innerhalb von KMU fördern und etablieren. Das Ziel von Kapitel 4 liegt somit in der Weiterentwicklung bereits bestehender Modelle und Methoden und anschließender Überführung in ein für KMU geeignetes Modell. Dieses Kapitel beschäftigt sich daher mit der Beantwortung der Forschungsfrage b).

b) Wie sieht ein zeitgemäßes Innovationsprozessmodell für KMU aus?

Hierzu werden in Kapitel 4.1 die auf ihre KMU-Eignung überprüften Referenzmodelle bzw. -methoden herausgestellt, die zur Entwicklung des neuen Modells herangezogen werden. Zudem wird die Vorgehensweise des neuen Phasenmodells komprimiert dargestellt. Im weiteren Verlauf wird dieses in Kapitel 4.2 detaillierter betrachtet. Dabei werden die erforderlichen (angepassten) Rollen- und Instrumentenbeschreibungen im Kontext der des neuen Modells dargelegt. Abschließend werden die Bewertungskriterien von Kapitel 3.3 innerhalb von Kapitel 4.3 für eine erneute Überprüfung im Kontext des neuen Modells betrachtet und bereits identifizierte kritische Aspekte in Kapitel 4.4 reflektiert.

4.1 Auswahl und Implementierung von Referenzobjekten

Jede (Weiter-)Entwicklung bedarf zunächst des Vorliegens eines Referenzobjektes, das es zu optimieren gilt bzw. auf dessen Basis neue Wege beschritten und innovative Überlegungen gestützt werden. Hierzu sind eine inhaltliche Basis (Kapitel 3.1), eine Best-Practice-Orientierung (Kapitel 3.2 i. V. m. Kapitel 4.1.2) und ein didaktisches Konzept (Kapitel 3.3) notwendig.[224] Anhand der Analysen der vorgestellten Modelle und Methoden in Kapitel 3 konnten ein Innovationsmodell und verschiedene Eigenschaften der agilen Methoden ermittelt werden, die sich insbesondere für KMU eignen. Nachfolgend werden somit primär die Ergebnisse aus Kapitel 3.3 betrachtet, die es in einen relevanten Bezug zu KMU zu setzen gilt (vgl. Tabelle 21). Demnach

[224] Vgl. Schewe/Becker: Innovationen für den Mittelstand, 2009, S. 99.

werden primär folgende Referenzmodelle/-methoden und Instrumente in die weitere Betrachtung einbezogen: Das Ziel liegt in der Entwicklung eines möglichst abstrakten, human-zentrierten Modells, das einen hohen Freiheitsgrad zur individuellen Gestaltung durch Unternehmen aufweist. Die Entwicklung erfolgt dabei unter ständiger Beachtung der Erfolgsfaktoren für KMU.

Tabelle 21: Referenzmodelle bzw.-methoden für neuen Ansatz

Innovationsprozessmodell	Agile Methoden
von Ahsen et al. (Unterstützend: Ansätze nach Geschka)	Scrum Feature Driven Development Survival of the Fittest Kanban Design Thinking

Anmerkung:

Die inhaltliche Beschreibung des neuen Modells erfolgt primär in Anlehnung an das Phasenmodell von Ahsen et al. aus Kapitel 3.1.1.7, das in der Darlegung der zu absolvierenden Teilprozesse einen hohen KMU-Bezug aufweist. Die zu implementierende Vorgehensweise und damit verbundenen Rollen und Instrumente entstehen in Anlehnung an die agilen Methoden aus Kapitel 3.1.2, auf die jeweilig nachfolgend verwiesen wird.

4.1.1 Erfüllungskriterien eines neuen Phasenmodells

Die erfolgreiche Entwicklung eines neuen iterativen Modells bedarf der Erfüllung unterschiedlicher Kriterien, die innerhalb des bereits dargelegten agilen Manifestes verbunden werden und auf Basis der vorangegangenen Analyse aus Kapitel 3.3 zusätzlich ermittelt wurden. Diese gilt es zu kombinieren und unter Beachtung der in Kapitel 3.1.1. aufgeführten Erfolgskriterien in ein für KMU sinngemäßes Grundschema zu überführen.

Somit bedarf es für die erfolgreiche Implementierung agiler Methoden innerhalb eines phasengesteuerten Innovationsmodells der Erfüllung folgender agiler Bausteine: [225]

1. Limitierung der zu bearbeitenden Aufgaben innerhalb eines begrenzten Zeitraums
2. Kontinuierliche Statuskontrollen und Abnahmen seitens Entscheidungsträgern
3. Tägliche teaminterne Meetings zur Statuskontrolle
4. Definition und Einhaltung der Methodik, Rollen und Verantwortlichkeiten
5. Dynamisches Dokument zur Erfassung und Priorisierung der Anforderungen
6. Instrumente zur Visualisierung und Steuerung des Prozesses
7. Interdisziplinäre Teambildung mit max. sechs Personen

Ferner sind die Kriterien zur Entwicklung des Phasenmodells zu beachten: [226]

8. Einteilung des Innovationsprozesses in voneinander abgegrenzte Phasen
9. Einsatz von Meilensteinen als Abgrenzungs- und Bewertungspunkte
10. Geringfügige Überlagerung/Parallelisierung verschiedener Phasen und Aufgabenpakete
11. Früher Einsatz geeigneter Ideenbewertungsinstrumente
12. Einbezug externer Quellen in relevanten Phasen
13. Fortschrittsdokumentation und Datenspeicherung
14. Iterative Vorgehensweise

Für eine erfolgreiche Umsetzung ist weiterhin die Beachtung weiterer Faktoren notwendig, die nicht explizit von allen agilen Methoden vorgeschrieben und somit als Sekundärkriterien betrachtet werden. So ist zu den bereits aufgeführten Kriterien eine räumliche und organisatorische Abgrenzung zum Tagesgeschäft vorzunehmen, damit das Projektteam sein vollständiges Potential entfalten kann. Für eine erfolgreiche Implementierung gilt es zudem, eine positive Aufnahme des bevorstehenden Wandels, der mit neuen Prozessmodellen zwangsläufig einhergeht, innerhalb des Unternehmens zu fördern und mögliche Widerstände frühzeitig abzubauen. Der richtige Umgang mit möglichen Unsicherheiten und wahrscheinlichen Veränderungen ist

[225] Für Detailbetrachtung siehe Kapitel 3.3.2.
[226] Für Detailbetrachtung siehe Kapitel 3.3.1.

innerhalb der agilen Methoden elementar. Der Erfolg derartiger Vorhaben ist somit stark von der gegebenen Unternehmenskultur abhängig.

4.1.2 Voraussetzungen für eine erfolgreiche Implementierung

Neben den gestellten Erfüllungskriterien und zu berücksichtigenden Eigenschaften zur Entwicklung eines eigenständigen Innovationsmodells gilt es ferner, organisatorische Voraussetzungen zu betrachten, die mit vor der Implementierung und aktiven Inanspruchnahme eines Vorgehensmodells Anwendung finden. Hierzu zählen primär der Wandel der Unternehmenskultur und die Kontinuität der Chancenermittlung.

4.1.2.1 Wandel der Unternehmenskultur

Die Implementierung agiler Methoden setzt allgemein die Berücksichtigung und Akzeptanz agiler Werte innerhalb einer bestehenden Unternehmens- und Führungskultur voraus. Damit einhergehend, ist es von strategischer Bedeutung, dass mit der Entschlussfassung für einen derartigen Schritt frühzeitig mögliche Widerstände erkannt und abgebaut werden. In Unternehmen, die vermehrt den innerbetrieblichen Wandel fördern oder diesem in der Vergangenheit unterlagen, verfügen somit bereits Erfahrungen im Umgang mit dem Organisational-Change-Management. Hier liegen die Erfolgschancen für eine erfolgreiche Integration eines agiles Innovationsmodell deutlich höher als für Unternehmen, bei denen seit Jahren starrer Systeme vorliegen. Eine flächendeckende Neu-Organisation unterschiedlicher Abteilungen und Anpassungen der unternehmensinternen Prozesse ist somit als logische Schlussfolgerung mehr als wahrscheinlich und als unvermeidbar zu bewerten. Demnach ist ein derartiger Wandel stets mit einer hohen Lern- und Änderungsbereitschaft seitens sämtlicher Parteien sowohl innerhalb als auch außerhalb des Unternehmens verbunden. Diese Bereitschaft äußert sich typischerweise durch eine gelebte Offenheit für neue Systemmuster und Vertrauen in die Unternehmensführung.[227] Das Verständnis der innerbetrieblichen Veränderung und Anpassung aus der Notwendigkeit heraus spielt in diesem Kontext als Führungsaufgabe eine weitreichende Rolle. Laut Dittmar[228] unterliegen Führungskräfte des mittleren Managements oftmals einem planerischen Selbstbetrug. Indem Ziele starr vorgegeben und deren Erfüllung anschließend

[227] Vgl. Lieder/Roth: Scrum in Unternehmen einführen, in: Projektmagazin Ausgabe 06/11, S. 2 ff.

[228] Die interviewte Person fungiert laut eigener Aussage beruflich als selbstständiger Unternehmensberater für Organisations- und Managemententwicklung agiler Transformationsprozesse (Stand: 26.12.2017).

einfach gefordert wird, vernachlässigen diese dabei häufig den Leitgedanken, einheitliche Werte in Zusammenarbeit zu schaffen, zu leben und somit eine intakte Unternehmenskultur zu entwickeln. Viele Führungskräfte unterschätzen den eigenen Handlungsbedarf, der zur erfolgreichen Einführung neuer organisatorischer Wege erforderlich wird.

„Ich erlebe immer wieder, dass Firmen eine agile Methode wirklich sehr hemdsärmelig und nicht wirklich bewusst einführen. Effekte auf die Gesamtorganisation werden meist vernachlässigt, Komplexität also wieder einmal ignoriert, statt adressiert. Und sehr selten werden auch wirklich Experten eingebunden, die diese Prozesse auf einer systemischen und psychologischen Ebene unterstützen könnten.“ [229] Die bereits in Kapitel 3.2.3 angeführte Vision-One Studie aus dem Jahr 2011 legt hierzu generelle Ursachen für die vorherrschenden Vorbehalte gegenüber agilen Methoden offen. So werden unabhängig von der Unternehmensgröße u. a. der hohe Kontrollverlust für das Management und Mangel der Vorhersehbarkeit bzw. Vorausplanung insbesondere als Hauptursachen für Widerstände genannt.[230] Insbesondere in KMU führen diese Unsicherheiten allerdings häufig zu sowohl aktiven als auch passiven Innovationswiderständen, wie u. a. dem sturen Formalismus seitens Individuen (aktiv) oder mangelnder Entscheidungs- und Kooperationsfähigkeit (passiv) innerhalb von Organisationen.[231] Auch die Einbindung des Auftraggebers bzw. Kunden und die Berücksichtigung von dessen Projektwahrnehmung sind nicht zu vernachlässigen bzw. zu forcieren. Eine erfolgreiche Interaktion beider Seiten bedarf auch hier des Vorliegens einer gereiften Vertrauensbasis. Jede iterative Vorgehensweise setzt einen hohen Anspruch an die Auswahl geeigneter projektbezogener Akteure und Festlegung eindeutiger Rahmenbedingungen. In Bezug auf das Rollenverständnis wird die Verantwortung über eine angestrebte Einführung agiler Methoden auch häufig nur einem kleinen, zentralen Personenkreis bzw. einer Einzelperson[232] übertragen, der bzw. die entweder bereits hinreichende Erfahrungen innerhalb des Themengebietes vorweisen kann oder nach ersten Einschätzungen über die notwendigen Kompetenzen für eine erfolgreiche Implementierung und die entsprechenden Schulungen verfügt. Hierzu ist auf der strategischen und taktischen Ebene ferner auch der Verzicht auf die im Alltagsgeschäft wahrgenommenen Weisungsbefugnisse ausschlaggebend.

229 Dittmar: Interview Agile Resecure, 2014, abgerufen am 26.12.2014.
230 Vgl. Rauer: Agile Studie, 2012, abgerufen am 28.12.2014.
231 Vgl. Schewe/Becker: Innovationen für den Mittelstand, 2009, S. 6 f.
232 Siehe ScrumMaster (Scrum), Innovation Master (S-o-t-F), Coach (Design Thinking).

Neben den bereits beschriebenen Voraussetzungen setzt ein humanzentrierter Ansatz, wie ihn agile Methoden vorschreiben, zudem ein hohes Maß an Disziplin, eine gute Kommunikation und einen respektvollen Umgang miteinander seitens sämtlicher Akteure voraus. Dies beinhaltet, auch den Informationsfluss zu den für das strategische Management verantwortlichen Personen. Inhaltlich kann dies kann die jeweiligen Fortschritte betreffen oder beispielsweise teamintern Unsicherheitsfaktoren, die es zu diskutieren und zu lösen gilt. Störungen, die z. B. aus einem fehlerhaften Rollenverständnis oder dem fixierten Denken in sogenannten Wasserfallmodellen resultieren, sind frühzeitig zu beseitigen. Für die Festlegung, die Akteure mit welcher Handlungsvollmacht auszustatten sind und die fachliche und disziplinarische Hierarchiestruktur innerhalb der zu vergebenden Rollen vorherrscht, wird häufig auf die Erstellung einer RACI-Matrix[233] zurückgegriffen. Als kritische Erfolgsfaktoren sind weiterhin die Art und der Umfang der Etablierung zu betrachten. Fragestellungen beziehen sich in der Anfangsphase häufig auf die Ergründung der Ursachen, was die Verwendung agiler Methoden überhaupt erforderlich macht und wer als Initiator des Vorhabens auftritt. Eine vom strategischen Management angestrebte Veränderung (Top-Down) ist meist mit einer flächendeckenden Veränderung der unternehmerischen Prozesse verbunden und hat weitreichendere Folgen mit hoher Durchsetzungskraft. Verlangt hingegen ein spezielles Ereignis bzw. eine spezielle Problemstellung nur eine kurzfristige Veränderung für ein operatives Projektteam (Bottom-up), wird der Einflussradius innerhalb des Unternehmens eingeschränkt bzw. auf die wenigen involvierten Akteure und Abteilungen limitiert. Allerdings ist die Freigabe einer im ersten Moment fremd erscheinenden, neuen Methode durch das Management mit starken Barrieren verbunden,. Dies erfordert einen hohen Grad an Überzeugungskraft. Zudem gilt es darzulegen, warum es wichtig ist, dass die neuen Methoden eingeführt werden. . Ferner erfordert jede Top-Down oder Bottom-up-Initiierung mit der agile Methoden eingeführt werden sollen zwangsläufig ein erstes unternehmensinternes Pilotprojekt, um so die Einführung vorzubereiten. Laut Stekelenburg[234] empfiehlt sich für einen derartigen Start die Umsetzung eines kleinen IT-Projektes.

---

233 Vgl. Pufahl: Vertriebscontrolling, 2012, S. 76.

234 Die interviewte Person fungiert beruflich als Projektmanager und Qualitätssicherungsmanager von Marktplaats, niederländisches Tochterunternehmen der eBay Inc. (Stand: 25.07.2017).

„Häufig beginnen Unternehmen bei der Einführung agiler Methoden mit der IT. [...] Wenn es ihnen gelingt zu zeigen, dass agile Methoden funktionieren und in kurzer Zeit Geschäftsideen erfolgreich umgesetzt werden können, dann wird das gesamte Unternehmen neugierig auf diese neue Arbeitsweise – so zumindest meine Erfahrung. Dann ergibt sich eine Art Domino-Effekt und immer mehr Abteilungen wollen mit agilen Methoden arbeiten.“[235]

Die Umstellung auf die regelmäßige Nutzung agiler Methoden erfolgt innerhalb eines eigenständigen Change-Projekts, dessen Ablauf im Idealfall nach Sahota mittels eines Change Agents umgesetzt wird.[236] Zu überprüfen gilt es drei Aspekte: die Effizienz der Methodik selbst, die strategische Relevanz zukünftiger Projekte innerhalb von KMU und die stufenweise Ausweitung auf andere Abteilungen ohne IT-Bezug. Wie bereits dargelegt wurde, sind auch für ein derartiges Vorhaben die notwendigen Entscheidungsbefugnisse zu vergeben und die Etablierung der Methodik voranzutreiben. Die Einführung agiler Methoden stellt somit im ersten Einführungsschritt für das Unternehmen eine eigenständige Prozessinnovation dar. Laut Sahota existieren fünf Hauptgründe, die für das Scheitern der Kulturtransformation verantwortlich gemacht und in Verbindung zu unbewusster und bewusster Inkompetenz eines Change Agents gesetzt werden:[237]

1. *Scheitern am Verständnis von Agilität als System von Kultur und Werten*
2. *Scheitern an der störenden Kraft von Agilität generell und Scrum im Besonderen*
3. *Dem fehlenden Verständnis von Adoption und Transformation*
4. *Fehlender Einsatz eines expliziten Adoptions- oder Transformations-Frameworks*
5. *Schwache oder falsche Ausrichtung an operativen und strategischen Zielen des Managements*

4.1.2.2 Kontinuität der Chancenermittlung

Abseits der Entwicklung eines Vorgehensmodells wurden vorstehend bereits notwendige managementbezogene Voraussetzungen für den Wandel der Organisationsstrukturen beschrieben. Allerdings gilt es, in Bezug auf die Chancenermittlung innovationsfördernde Rahmenbedingungen zu schaffen, die die regelmäßige, aktive

235 Stekelenburg: Interview Can Do Projects, 2013, abgerufen am 26.12.2017.

236 Vgl. Sahota, in Büdinger: Agile Kultur. Gibt es so Etwas?, 2012, abgerufen am 29.12.2017.

237 Sahota, zitiert nach Büdinger: Agile Kultur. Gibt es so Etwas?, 2012, abgerufen am 29.12.2017.

Ideenfindung und Ideengenerierung innerhalb des unternehmerischen Umfelds ermöglichen. Innovationen entstehen nicht nur auf Basis konkreter Kundenanfragen bzw. externer Auftraggeber, die sprichwörtlich an die Tür klopfen und mit einer marktfähigen Idee an sie herantreten. Allerdings werden in KMU Innovationsprozesse überwiegend auf externe Nachfrage hin ausgelöst.[238] Wie vorstehend bereits mehrfach festgestellt wurde, müssen Unternehmen darüber hinaus selbstständig und kontinuierlich Bemühungen anstellen, ihre Ziele und Wettbewerbsvorteile in Eigeninitiative und im Rahmen ihrer Kernkompetenzen zu entwickeln und zu verwirklichen. Dies setzt voraus, dass Akteure von KMU aktiv in regelmäßigen Abständen das Marktgeschehen in Bezug auf Kundenwünsche, Mitbewerber und neue Trends reflektieren und/oder selbst kreativ aktiv werden. Letzteres ist in aller Regel nur auf Basis eines innovationsfördernden Umfeldes und Festlegung von Leitlinien und Kommunikationsschnittstellen für Innovationsfragen möglich. Die aktive Suche nach Möglichkeiten für Innovationen ist als Routine bzw. iterative Schleife zu etablieren. Laut Schmitt-Grohe bezieht dies beispielsweise Recherchearbeiten innerhalb von Fachzeitschriften oder das Führen von Expertengesprächen ein, um zukünftige Trends oder Bedürfnisse innerhalb des Kompetenzbereichs zu ermitteln.[239] Dabei sollte sich allerdings der Fokus nicht nur auf Innovationen aufgrund eines Nachfragesogs richten, sondern es sollten auch Bemühungen angestellt werden, so genannte Push-Innovationen, auf dem Markt zu bringen.[240] Die Studienergebnisse aus Kapitel 3.2.1 machen allerdings deutlich, dass in KMU ein erheblicher Mangel sowohl bei der Festlegung einer Innovationsstrategie als auch bei den organisatorischen Strukturen in Bezug auf die Chancen- und Ideenfindung bestehen. Um diesem Defizit entgegenzuwirken, sehen die Modelle nach Thom, Witt, Gassmann/Suttner und von Ahsen et al. hierzu als ersten Handlungsschritt primär die regelmäßige Bestimmung und Aktualisierung des internen oder externen Such- bzw. Innovationsfelds vor, um mögliche Chancen im Zielsystem zu identifizieren und potentielle Such- und Tätigkeitsfelder einzugrenzen. Ausgehend von identifizierten Best-Practise-Faktoren nach Schewe, haben sich für die Suchfeldbestimmung folgende Methoden für KMU bewährt:[241]

- Lead-User-Methodik
- Konkurrenz-Monitoring

238 Vgl. Rüggeberg/Burmester: Innovationsprozesse in KMU, 2008, S. 25.
239 Siehe hierzu Hauptphase 1 in Kapitel 3.1.1.4.
240 Vgl. Schewe/Becker: Innovationen für den Mittelstand, 2009, S. 118.
241 Vgl. Schewe/Becker: Innovationen für den Mittelstand, 2009, S. 86.

- Technology-Scouting und Trendanalysen

Zur Identifikation potentieller Innovationsfelder empfiehlt Geschka weiterhin die Verwendung einer Suchfeldmatrix.[242] In Anlehnung an die in Kapitel 3.1.1.3 beschriebene Vorphase werden ferner die folgenden Ansätze verfolgt:

- Festlegung einer abteilungsübergreifenden, innovationsfördernden Leitlinie bzw. Innovationsstrategie
- Regelmäßige Bildung von spezifischen Arbeitsgruppen zur Chancenermittlung und Ideengenerierung (auch in Verbindung mit externen Quellen / Workshops)
- Vierteljährliche Identifikation, Formulierung und Einreichung neuer Ideen zur Bewertung und möglichen Auswahl durch Entscheidungsträgerinstanzen
- Verwendung einheitlicher Bewertungs- und Auswahlverfahren
- Festlegung interner Verantwortung und Ansprechpartner für Projekttätigkeiten

Sie werden as weitere Voraussetzungen für die Inanspruchnahme eines agilen Vorgehensmodells als Vorphase betrachtet.[243] Für ein besseres Verständnis durchläuft die empfohlene Vorphase die folgende logische Abfolge (vgl. Abbildung 29):

- Reflektion bisheriger Projektumsetzungen und Ableitung einer ganzheitlichen/langfristigen Innovationstrategie auf Basis von Erfahrungswerten
- Interne bzw. externe Suchfeldbestimmung zur Identifikation von Innovationschancen
- regelmäßige Suche nach Innovationspotentialen (z. B. Vorschlagwesen)
- Bildung eines Themen- bzw. Ideenpools (externer/interner Input)
- (sanfte) Grobauswahl relevanter Themen bzw. Ideen für Detailbetrachtung ohne primären Kostenbezug[244]
- Priorisierung und Planung sequentieller Umsetzungsfolge
- Festlegung von Verantwortung des zukünftigen Projektvorhabens
- Ableitung einer kurzfristen Strategie zur konkreten Umsetzung eines Einzelprojektes (Planungsphase)

---

242 Eine ausführliche Beschreibung zur Entwicklung einer Suchfeldmatrix findet sich auf: http://www.manager-wiki.com/innovationsmanagement/83-innovationssuchfelder-kern-der-innovationsstrategie.

243 Vgl. Geschka: Wettbewerbsfaktor Zeit, 1993, S. 161 f.

244 Siehe hierzu Meilenstein/Torentscheidung 1 nach Cooper/Kleinschmidt in Kapitel 3.1.1.6.

Ferner sind Vorschläge, die im kurzfristig angestrebten Handlungsfeld keine direkte Umsetzung erfahren, jedoch für eine spätere Betrachtung als strategisch relevant klassifiziert werden, zu dokumentieren und zu speichern.[245]

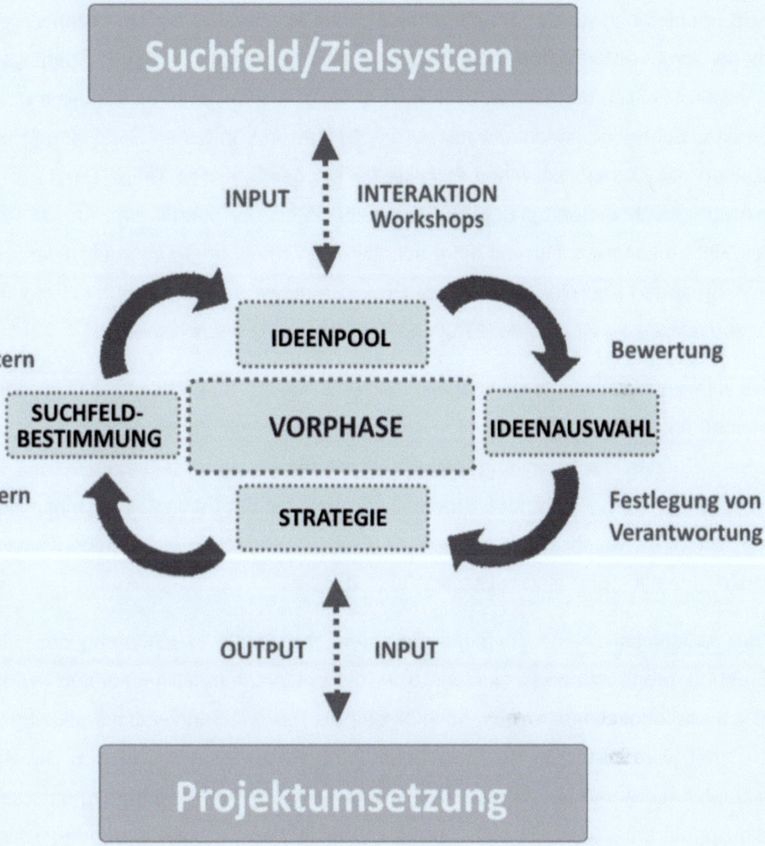

Abbildung 29: Vorphase des 3-2-1 Innovationsmodells[246]

4.1.3 Phasendefinition und Aufbau der Big-Sprints

Zur Begrenzung der notwendigen Arbeitsschritte und der zeitlichen Abfolge zur Realisierung unterschiedlicher Schwerpunktthemen sieht jedes der untersuchten Modelle

245 Siehe hierzu Hauptphase 2 in Kapitel 3.1.1.7.

246 In Anlehnung an Geschka: Wettbewerbsfaktor Zeit, 1993, S. 161 ff.

eine Einteilung der damit einhergehenden Prozesse in einzelne Phasen vor. Allerdings gilt es vorwegzunehmen, dass sich agile Methoden nicht vollständig innerhalb eines einfachen Phasenmodells abbilden lassen. Vielmehr definieren sie sich durch eine bestimmte Herangehensweise innerhalb einer einzelnen Phase .[247] Abweichend wird nachfolgend für den Begriff „Phase", dem Kontext der bekanntesten agilen Methode Scrum entsprechend, die Bezeichnung „Sprint" verwendet, die ebenfalls einen ähnlichen zeitlich begrenzten Charakter aufzeigt wie bei anderen Modellen bzw. Methoden. Schwaber beschreibt hierzu das Einführen von festen Sprintlängen als Reduktion der Komplexität eines Projekts für ein operierendes Team. Ein Team muss zur erfolgreichen Bearbeitung nur eine feste Zeitdauer überblicken, um zum nächsten Ziel zu kommen. Nur mit einer schrittweisen Annäherung kann ein Team mit der zunehmenden Komplexität in einem Projekt fertigwerden.[248] Somit dient die Definition einzelner Low-Sprints der Erfüllung des Kriteriums 8 aus Kapitel 4.1.1.

Für alle untersuchten Innovationsprozesse in Kapitel 3 konnten drei übergeordnete elementare Themenschwerpunkte offengelegt werden. Jedes Modell sieht in den ersten Phasen die Ermittlung und Erstellung theoretischer Grundannahmen für ein (mögliches) zu realisierendes Ergebnis vor. Erst mit der Fertigstellung eines Konzeptes kommt es anschließend zu einer konkreten Umsetzung einer theoretischen Idee in ein (– meist – physisches Erzeugnis.

Den Abschluss eines Innovationsvorhabens stellen die Abschöpfung des mit dem Ergebnis prognostizierten Nutzens bzw. die entsprechenden monetären Werte dar. Der neue Innovationsprozess, nachfolgend als das 3-2-1 Innovationsmodell gekennzeichnet, wird somit für die Grundüberlegung dieses Modelles in **drei Big-Sprints** (Hauptphasen) und **sechs untergeordnete Low-Sprints** (Teilphasen) unterteilt. Die Big-Sprints unterscheiden sich hierbei primär in ihren zu fokussierenden Tätigkeitsfeldern in Anlehnung an das vorliegende Phasenmodell nach von Ahsen et al., dem zu liefernden Ergebnis und werden jeweils durch eine Sprint-Review als Meilenstein abgeschlossen, die der Erfüllung von Kriterium 9 dient. Für ein erstes komprimiertes Verständnis liefert Tabelle 22 eine Übersicht über die jeweilig vorgenommene Einteilung. Eine detailliertere Darstellung der Vorgehensweise und einzelnen Aufgaben der Low-Sprints erfolgt im Anschluss ab Kapitel 4.2.4.

---

[247] Vgl. Schoeneberg: Komplexitätsmanagement in Unternehmen, 2014, S. 77 ff.
[248] Vgl. Hanser: Agile Prozesse: Von XP über Scrum bis MAP, 2010, S 70.

Tabelle 22: Einteilung des 3-2-1-Innovationsmodells[249]

Concept-Sprint	Realize-Sprint	Sale-Sprint (Benefit)
Phase/Low-Sprint I Planung & Ist-Zustand Phase/Low-Sprint II Ideation & Produktkonzept Phase/Low-Sprint III Ideation & Prozesskonzept	**Phase/Low-Sprint IV** Anpassung & Prototyping **Phase/Low-Sprint V** Test & Validierung	**Phase/Low-Sprint VI** Umsetzung & Einführung

Concept-Sprint:

Der Concept-Sprint stellt den Beginn des neuen Phasenmodells dar. Innerhalb der Anfangsphase sind zunächst Haupt- und Nebenziele zu dem identifizierten, das Innovationsfeld aus der Vorphase zu ermitteln und notwendige Vorbereitungen für das bevorstehende Projekt zu treffen. Hierzu dient der Low-Sprint „Planung & Ist-Zustand", der bei einer vorliegenden Problemstellung in enger Zusammenarbeit mit dem Urheber[250] einer Idee absolviert wird, und in dem detaillierte, zielbezogene Informationen erhoben werden. Im Anschluss erfolgt die Ideationsphase, die sich mit der konkreten Lösung der vorliegenden Problemstellung beschäftigt und hierzu gezielt im umliegenden Innovationssuchfeld Lösungsmöglichkeiten identifiziert. Die weitere Fortführung und die damit verbundenen Zielsetzungen sind abhängig von dem jeweilig anvisierten Innovationstypen. Handelt es sich bei dem Vorhaben um eine Produktinnovation, sind die Low-Sprints „Ideation & Produktkonzept" und „Ideation & Prozesskonzept" innerhalb des Modells zu implementieren. Handelt es sich um eine angestrebte Prozess- innovation, entfällt entsprechend der Low-Sprint „Ideation & Produktkonzept" oder findet bedarfsabhängig und somit optional in einer abgewandelten Form Anwendung. Sämtliche Aktivitäten innerhalb des Concept-Sprints sind

249 Die Einteilung und Titel der Low-Sprints erfolgte in Anlehnung an das Vorgehensmodell von von Ahsen et al. (Kapitel 3.1.1.7).

250 Eine nähere Beschreibung der Rolle des Urhebers erfolgt in Kapitel 4.2.1.5.

gemäß der Vorgehensweise des Design-Thinking Ansatzes mit einem möglichst geringen finanziellen Aufwand abzuschließen, da der Fokus rein auf die Erstellung von (theoretischen) Konzepten zu richten ist und vorerst kein unmittelbarer Eingriff in das unternehmerische Geschehen bzw. Zielsystem angestrebt wird.[251] Der Concept-Sprint endet mit der Fertigstellung finaler Konzepte, die die vollständige und direkte Umsetzung eines funktionsfähigen Teil- oder Gesamtsystems im nächsten Big-Sprint ermöglichen. Er dient somit ausschließlich der Konzeptionierung von möglichen Lösungswegen, auf denen eine konkrete Realisierung erfolgen kann. Jeder Big-Sprint wird durch eine Sprint Review[252] validiert und (vorerst) abgeschlossen.

Realize-Sprint:

Wird die Fortsetzung des Vorhabens in der Sprint Review entschieden, erfolgt die Überführung der Konzepte in den Realize-Sprint. Dieser beinhaltet die Low-Sprints „Anpassung & Prototyping" und „Test & Validierung". Während des Sprints „Anpassung & Prototyping" sind die Ergebnisse der Low-Sprints „Ideation & Produktkonzept" und/oder „Ideation & Prozesskonzept" entsprechend ihrer Spezifikation in ein physisches Produkt und/oder in Prozessanpassungen sequentiell in das gewünschte Zielsystem (z. B. Optimierung des Produktionsprozesses) zu überführen. Der Einfluss des Projektes nimmt an diesem Punkt erheblich zu und ist mit hohen Ressourcenaufwendungen verbunden, was laut den untersuchten Vorgehensmodellen typisch für eine derartige Phase ist. Sämtliche Prozesse werden auf die neu vorliegenden Anforderungsprofile umgestellt, was eine erste Identifikation sowohl nicht planbarer bzw. veränderter Bedingungen als auch neuer Anforderungen und Erkenntnisse ermöglicht. Mess- und bewertbare Abweichungen zwischen den gesetzten Planwerten des vorangegangenen Big-Sprints und den aktuellen Istwerten werden aufgenommen und für eine spätere Betrachtung gespeichert. Für jeden Low-Sprint sind auf Basis der vorliegenden Kompetenzen möglichst eigenständige, interdisziplinäre Teams zu bilden. Allerdings ist diese Vorgehensweise nicht als vorgeschriebene Restriktion zu betrachten. Unter Beachtung vorliegender ressourcenbezogener Einschränkungen, denen KMU oftmals unterliegen, ist eine Teambildung zur Bearbeitung eines ganzen Big-Sprints oder für den gesamten Innovationsprozess durchaus realistischer. Auch Geschka, der 1993 auf dieser Grundannahme seinen eigenen

[251] Siehe hierzu die Ist-Analysephase in Kapitel 3.1.2.5.
[252] Eine nähere Beschreibung erfolgt in Kapitel 4.2.3.3.

Innovationsprozess entwickelte (Kapitel 3.1.1.3), empfiehlt die Ernennung eines festen Kernteams, das den Innovationsprozess kontinuierlich begleitet.[253] Für ein detaillierteres Verständnis wird im weiteren Verlauf die Annahme unterstellt, dass für jeden Low-Sprint ein separates Innovationsteam definiert wurde. Sofern somit das Concept-Sprint-Team weiterbesteht, liegt die primäre Aufgabe dieses Teams parallel darin, auf Basis der neu ermittelten Datenlage bereits weitere Lösungsalternativen und Optimierungsfelder des ursprünglichen Konzeptes zu erarbeiten und nach einer erneuten Überprüfung dem aktuell operierenden Low-Sprint-Team „Anpassung & Prototyping" erneut zu übergeben. Das Ziel liegt in der Generierung einer funktionsfähigen Version eines gewünschten Innovationsergebnisses, das mindestens einer definierten Auswahl von Basisanforderungen des Backlogs vollends entspricht. Eine Nichterfüllung sieht die Wiederholung eines vorgelagerten Low-Sprints vor.[254] Nach erfolgreichem Abschluss des Low-Sprints „Anpassung & Prototyping" wird das Erzeugnis in den Sprint „Test & Validierung" übergeben. Innerhalb dieses Zeitraums wird das vorliegende, funktionsfähige Ergebnis schnellstmöglich auf seine am Zielsystem ausgerichteten Anforderungen, Funktionalitäten und hinsichtlich seiner Akzeptanz unter realen Bedingungen durch eine testweise Einführung überprüft. Erst mit der vollständigen Abnahme und endgültigen (Markt-)Einführungsentscheidung durch einen Innovation Owner[255] endet der „Realize-Sprint". Der vollständige Sprint dient somit ausschließlich der Realisierung konkreter markt-/zielsystemfähiger Ergebnisse auf Basis vorliegender Konzepte und ihrer Validierung.

Sale-Sprint:

Für den „Sale-Sprint" sind ebenfalls zwei unterschiedliche Betrachtungsweisen zu beachten. Während Produktinnovationen eine Serienproduktion des Ergebnisses und Maßnahmen zur Einführung in einen Markt nach sich ziehen, sind Prozessinnovationen in interne oder externe unternehmerische Systeme zu überführen. Beide Varianten verfolgen das Ziel, das ermittelte Ergebnis im jeweiligen Zielsystem langfristig etablieren zu können und von dem prognostizierten Nutzen zu profitieren. Die Verantwortung für Produktinnovationen ist hierzu innerhalb des Sale-Sprints primär dem Marketing und dem Vertrieb, bei Prozessinnovationen den jeweiligen Prozessver-

---

253 Vgl. Geschka: Wettbewerbsfaktor Zeit, 1993, S. 139.

254 Siehe Hauptphase Prototyping in Kapitel 3.1.1.5.

255 Auf die Rollenbeschreibung eines Innovation Owners wird im Anschluss in Kapitel 4.2.1.1 eingegangen.

antwortlichen der jeweiligen Fachabteilung, in der das Ergebnis letztlich implementiert wird, zu übertragen. Der „Sale-Sprint" stellt die Schlussphase des neuen Vorgehensmodells dar und dient somit ausschließlich der abschließenden Einführung und Nutzenabschöpfung von generierten und getesteten Innovationsergebnissen. Allerdings kann nur aus einer linearen Sichtweise heraus von einem Abschluss des Projektes gesprochen werden. Das 3-2-1-Innovationsmodell sieht im Gegensatz zu vorliegenden Innovationsprozessmodellen kein fest definiertes Ende vor, sondern stellt gemäß dem agilen Ansatz und des Modells nach Geschka den dauerhaft anhaltenden Anspruch in den Vordergrund, dass Innovationen über längere Zeiträume hinweg weitere Optimierungspotentiale offenlegen und diese über eine getroffene Markteinführungsentscheidung hinaus weiter ausgeschöpft werden müssen. Diesem Anspruch entsprechend, sind mit der Beendigung des „Sale-Sprints" zeitgleich bzw. mit geringem Zeitversatz sämtliche Aktivitäten des „Concept-Sprints" erneut aufzunehmen, sofern diese nicht bereits parallel fortgeführt werden.

Rollen, Wissen und Reviews:

Als wesentliche Schwäche klassischer Entwicklungsmethoden wird in klassischen Modellen die Separierung von Kunden und Entwicklern angesehen.[256] Im vorliegenden Modell wird die Rolle des Urhebers bzw. Kunden aufgrund ihrer Relevanz für KMU daher in den Fokus der Entwicklungsprozesse gesetzt und hauptsächlich mittels einer kontinuierlichen Einbindung innerhalb von Meilensteinen in Form von unterschiedlichen Review-Typen gewährleistet. Jeder Abschluss eines Low-Sprints sieht das Zustandekommen einer derartigen Review vor, auf die in den nächsten Kapiteln näher eingegangen wird. Ferner befassen sich insbesondere Autoren aktuellerer Innovationsprozessmodelle mit einer weiteren Problemstellung, die besagt, dass sich Unternehmen im Innovationsprozess zu stark auf das eigene Wissen fixieren und nicht das Potential und die Möglichkeiten vorhandener externer Ressourcen vollständig ausschöpfen. Diesem Umstand entsprechend, berücksichtigt das neue Modell, den Ansätzen nach Geschka und Reichwald/Piller entsprechend, den Transfer und die Implementierung externen Wissens aus einem ermittelten Suchfeld explizit innerhalb der zu durchlaufenden unternehmerischen Prozesse und sieht für jeden Low-Sprint den kontinuierlichen Austausch von Informationen mit relevanten unter-

[256] Vgl. Gloger/Häusling: Erfolgreich mit Scrum – Einflussfaktor Personalmanagement, 2011, S. 15.

nehmensinternen und unternehmensexternen Bezugsquellen vor. Gassmann/Enkel klassifizieren hierzu drei Kernprozesse, die als Open Innovation Strategie exemplarisch Anwendung finden bzw. bereits in der Vorphase in Erwägung gezogen werden sollten:[257]

- **Outside-In-Prozess**
  Implementierung externen Wissens (Kunden, Lieferanten) in eigene Prozesse
- **Inside-Out-Prozess**
  Auslagerung internen Wissensgutes (Patente) durch Kommerzialisierung/Lizenzen
- **Coupled-Prozess**
  Gemeinsame Entwicklung und anschließende Kommerzialisierung

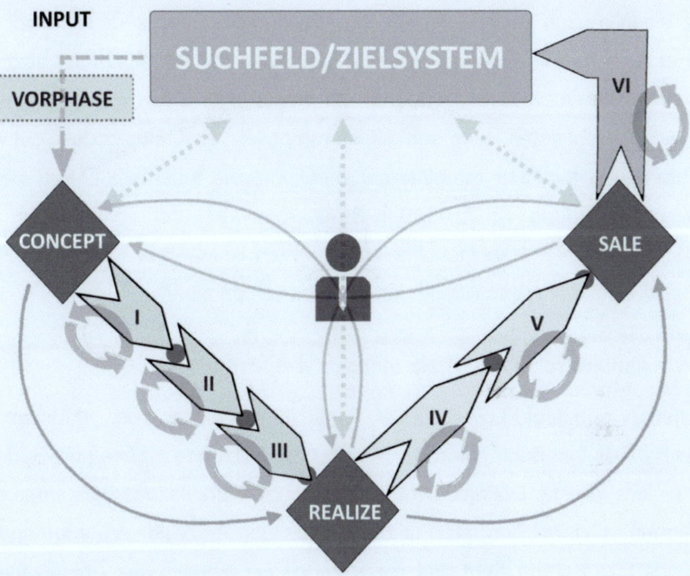

Abbildung 30: Phasenaufbau des 3-2-1 Innovationsmodells

Diese Vorgehensweise dient somit der Erfüllung von Kriterium 12. Die frühzeitige Ermittlung und Reaktion auf kontinuierliche Anforderungsänderungen stellen weitere Herausforderungen für das Entstehen eines neuen Entwicklungsmodells dar. Die

257 Vgl. Gassmann/Enkel in Faber: Open Innovation, 2008, S. 36.

Betrachtung der analysierten Innovationsmodelle zeigt in diesem Kontext auf, dass nur wenige Autoren Meilensteinentscheidungen ausschließlich zur Überprüfung für das Fortsetzen oder den Abbruch eines Projektes heranziehen, sondern auch in ihre Überlegungen die Option einbeziehen, eine einzelne Phase zu wiederholen. Der Ansatz dieses Vorgehens, bekannt als Iteration, stellt einen elementaren Bestandteil der untersuchten agilen Methoden dar und ist somit von hoher Relevanz für den Entwicklungsprozess eines neuen Modells.

Allerdings beziehen sich neue Anforderungsänderungen auf Basis der im Fortschritt des Projektes ermittelten Daten häufig nicht ausschließlich auf die Erkenntnisse vorangegangener Aktivitäten eines einzelnen zurückliegenden Low-Sprints (Phase). Häufig erfordern sie auch eine Anpassung weiter zurückliegender Ergebnisse. Aus diesem Grund gilt es, die Beschränkung zur Wiederholung einer einzigen Phase, wie sie die Modelle nach Schmitt-Grohe, Reichwald/Piller, Cooper/Kleinschmidt und von Ahsen et al. vorgeben, aufzuheben, und kontinuierliche Anpassungen über den gesamten Prozess zuzulassen, wodurch ein beständiger Optimierungsfluss entsteht. Als einer der wichtigsten Haupterfolgsfaktoren agiler Vorgehensmodelle gilt weiterhin die Einberufung täglicher teaminterner Meetings, die innerhalb eines Low-Sprints ebenfalls Anwendung finden. Unter Berücksichtigung der vorliegenden Kurzbeschreibung und unter Beachtung der angeführten Kriterien in Kapitel 3.3 lässt sich das Modell zunächst wie in Abbildung 30 graphisch darstellen.

4.1.4 Vorgehensweise innerhalb eines Low-Sprints

Jeder iterativ angelegte Low-Sprint als eigenständige Phase des Modelles stellt einen Teilprozess innerhalb eines Big-Sprints dar. Jeder begonnene Low-Sprint bedarf hierzu einleitend einer Definition von Anforderungen, die es innerhalb eines begrenzten Zeitraumes zu erfüllen gilt. Für die Bearbeitung einzelner Anforderungen innerhalb eines Low-Sprints sieht das neue Modell ein einheitliches Ablaufschema vor, das im Verlauf sämtlicher darauffolgender Low-Sprints wiederholt angewendet wird. Es gilt dabei, die stetig zunehmende Komplexität eines Projektes zu reduzieren und den Einarbeitungsaufwand neuer Akteure möglichst gering zu halten. Aus diesem Grund sind die bereits untersuchten Vorgehensweisen und Instrumente, die hauptsächlich für die Softwareentwicklung konzipiert wurden, für eine vereinfachte und branchenunabhängige Umsetzung zur Zielerreichung anzupassen und somit der Fokus auf das Wesentliche, das Ergebnis, und nicht auf den Prozess zu richten.[258] Mit dem Beginn bzw. Eintritt in eine neue Phase bedarf es eines möglichst eindeutigen Anforderungsprofils des zu erreichenden Sprintziels bzw. zu entwickelnden Teilsystems, das innerhalb eines begrenzten Zeitraums von einem Innovation Team abzuarbeiten ist und später zu einem Gesamtergebnis zusammengeführt wird. Ein Anforderungsprofil setzt sich aus unterschiedlichen zu erfüllenden Anforderungsbeschreibungen an ein gewünschtes Endergebnis zusammen.[259] Die Methode Scrum sieht hierzu die kontinuierliche Sammlung von Software-Merkmalen innerhalb eines Product Backlogs vor, während hingegen das Feature Driven Development diese in sogenannten Feature-Listen zusammenträgt.[260] Durch den anhaltenden starken Bezug auf die Softwareentwicklung, die einzelne Anforderungen primär als eine in der Informatik kurzfristig realisierbare und funktionsfähige Softwarelösung betrachtet, gilt es, für das neue allgemeinere Verständnis eine erste Anpassung für den Begriffshintergrund „Anforderung“ vorzunehmen. Nachfolgend ist unter dem Begriff „Anforderung“ in Anlehnung an die Normung des Qualitätsmanagements nach DIN EN ISO 9000 eine spezifizierte Erwartung bzw. ein spezifiziertes Erfordernis zu verstehen, aus der/dem eine verbindliche Verpflichtung bzw. Voraussetzung an ein Ergebnis resultiert, das es schriftlich festzuhalten gilt.[261] Demnach bedarf die Erfüllung eines bevorstehenden Ziels stets die Ermittlung, Definition, und schriftliche Fixierung von zielbezogenen Merkmalen. Ist dies nicht möglich, ist der Mangel konkreter Anforderungen mittels möglichst genauer Beschreibungen des erwarteten Kundennutzens und/oder anderweitiger zielbezogener Informationen bzw. Vorstellungen an ein gewünschtes Ergebnis zu kompensieren. In Anlehnung an die untersuchten agilen Methoden in Kapitel 3.1.2 sieht das neue Modell zu diesem Zweck ebenfalls die Verwendung eines zentralen Erfassungsdokuments für derartige Informationen vor, das nachfolgend als Innovation Backlog[262] in der Funktion eines Basis-Backlogs gekennzeichnet ist. Nach einer eingehenden Überprüfung der ermittelten Anforderungsbeschreibungen durch eine Prüfungsinstanz ist im Anschluss aus dem Gesamtpool eine Anzahl möglichst homogener Anforderungen auszuwählen und in einem Sprint-Backlog festzuhalten. Der Begriff Sprint-Backlog beruht auf der in Scrum beschriebenen Begriffs-Definition, die allerdings nicht der vorherigen Entstehung eines Selec-

[258] Vgl. Schoeneberg: Komplexitätsmanagement in Unternehmen, 2014, S. 77.
[259] Vgl. Sohnemann: Hürden zur Agilität (7), 2013, abgerufen am 27.12.2017.
[260] Siehe hierzu die Kapitel 3.1.2.1 und 3.1.2.2.
[261] Vgl. Deutsches Institut für Normung e.V.: DIN EN ISO 9000, 2005, o. S.
[262] Siehe hierzu Beschreibung Innovation Backlog in Kapitel 4.2.2.1.

ted-Backlogs bedarf und sich somit inhaltlich ausschließlich auf die Beschreibungen des Innovation Backlogs bezieht.[263] Die Auswahl erfolgt anhand von Schätzungen seitens direkter Projektverantwortlicher, wie viele Anforderungen ein operatives Team innerhalb des definierten Zeitrahmens bearbeiten kann. Für die Bearbeitung der identifizierten Erfüllungsmerkmale innerhalb eines definierten Leistungszeitraums sieht das 3-2-1-Innovationsmodell exemplarisch eine zeitliche Befristung eines Low-Sprints von zehn Tagen[264] vor, an dessen Ende der Fortschritt und/oder ein system- bzw. funktionsfähiges oder markttaugliches Ergebnis präsentiert werden. Mit dem Start des Low-Sprints beginnt teamintern die Transformation der Anforderungen aus dem Sprint-Backlog in zu erfüllende Arbeitspakete. Ein Arbeitspaket stellt im Kontext des Projektmanagementverständnisses die kleinstmögliche geschlossene Einheit von Handlungsaktivitäten dar, die der Erfüllung einer übergeordneten Teilaufgabe eines Gesamtvorhabens dient.[265] Die Definitionsgrundlage für eine oder mehrere Teilaufgaben stellt der Inhalt des Sprint-Backlogs dar. Für jedes Arbeitspaket sind relevante Daten aus dem unternehmensinternen und unternehmensexternen Umfeld einzubeziehen und ein damit verbundenes zu lieferndes Ziel zu definieren, dessen Fortschritte es täglich teamintern innerhalb von Daily Reviews vorzulegen bzw. zu reflektieren gilt. Ein Arbeitspaket gilt als abgeschlossen, wenn sämtliche Akzeptanzkriterien, die an ein Paket, eine Aufgabe oder ein anderweitiges Dokument geknüpft sind, als erfüllt bewertet werden. Die Sammlung der ermittelten Ergebnisse oder ein konkretes (Teil-)Ergebnis sind am Ende innerhalb einer Review der jeweiligen Prüfungsinstanz vorzulegen und durch diese abnehmen zu lassen. Die Überführung der Ergebnisse in den nächsten Low-Sprint bedarf der vollständigen Abarbeitung sämtlicher relevanten Anforderungen sowohl des vorliegenden Sprint-Backlogs als auch des jeweiligen Innovation Backlog Abschnitts, aus dem ein für die Weiterverarbeitung verwertbares Endergebnis entsteht. Eine nicht erfolgte Abnahme hat die Wiederholung des Low-Sprints zur Folge (Erfüllung von Kriterium 14 (Iterative Vorgehensweise)). Besteht ein zu entwickelndes Innnovationsergebnis aus mehreren eigenständig funktionsfähigen Teilsystemen, sind diese, sofern fertiggestellt, bereits in die nächste Phase zu überführen und die weitere Bearbeitung des Basis-Backlogs fortzusetzen. Der Prozessverlauf ist graphisch in Abbildung 31 dargestellt.

---

263 Siehe hierzu Beschreibung Sprint Backlog in Kapitel 3.1.2.1.

264 Die Dauer ist individuell anhand des Projektumfangs zu bemessen und dient der Schätzung der Gesamtprojektlaufzeit.

265 Vgl. Peipe: Crashkurs Projektmanagement, 2011, S. 91 f.

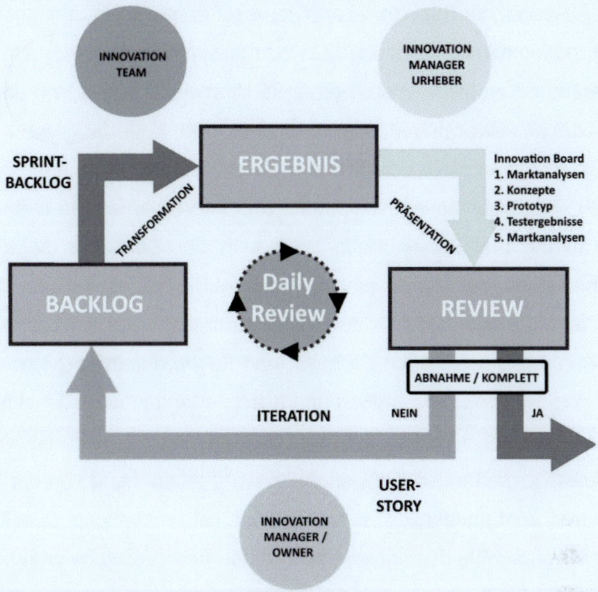

Abbildung 31: Vorgehensweise zur Entwicklung eines Teil-/Gesamtergebnisses

4.2 Detailbetrachtung des neuen Modells

Nachdem die Schwerpunkte der einzelnen Phasen und die Vorgehensweise innerhalb des 3-2-1-Innovationsmodells im vorangegangenen Kapitel komprimiert dargelegt wurden, sind im weiteren Verlauf dieses Buches zur Erfüllung der in Kapitel 4.1.1 ermittelten Kriterien 1. - 7. wesentliche Rollen und Instrumente festzulegen, die es im Kontext des agilen Modells zu implementieren gilt. Ferner ist eine detaillierte Vorgehensweise innerhalb der einzelnen Phasen zu beschreiben und es sind wesentliche Merkmale hervorzuheben.

4.2.1 Rollen und Verantwortlichkeiten

Die Untersuchung der vorgenannten Prozessmodelle und agilen Methoden machte bereits deutlich, dass für die effiziente Bearbeitung eines Innovationsvorhabens eine eindeutige Rollenzuweisung und Festlegung von Verantwortlichkeiten erforderlich sind. Während einer Befragung sächsischer KMU traf das Management hinsichtlich der Frage, anhand welcher Qualifikation Rollen und Verantwortlichkeiten festgelegt werden, die Aussage, die Eignung ihrer Mitarbeiter anhand des Bildungsabschlusses und der wahrgenommenen Kompetenzen zu messen und so geeignete Kandidaten zu identifizieren und zu bestimmen. Ferner sei überwiegend das Vorhandensein von Kreativität, Durchhaltevermögen, Zielstrebigkeit und Teamfähigkeit ausschlaggebend.[266] Laut Schwaber kann es allerdings für den Projekterfolg nach agilen Ansätzen förderlich sein, potentiellen Kandidaten und Interessenten ein Mitbestimmungsrecht einzuräumen und diesen nach Darlegung der Sachlage die Entscheidung selbst zu überlassen, ob sie an einem angestrebten Vorhaben teilnehmen möchten.[267] Dies hat zur Folge, dass für den Veränderungsprozess direkt zu Beginn überwiegend sowohl Macht- als auch Prozess- und Fachpromotoren gewonnen werden können, die dem Innovationsvorhaben und anschließenden (allumfassenden) Veränderungsprozess aufgeschlossen gegenüberstehen und im weiteren Verlauf einen hohen bereichsübergreifenden Einfluss ausüben.[268] Ausgehend von der Überlegung, welche primären Zuständigkeiten es zu verteilen gilt und welche Qualifikationen für die jeweiligen Aufgabenfelder notwendig sind, ist eine Hierarchieordnung zu erstellen, die die unterschiedlichen Verantwortlichkeiten mittels spezifischer Rollentitel und einer Rangordnung klar voneinander abgrenzt. Hierzu sind das Anforderungsmanagements und Customer-Involvement-Management primär als Zuständigkeiten der strategisch-taktischen Ebene zu definieren und weitere Aufgabengebiete nach unten zu verteilen.[269] In sämtlichen Modellen, die die Rolle einer administrativen Führungspersönlichkeit (Projektleiter) von klassisch organisierten Projekten vorsehen und beschreiben, wird diese als Vollzeitstelle definiert. Kritisch anzumerken ist jedoch, dass bereits aus der klassischen Projektsicht nur ein geringer Prozentsatz von KMU über einen freigestellten Projektleiter verfügt. Der überwiegende Anteil von Projektleitern nimmt parallel weiterhin Aufgaben des unternehmerischen Alltagsgeschehens wahr. Zurückgeführt wird dies hauptsächlich auf die finanziellen und personellen Einschränkungen, denen KMU häufig unterliegen, sodass eine vollständige Herauslösung aus dem Alltagsgeschäft nicht möglich ist. Zusätzlich wird der Mangel an Quali-

266 Vgl. Fox: InnoLab Pro Studie 2009 - Ergebnisbericht, 2010, S. 32.

267 Vgl. Schwaber: The Enterprise and Scrum, 2007, Abschnitt 8. People Practices #1 ff., o. S.

268 Vgl. Kaune: Change Management mit Organisationsentwicklung, 2010, S. 22 f.

269 Vgl. Meyerbröker/Kirchhof/Kraft: Agiles Projektmanagement. Fachbeitrag in Projektmagazin/Spotlight, agiles Projektmanagement – Ein Überblick, 2014, S. 41 f.

fikationen, die zur Leitung einer Projekttätigkeit berechtigen, zur Ernennung einer derartigen Rolle als weiteres Hauptproblem innerhalb der Unternehmen angeführt.[270]

Für das vorliegende Modell gilt somit folgende Hierarchieordnung (vgl. Abbildung 32):

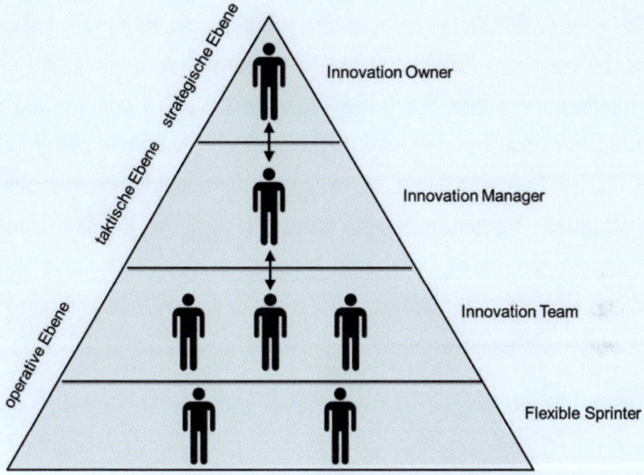

Abbildung 32: Hierarchie der Rollenverteilung

Der Anspruch an das neue Vorgehensmodell liegt somit darin, dass zu definierende Rollen sowohl auf operativer als auch auf taktischer und auf strategischer Ebene für beide Tätigkeitsfelder (Alltagsgeschäft und Projekt) ausgelegt und erforderliche Kernkompetenzen verteilt werden. Laut einer Studie zum Thema Innovationsprozesse in KMU aus dem Jahr 2008 ist diese Maßnahme zugunsten einer Erhöhung der Innovationsgeschwindigkeit ab einer Mitarbeiterzahl von 50 Personen anzustreben.[271] Auch Lieder und Roth raten zu einem derartigen Schritt, sofern die unternehmensinterne Situation keine weiteren Handlungsalternativen zulässt.[272] Die folgenden Rollenbeschreibungen beruhen, sofern nicht anderweitig gekennzeichnet, auf den Ausführungen der bereits beschriebenen, agilen Methodik Scrum und des Survival-of-the-Fitest Modells in angepasster Form. Wesentliche Ergänzungen und

270 Vgl. Fox: InnoLab Pro Studie 2009 - Ergebnisbericht, 2010, S. 30 ff.
271 Vgl. Rüggeberg/Burmester: Innovationsprozesse in KMU, 2008, S. 28.
272 Vgl. Lieder/Roth: Scrum in Unternehmen einführen, in: Projektmagazin Ausgabe 06/11, S. 9 f.

Unterschiede werden innerhalb der Rollenbeschreibungen hervorgehoben und dienen der hinreichenden Erfüllung der Kriterien 4 und 7 in Kapitel 4.1.

4.2.1.1 Innovation Owner

Der Innovation Owner (IO) gilt als Vertreter der strategischen Ebene (Machtpromotor) und definiert sich in Anlehnung an Scrum durch die gleichen Eigenschaften und Funktionen wie ein Product Owner.[273] Ferner kann als Innovation Owner der interne aber auch externe Auftraggeber verstanden werden, der innerhalb seines Kompetenzbereichs die operative Projektabwicklung an eine ihm unterstellte Person überträgt. *Ihm unterliegt im engen Sinne die Organisation und Kontrolle und somit vollständige Verantwortung des Innovationsvorhabens.* Demnach gelten sowohl ein technisches Basiswissen als auch ein ausgeprägtes betriebswirtschaftliches Verständnis als Voraussetzungen. Innerhalb von KMU ist diese Position somit vorzugsweise an eine projekterfahrene Person mit hinreichenden Entscheidungsbefugnissen zu vergeben. Im Vergleich zur bekannten Product Owner-Beschreibung aus Scrum gelten folgende Abweichungen:

1. Auswahl und Ernennung eines geeigneten Innovation Managers
2. Synthese weniger aussagekräftiger Urheber- bzw. Kundenwünsche in konkrete Anforderungen in Form einer User Story
3. Erstellung und Pflege des Innovation Backlogs
4. Die Priorisierung der Anforderungen im Innovation Backlog erfolgt in Zusammenarbeit mit dem Innovation Manager
5. Festlegung des Projektstarts und der Sprintdauer in Absprache mit dem Innovation Manager
6. Festlegung des Gesamtbudgets für das Innovationsvorhaben und Ressourcen-/Risikomanagement
7. Auswertung der betriebswirtschaftlichen Kennzahlen anhand wissenschaftlicher Instrumente für strategische Entscheidungsfindung[274]
8. Abnahme der Big-Sprints innerhalb einer Sprint Review und Retrospektive
9. Bewertung der Big-Sprints

In Kleinunternehmen eignen sich als Innovation Owner aufgrund ihrer funktionalen Eigenschaften Personen, die in der Rolle einer Führungskraft auftreten, die als Un-

---

273 Siehe hierzu Beschreibung bzgl. Product Owner in Kapitel 3.1.2.1.

274 Vgl. Lieder/Roth: Scrum in Unternehmen einführen, in: Projektmagazin Ausgabe 06/11, S. 3.

ternehmer, Leiter und/oder Kapitalgeber notwendige Mittel für die Realisierung von Innovationstätigkeiten bereitstellen und mit höherer Durchsetzungskraft ein Netzwerk für Kooperationspartnerschaften mit Lieferanten oder Kunden ermöglichen.[275] Unter Berücksichtigung der begrenzten personellen Ressourcen innerhalb von KMU – insbesondere bei Kleinstunternehmen[276] – kann die Rolle des Innovation Owners nach Auffassung der Autoren abhängig vom Projektumfang mit der nachfolgend beschriebenen Rolle eines Innovation Managers vereint werden.

Der Innovation Owner als Initiator des Vorhabens:

Zu Beginn besteht die Aufgabe des Innovation Owners darin, eine grobe Grundvorstellung der vorliegenden Idee/Vision auszuarbeiten. Im Idealfall hat dies in enger Zusammenarbeit mit dem Urheber des Sachverhaltes zu erfolgen, um konkrete Wünsche und eventuelle Abnahmekriterien im Vorfeld zu identifizieren und den Kundennutzen zu beschreiben. Nach der Identifizierung erfolgen die erstmalige Bewertung der Grundvorstellung und eine erste Einschätzung der mit einer Realisierung verbundenen möglichen Aufwendungen. Mit der Ernennung des Innovation Managers ist ein offizieller Projektstart einzuläuten.

Der Innovation Owner als Kontrollinstanz des Vorhabens:

Der Innovation Owner hat anhand geeigneter Kontrollmechanismen einen zurückliegenden/abgeschlossenen Big-Sprint mittels vorab definierter Kriterien zu bewerten und die Entscheidung sowohl über die Fortführung bzw. Wiederholung als auch über einen Abbruch des Innovationsvorhabens zu treffen.

4.2.1.2 Innovation Manager

Der Rolle des Innovation Managers (IM) unterliegt die vollständige *Big-Sprintverantwortung.* Sie stellt somit die taktische Ebene (Prozess- und Fachpromotor) des Innovationsvorhabens dar. Sofern die Rollen des Innovation Managers und Innovation Owners nicht in einer Person vereint sind, hat der Innovation Manager als separate Instanz zusammen mit dem Innovation Owner die ermittelten/synthetisierten Anforderungen des Urhebers zu priorisieren und eine Auswahl zu

---

275 Becherer/Maurer: The proactive personality disposition and entrepreneurial behaviour among small company presidents, 1999, S. 28 ff.

276 Siehe hierzu quantitativen Schwellenwert Beschäftigtenanzahl in Kapitel 2.1.

treffen, die dieser Anforderungen mit einer damit verbundenen Zieldefinition innerhalb eines Low-Sprints mittels eines Innovation Teams abgearbeitet werden können.

Ferner unterliegt dem Innovation Manager die Verantwortung, in Abstimmung mit dem Innovation Owner geeignete Mitglieder für das Innovationsteam zu bestimmen und einen Sprintleiter (Teamleiter) zu ernennen. Zudem ist der Innovation Manager für die Ausübung seiner Rolle seinem Kompetenzbereich entsprechend mit ausreichenden Entscheidungsbefugnissen auszustatten, damit lange Entscheidungswege und Liegezeiten des Projekts vermieden werden können.[277] Demzufolge eigenen sich Personen aus dem Mitarbeiterkreis des mittleren Managements. Der Innovation Manager verfügt diesbezüglich in Ausübung seiner Funktion über die gleichen Eigenschaften wie ein Scrum Master und ist funktional an diese Rolle angelehnt.[278] Abweichend von dieser Beschreibung, ist diese Rolle mit weiteren Rechten und Pflichten verbunden:

1. Kommunikationsschnittstelle und Motivator für Urheber/Lieferanten/Institutionen
2. Abnahme der Low-Sprints innerhalb der Team Reviews
3. Bewertung der Low-Sprints mittels geeigneter Kontrollinstrumente
4. Entscheidung über Fortführung/Wiederholung des Low-Sprints
5. Ermittlung und Dokumentation von betriebswirtschaftlichen Kennzahlen
6. Ergebnisvorstellung der Big-Sprints innerhalb der Sprint-Reviews
7. Erfassung der veränderten Urheberanforderungen und Wünsche innerhalb der Reviews
8. Übergabe der Ergebnisse aus dem Team Review an den Innovation Owner

Der Innovation Manager als Lehrer der Methodik:

Dem Innovation Manager obliegt die Verantwortung, dass die definierten Organisations- und Projektziele dem jeweiligen Innovation Team transparent dargelegt werden. Zudem unterliegt ihm in der Anfangsphase die Einführung des Teams im Umgang mit der geforderten Eigenverantwortung und Selbstorganisation. Ferner stellt er das Bindeglied zwischen den im Team agierenden Projektmitgliedern und externen Akteuren des jeweiligen Zielsystems dar. Wie in Kapitel 4.1.2 dargelegt wurde, sollte ein Innovation Manager bereits über hinreichende Erfahrung im Umgang mit agilen Me-

277 Vgl. Geschka: Wettbewerbsfaktor Zeit, 1993, S. 140.
278 Siehe hierzu Beschreibung Scrum Master in Kapitel 3.1.2.1.

thoden verfügen und den Wandel bestehender Denkmuster zunächst projektteambezogen und anschließend bereichsübergreifend herbeiführen bzw. fördern. Aus einem klassischen Verständnis heraus ist die Rolle des Innovation Managers somit mit der Rolle eines Change Agents[279], wie sie Sahota als elementaren Bestandteil für den (agilen) Transformationsprozess kultureller Werte definiert, vergleichbar. Allerdings nimmt der Part dieses Verantwortungsbereichs mit steigender Routine und gefestigtem Methodenwissen der involvierten Akteure kontinuierlich ab, sodass der Innovation Manager optional ebenfalls als unterstützende Einheit in das Innovation Team integriert und vereinzelt Aufgabenpakete neben seiner eigentlichen Rollenverantwortung bearbeiten kann.

Der Innovation Manager als Kontrollinstanz des Vorhabens:

Der Innovation Manager hat anhand geeigneter Kontrollmechanismen den zurückliegenden Low-Sprint mittels vorab definierter Kriterien zu bewerten und die Entscheidung über die Fortführung bzw. Wiederholung des jeweiligen Sprints zu treffen. Demnach ist ein ausgeprägtes technisches Verständnis über das jeweilige Innovationsfeld als weitere Voraussetzung zur Ausübung dieser Rolle anzusehen. Die Rolle einer weiteren Entscheidungsinstanz, wie der des Innovation Managers, dient nach Rüggeberg/Burmester in KMU der Entlastung der Geschäftsführung in der Entscheidungsfindung und frühen Bündelung des Know-hows.[280]

4.2.1.3 Sprintleiter

Dem Sprintleiter (SL) unterliegt eine eingeschränkte *Low Sprint Verantwortung*. Dabei handelt es sich um eine vom Innovation Manager ausgewählte Person innerhalb eines operierenden Innovationskernteams, die wie dieser über ein fundiertes technisches Wissen zur effizienten Bearbeitung der Problemstellung verfügt und als Fachpromotor agiert. Ihm obliegt ausschließlich die Kontrolle darüber, dass die Aufgabenstellungen in der vom Innovation Manager definierten Art und Weise wahrgenommen werden. Zu seinen weiteren Aufgabenstellungen zählen ferner:

1. Einberufung und Kontrolle der Daily Reviews
2. Meldung identifizierter Problemstellungen während der Aufgabenbearbeitung an den Innovation Manager

---

[279] Vgl. Robbins: Organisation der Unternehmung, 2001, S. 631.

[280] Vgl. Rüggeberg/Burmester: Innovationsprozesse in KMU, 2008, S. 32.

3. Abnahme der Low-Sprint Aktivitäten (User Stories)
4. Pflege des Innovation-Structure Plans[281]
5. Präsentation der Ergebnisse innerhalb der Team Reviews gegenüber dem Innovation Team und dem Innovation Manager

Abseits dieses Verantwortungsbereichs fungiert der Sprintleiter wie jedes andere Mitglied des Kernteams und hat innerhalb des Low-Sprints im gleichen Umfang Aufgaben zur Realisierung des Innovationsergebnisses wahrzunehmen. Sofern die Rollen des Innovation Managers und des Innovation Owners nicht in einer Person vereint wahrgenommen werden und für die Bearbeitung des gesamten Innovationsprojektes nur ein Team vorgesehen ist, können die Rollen des Sprintleiters und des Innovation Managers aufgrund der in Kapitel 4.2.1.2 angeführten Begründung zusammengelegt werden. Eine Vereinigung der in Kapitel 4.2.1.1 – 4.2.1.3 beschriebenen Einzelrollen in einer Person ist aufgrund der unterschiedlichen Aufgabenkomplexe und Gefährdung der objektiven Bewertung als logische Konsequenz nicht in Betracht zu ziehen.

4.2.1.4 Innovation Team

Geschka verwies bereits darauf, dass Innovationen nur dann in Unternehmen entstehen können, wenn Teams sich selbstständig funktionsbereichsübergreifend organisieren und fachlich interdisziplinär zusammenarbeiten. Zudem können verkürzte Innovationszeiten nur auf Basis klein angelegter Teams gewährleistet werden, um Abstimmungsprobleme und Liegezeiten zu verhindern.[282] Innerhalb der wissenschaftlichen Literatur findet sich eine Vielzahl von unterschiedlichen empfohlenen Eigenschaften und Kompetenzen, über die ein Innovation Team (IT) fachlich und sozial verfügen sollte. Zusammenfassend hat ein Innovation Team im Kontext des neuen Modells u. a. über folgende Leistungsmerkmale zu verfügen:[283]

- kreativ-konstruktives Zusammenarbeiten
- markt- und kundenorientiertes Leistungsprofil
- Selbstsicherheit und Durchhaltevermögen
- Lern- und Entwicklungsbereitschaft

---

281 Eine Erläuterung des Innovation-Structure Plans folgt in Kapitel 4.2.2.2.
282 Vgl. Geschka: Wettbewerbsfaktor Zeit, 1993, S. 139 ff.
283 Vgl. Higgins/Wiese: Innovationsmanagement, 1996, S. 245 f.

Für die volle Ausschöpfung des Potentials und effiziente Bearbeitung einer Problemstellung hat das Team möglichst für das angestrebte Vorhaben vollständig aus dem Alltagsgeschehen herausgelöst und für die Projektdauer räumlich und organisatorisch abgegrenzt auf die gesetzten Ziele fokussiert zu sein.[284] Hierzu ist die Teamgröße auf Basis der Analysen in Kapitel 3.3.2 auf maximal sechs Personen zu begrenzen. Mögliche Entwicklungspotentiale der in Betracht gezogenen Kandidaten sind mittels Stärken-Schwächen-Analysen zu identifizieren. Für mittlere Unternehmen bietet sich hierzu die jeweilige Eignungsüberprüfung der notwendigen Soft-Skills für den Umgang mit agilen Methoden mit Unterstützung der Personalentwicklungsstelle an.

Für KMU ist die Teambildung im das 3-2-1-Innovationsmodell aufgrund ihrer begrenzten personellen Ressourcen modifiziert zu betrachten. Ausgehend von einer mittleren Unternehmensgröße, bedarf jeder Low-Sprint im Idealfall eines eigenen möglichst in Vollzeit selbstständig operierenden Innovationsteams, das aus einem Kernteam mit drei Personen gebildet wird. Begründet liegt diese Vorgehensweise in dem differenziert zu betrachtenden spezifischen Fachwissensanspruch, der durch die unterschiedlichen Schwerpunkte der verschiedenen Low-Sprints (Phasen) erforderlich wird. Es kommt somit zu einer Bildung fachlich strukturierter Innovation Teams.[285] Allerdings lassen die personelle Knappheit und die begrenzten Wahlmöglichkeiten eine optimale Zusammenstellung aufeinander abgestimmter Projektgruppen häufig nicht zu.[286] Abhängig von Art und Umfang der Projektdefinition und der Aufwandseinschätzungen seitens des Innovation Owners kann daher ein einzelnes Team zur Bearbeitung eines ganzen Big-Sprints oder auch des gesamten Innovationsvorhabens eingesetzt werden. Das jeweilige Kernteam umfasst dabei Personen aus den unterschiedlichen Fachbereichen der jeweiligen Low-Sprint Bereiche, die über die notwendigen Soft-Skills und Kompetenzen für die anstehenden Aufgabenstellungen im jeweiligen Themenschwerpunkt verfügen. Unterstützung erfährt das Kernteam innerhalb der jeweiligen Low-Sprints operativ durch ein optional einsetzbares Flexible-Team[287], dessen Anzahl auf maximal zwei Personen zu begrenzen ist. Sämtlichen Akteuren sowohl innerhalb des Kern- als auch innerhalb des Flexible-Teams obliegen folgende Verantwortungsbereiche:

284 Dienen der Erfüllung der Sekundärkriterien aus Kapitel 4.1.1.
285 Vgl. Sohnemann: Hürden zur Agilität (10), 2013, abgerufen am 27.12.2014.
286 Vgl. Hafen/Künzler/Fischer: Erfolgreich restrukturieren in KMU, 2000, S 98.
287 Bildung nach Ansicht des Verfassers abhängig von Unternehmensgröße und Bedarf.

- Ständige Klarheit der jeweiligen Zielsetzung des vorliegenden Low- und Big-Sprints
- Verpflichtung zur Erfüllung des vorliegenden Innovation- und Sprint-Backlogs
- Schaffung von Transparenz, Klarheit und Nachvollziehbarkeit der Handlungen
- Forcierung der Zusammenarbeit mit Urhebern und Endnutzern
- Meldung von Störungen

Das Kernteam:

Zusammenfassend ist je nach Unternehmensgröße und/oder Ressourcenbedarf ein separates Kernteam zur Bearbeitung eines einzelnen Low-Sprints, Big-Sprints oder auch für das Gesamtvorhaben festzulegen. Abhängig ist diese Entscheidung ferner vom Umfang der vorliegenden Problemstellung und damit verbundenen Aufwandschätzungen seitens des Innovation Owners und Innovation Managers. Innerhalb des Kernteams hat zu Beginn die Ernennung eines Sprintleiters durch den Innovation Manager zu erfolgen. Das Kernteam verpflichtet sich, möglichst in Vollzeit die an es gestellten Aufgabenstellungen innerhalb des Low-Sprints zu bearbeiten und der Methodik des Innovation Managers zu folgen.

Flexible-Team:

Ein Flexible-Team dient der Unterstützung des Kernteams innerhalb eines Low-Sprints und ist abweichend von der Spezifikation des Kernteams im Vorfeld als Teilzeitstelle ausgelegt. Innerhalb des klassischen Projektmanagementverständnisses kann auch von einem erweiterten Team gesprochen werden. Die Notwendigkeit eines Flexible-Teams ist ebenfalls abhängig von Art und Umfang des Innovationsvorhabens. Insbesondere für kleine Projekte und Kleinstunternehmen ist die Ernennung eines Kernteams zur Bearbeitung der jeweiligen Low- bzw. Big-Sprints als ausreichend anzusehen. Das Flexible-Team besteht aus maximal zwei Personen (Flexible Sprinter (FS)) und setzt sich möglichst aus den jeweiligen Mitgliedern des vorgelagerten und nachgelagerten Low-Sprints zusammen. Im Idealfall und von der Annahme ausgehend, dass für jeden Low-Sprint einzelne Teams definiert wurden, handelt es sich bei diesen Personen um die jeweiligen Sprintleiter des jeweiligen Kernteams. Jeder neu begonnene Low-Sprint sieht somit zwangsläufig den Austausch mindestens einer dieser Personen vor, wodurch ein Rotationsprinzip zustande kommt, wie es das Feature Driven Development ebenfalls vorsieht.[288] Stern/Jaberg verbinden seit 2007 einige einhergehende Vorteile mit einer derartigen Vorgehensweise. Der resultierende Nutzen manifestiert sich darin, dass jeder der nachfolgend relevanten Fachbereiche bereits in frühen Phasen in Berührung mit dem neuen Projekt kommt und fehlendes Fachwissen innerhalb eines Kernteams durch neue Personen und somit neues Wissen kompensiert wird. Zusätzlich werden es die Chancen einer höheren Akzeptanz im betriebsinternen Umfeld zu dem jeweiligen Projekt gesteigert. Demnach wird zeitgleich das Ziel unterstützt, die Bedeutung des Innovationsvorhabens herauszustellen und eine innovationsfördernde Unternehmenskultur zu etablieren, zu fördern oder zu erhalten.[289] Tabelle 23 dient der Veranschaulichung, ab welcher Unternehmensgröße Rollen zusammengefasst werden und welchen Wirkungsbereich ein einzelnes Innovationsteam umfassen sollte.

Tabelle 23: Teamgröße und Rollenbildung nach Unternehmensgrößen[290]

Unternehmensgröße	*Verantwortungsbereich*	*Rollen*	IO	IM		SL	FS
Kleinstunternehmen (bis 9 Mitarbeiter)	1 Team für Gesamtprojekt	Zusammenfassung	X	X	oder	X	
Mittlere Unternehmen (ab 10 bis 49 Mitarbeiter)	1 Team je Big-Sprint	Zusammenfassung	X	X	oder	X	
Mittlere Unternehmen (ab 50 bis 249 Mitarbeiter)	1 Team je Big-Sprint	Separierung	X	X		X	X
Großunternehmen (ab 250 Mitarbeiter)	1 Team je Low-Sprint	Separierung	X	X		X	X

4.2.1.5 Urheber

Abweichend von der Methodik Scrum, die den Kunden als Auftraggeber definiert, wird die weitergefasste Bezeichnung Urheber verwendet. Als Urheber gilt im Verständnis des 3-2-1-Innovationsmodells die interne oder externe Quelle der ursprüng-

288 Siehe hierzu Kapitel 3.1.2.2.

289 Vgl. Stern/Jaberg: Erfolgreiches Innovationsmanagement, 2007, S. 152 f.

290 In Anlehnung an Rüggeberg/Burmester: Innovationsprozesse in KMU, 2008, S. 28 (ab 50 Mitarbeiter) und nach Auffassung des Verfassers (bis 50 Mitarbeiter).

lichen Idee/Vision, die ein Innovationsvorhaben entstehen lässt. Als Urheber wird im vorliegenden Modell ein

1 Mitarbeiter aus dem eigenen Unternehmen / Arbeitskreis
2 (zukünftiger) interner/externer Kunde bzw. Referenzkunde
3 Kooperationspartner (z. B. Institutionen, Lieferanten)
4 Zielnutzer
5 Stakeholder jedweder Art, der das Vorhaben (finanziell) unterstützt
6 Innovation Owner

klassifiziert. Der Urheber ist im weiteren Verlauf des Innovationsprozesses regelmäßig in die Prozesse zu implementieren und durch Team Reviews und Sprint Reviews über den Verlauf und Fortschritt des Innovationsvorhabens zu informieren. Er ist somit im Rahmen eines herstellergetriebenen Paradigmas nicht nur als Innovationsauslöser anzusehen, wodurch sein Einflussbereich auf Bewertungsentscheidungen zunimmt.[291] Dem Verantwortungsbereich des Urhebers in Funktion eines Auftraggebers kommt innerhalb der agilen Methoden eine zentrale Bedeutung zu. Innerhalb klassischer Vorgehensweisen endet für ihn häufig mit der Darlegung der Aufgabenstellung weitestgehend die Kommunikationsbereitschaft bzw. Mitverantwortung am Projekterfolg. Es werden Resultate gefordert, eine enge und regelmäßige Zusammenarbeit allerdings weitestgehend abgelehnt.[292] Derartige Verhaltensweisen sind innerhalb agiler Methoden als Alarmsignal zu interpretieren und erfordern frühzeitig eine offene Konfrontation und Reflektion daraus resultierender Konsequenzen. Einer der wesentlichen Indikatoren eines mangelnden Interesses an einer engen Zusammenarbeit stellt die Abwesenheit des Urhebers an strategisch relevanten Review-Punkten[293] dar.

4.2.2 Artefakte und Instrumente

Wie bereits durch die Analyse in Kapitel 3 dargelegt wurde, sind für innovative Unternehmen der Einsatz von geeigneten Instrumenten und Artefakten zur Prozesssteuerung und Implementierung agiler Methoden notwendig. Innerhalb der vorgestellten Phasenmodelle kommt der Auswahl geeigneter Instrumente und Kriterien für die

291 Vgl. Schewe/Becker: Innovationen für den Mittelstand, 2009, S. 110.
292 Vgl. Sohnemann: Hürden zur Agilität (5), 2013, abgerufen am 27.12.2014.
293 Eine nähere Erläuterung des Verantwortungsbereichs seitens des Urhebers folgt innerhalb der Kapitel 4.2.3.2 (Team-Reviews) und Kapitel 4.2.3.3 (Sprint-Reviews).

Ideenbewertung eine hohe Bedeutung zu. Sie sind für die Entwicklung eines Innovationsmodells somit ebenfalls einzubeziehen. Die Definition geeigneter Artefakte und Instrumente dient der Erfüllung der Kriterien 1 und 6 mittels des Innovation Boards und Kriterium 5 durch das Innovation Backlog in Kapitel 4.1.

4.2.2.1 Basis Artefakte

Zur Visualisierung und Steuerung eines Entwicklungsprozesses konnte bereits eine Vielzahl geeigneter Instrumente bzw. Artefakte identifiziert werden. Allerdings konnte ferner festgestellt werden, dass die jeweiligen Instrumente der entsprechenden agilen Methoden nur in ihrem begrenzten Anwendungsfeld sinnvoll eingesetzt werden können. Zwar lassen sich Ähnlichkeiten zwischen den einzelnen Instrumenten ableiten, jedoch sind für das neue Modell ebenfalls Anpassungen vorzunehmen, damit sie im Kontext des 3-2-1-Innovationsmodells sinnvoll eingesetzt werden können. Im Anschluss werden hierzu zunächst als Basis-Artefakte das Innovation-Backlog und die User Story vorgestellt.

Das Innovation-Backlog

Jede der untersuchten agilen Methoden sieht während des gesamten Prozesses eine kontinuierliche Sammlung und Dokumentation von unterschiedlichen Anforderungen zur Realisierung eines Innovationsvorhabens vor. Der Begriff „Backlog" steht in diesem Zusammenhang häufig im Zentrum dieser Überlegung und findet sowohl in der Methodik „Scrum" als auch in „Kanban" und der „FDD" (Feature Liste) Anwendung. Im Gegensatz zu starren Lasten- und Pflichtenheften erfährt ein Backlog innerhalb der agilen Methoden binnen kurzer Zeit ständig Veränderungen und gilt von Projektbeginn bis Projektende als niemals vollständig. Anforderungen innerhalb des Dokumentes gilt es stets am Ende eines Low-Sprints anhand unterschiedlicher Kriterien (u. a. Relevanz, Risiko, Nutzen) neu zu priorisieren und eine Auswahl zu treffen, welche Anforderungen innerhalb eines bestimmten Zeitraums vorrangig abzuarbeiten sind (vgl. Tabelle 24). Für das weitere Verständnis wird in diesem Zusammenhang der Begriff Innovation-Backlog verwendet.[294] Im Gegensatz zur Vorgehensweise in Scrum ist für jeden Low-Sprint ein neuer Abschnitt innerhalb des Innovation Backlogs zu erstellen, um Anpassungen des Prozesses möglichst transparent und nachvollziehbar darstellen und eine effiziente Realisierung gewährleisten zu können.

[294] Funktion und Aufbau des Innovation Backlogs beruhen auf den Backlog-Beschreibungen in Anlehnung an Scrum, Kanban und FDD in Kapitel 3.1.2.

Tabelle 24: Beispiel zur Identifikation und Definition von Anforderungen

Anforderungs-identifikation	Inhalte
Planung & Ist-Zustand	**Synthetisierte Anforderungen nach Problemstellung seitens der Urheber** - Optimierung der Smartphone-Haptik - Reduzierung der Sturzschadenanfälligkeit des Displays **Ermittelte Informationen des Ist-Zustandes seitens des Innovationsteams** - Kunden ergänzen Kauf mit Taschen aus Gummi / Zusatzglas - Kunden bemängeln äußere Form des Smartphone Angebots - Markenimage des Smartphone-Anbieters stark beschädigt - Kundensupport ermittelte Unzufriedenheit bzgl. Akkulaufzeit des Modells - Rückzug mehrerer vergleichbarer Unternehmen aus Zielmarkt
Finale Anforderungen für nächste Phase	- Optimierung der Smartphone-Haptik - Reduzierung der Sturzschadenanfälligkeit des Displays - Optimierung des äußeren Erscheinungsbildes
Ideation & Produkt-konzept	**Lösungsansätze seitens des Innovationsteams** - Smartphone sofort mit Gummiüberzug auf Schale ausliefern - Displayglaszulieferer wechseln → Höherwertiges Angebot - Änderung der äußeren Form von Rund in Eckig **Anforderungen für Team- bzw. Sprint-Review:** **Produktkonzept #1** - Gummiüberzug / Eckige Schale (Prototypen) - Rückseite des Smartphones mit teilweisem Gummiüberzug **Produktkonzept #2** - Gummiüberzug / Eckige Schale (Prototypen) - Rückseite des Smartphones mit vollem Gummiüberzug **Produktkonzept #3** - Alternativglas / Eckiges Glas (Prototypen) - Fremdbezug - Eigenfertigung

Jeder vollständige Abschluss eines Low-Sprints sieht die gänzliche Erfüllung sämtlicher relevanten Basis-Anforderungen des Innovation Backlogs der jeweiligen Phase vor, die eine Überführung in die nächstfolgende Phase rechtfertigt. Für die Auswahl der innerhalb eines Sprints abzuarbeitenden Anforderungen in Form eines zentralen

Dokuments für das Innovation Team wird weiterhin der Begriff Sprint Backlog, bekannt aus der Methodik Scrum, angewendet. Ein Sprint-Backlog kann zur Erfüllung der im Innovation Backlog zusammengetragenen Anforderungen zur Bearbeitung eines ganzen Low-Sprints oder Big-Sprints entstehen. Hierzu sind für die Bearbeitung möglichst homogene Anforderungen auszuwählen, sodass sich aus diesen zusammenhängende Arbeitspakete ableiten lassen. Das Backlog dient zusätzlich der eindeutigen Zuweisung vergangener bzw. zukünftiger Arbeitspakete (AP#) und User Stories (US#) zu den jeweilig definierten Anforderungen, wodurch die Transparenz und Nachvollziehbarkeit der Handlungen innerhalb der Low-Sprints (LS#) zusätzlich gewährleistet wird. Die Überführung neuer Anforderungen in das Innovation Backlog hat durch die Prüfung des Innovation Managers und abschließend aktiv durch den Innovation Owner zu erfolgen.

Tabelle 25: Beispiel eines Innovation-Backlog-Ausschnitts

LS#	AF #	Klassifikation	Spezifikation der Anforderung	US#	AP#	✔	Ξ	x	þ
II	0.1	Durch Urheber identifiziert	Optimierung der Smartphone-Haptik	0	2, 3	X			X
	0.2		Optimierung der Akku-Ladezeiten	0			X		
II	0.3		Reduzierung der Sturzschadenanfälligkeit	0	1, 5	X			X
	0.4		Akkulaufzeit von mind. 40 Stunden (Standby)	4			X		
	1.1	Durch Team identifiziert	Optimierung des äußeren Erscheinungsbildes	1, 2	6, 7	X			
I	1.2	Durch Team identifiziert	Ein-Knopf-Bedienhilfe gewünscht	3				X	X

Ein Ausschnitt für ein mögliches Layout eines Innovation Backlogs dient als exemplarisches Beispiel für das nähere Verständnis dieses Artefakts (vgl. Tabelle 25). Wird eine bereits ermittelte Anforderung zur Bearbeitung innerhalb eines Low- bzw. Big-Sprints freigegeben (grünes Feld), für eine spätere Betrachtung/Bearbeitung vorläufig zurückgestellt (oranges Feld) oder verworfen (rotes Feld), ist dies im jeweiligen Feld zu vermerken. Gilt eine Anforderung als vollständig erfüllt bzw. abgeschlossen, ist dies ebenfalls kenntlich zu machen (letzte Spalte, schwarz).

User Story

Unter einer User Story wird in der agilen Softwareentwicklung eine Beschreibung aus der Anwendersicht verstanden, in der eine bestimmte Funktion für eine definierte Rolle mit einem konkreten Nutzen generiert wird (vgl. Tabelle 26).[295] Für das Verständnis innerhalb des 3-2-1-Innovationsmodells kommt einer User Story eine abweichende Funktion zu. Eine User Story ist stets aus der Sicht einer Informationsquelle zu beschreiben, die konkrete Angaben zu einem zu untersuchenden Sachverhalt liefert, dessen struktureller Aufbau an einen klassischen Projektauftrag anzulehnen ist.[296] In der Planungsphase eines möglichen Vorhabens dient das Dokument dem Innovation Owner zur Erfassung der Kundenwünsche und Umschreibung einer konkreten Idee seitens eines Urhebers, aus der sich Anforderungen und ein Kundennutzen für ein Projekt und anschließend für das Innovation Backlog ableiten lassen. Hierzu sind sämtliche relevanten Daten zur Quelle, die Erhebungsform und die Relevanz für ein aktuelles Projektvorhaben zu erfassen und nachvollziehbar darzulegen. Ziel einer User Story ist es in dem vorliegenden Modell, gewonnene Erkenntnisse möglichst komprimiert darzustellen und bewertbar zu machen. Ferner dient eine User Story im Gegensatz zu Scrum der Dokumentation und als Nachweis für neu definierte Anforderungen, die ins Innovation Backlog überführt werden und archiviert werden (Erfüllung Kriterium 13).

Insbesondere bei häufig oder verspätet auftretenden Anforderungsänderungen und wechselnden Zuständigkeiten ist zusätzlich die Sicherstellung der Nachvollziehbarkeit einzelner Arbeitsschritte zu gewährleisten und neuen Projektmitgliedern eine schnelle Einarbeitung in die jeweilige Thematik zu ermöglichen. Jede User Story verfügt über Akzeptanzkriterien, die am Ende der Erhebung durch eine Prüfinstanz abgenommen werden müssen.

---

295 Vgl. Dräther/Koschek/Sahling: Scrum – kurz & gut, 2013, S. 124 ff.

296 Siehe hierzu Beschreibung Projektauftrag in Kapitel 2.3.2.

Beispielfragen als mögliche Akzeptanzkriterien:

- Stehen die Sachverhalte im unmittelbaren Bezug zur vorliegenden Problemstellung oder den zu erfüllenden Anforderungen?
- Lassen sich weitere relevante Anforderungen ableiten?
- Lassen sich die identifizierten Lösungsansätze zur Behandlung der aktuell vorliegenden Problemstellung verwerten?

Insbesondere zur Erstellung der ersten User Story (US#0), aus der sich das gesamte Innovationvorhaben ableitet, sind zusätzlich die qualitativen Bewertungskriterien aus Kapitel 4.2.2.3 heranziehen.

Tabelle 26: User Story des 3-2-1-Innovationsmodells

User Story # 1	Inhalte
Anforderung *(AF#)*	Auf welche Anforderung, Kundewünsche wird Bezug genommen? (Anforderungsnummer aus Innovation Backlog)
Zieldefinition *(AP#)*	Die Zielsetzung verfolgt diese User Story? Arbeitspaket-/ Aufgabenbeschreibung
Basisdaten der Bezugsquelle	Name/Titel/Rolle der Bezugsquelle Adressdaten Position / Funktion
Art der Informationsbeschaffung	Interview / Feldbeobachtung/-experiment / sonstige Recherche
Relevanz für Projekt / Backlog	Hoch / Mittel / Niedrig (inkl. Begründung)
Ermittelte Sachverhalte	Ermittelte relevante Informationen in Stichworten
Anforderungen / Kundennutzen	Aus Sachverhalt resultierende(r) Anforderungen oder Kundennutzen
Identifizierte Problemfelder/ Restriktionen	in Stichworten
Mögliche Lösungsansätze	in Stichworten
Akzeptanzkriterien	Abnahmekriterien für jeweiligen Sprintverantwortlichen

4.2.2.2 Prozessvisualisierung und Steuerungsinstrumente

Für die Planung und Visualisierung der einzelnen Anforderungs- und Aufgabenpakete sind für das 3-2-1-Innovationsmodell verschiedene Instrumente vorgesehen, die in Anlehnung an die bereits existierenden Instrumente der agilen Methoden entwickelt werden müssen. Sämtliche Artefakte und Instrumente sind hierzu mit Querverweisen zu den jeweils anderweitig verwendeten Instrumenten zu versehen. Der Detaillierungsgrad ist innerhalb von KMU anhand von Art und Umfang des jeweiligen Projektes individuell zu bestimmen und die mögliche Notwendigkeit weiterer Instrumente aus Kapitel 2.3.3 ist diesbezüglich abzuwägen.

User Story Board

Das User Story Board dient der komprimierten Darstellung aller ermittelten Anforderungen innerhalb des Innovationsvorhabens und gibt Rückschlüsse darüber, welche Anforderung auf Basis welcher User Story und durch welche Person erhoben wurde (vgl. Tabelle 27). Es ist simultan bzw. alternativ zu einer finalen, fiktiven User Story innerhalb einer Review zu präsentieren. Anstelle der definierten Anforderungen können zudem die damit verbundenen Arbeitspakete abgebildet bzw. mit einer jeweils abgeschlossenen Anforderung verknüpft werden, wodurch das Innovation Backlog komplettiert wird.

Tabelle 27: Beispiel eines vereinfachten User Story Boards[297]

Urheber-anforderungen	US #	Mitglied A	US #	Mitglied B	US#	Mitglied C	US #
Anforderung 1	0	Anforderung 5	2,3, 5	Anforderung 4	1	Anforderung 7	6
Anforderung 1.1	0	Anforderung 5.1	4	Anforderung 6	7	Anforderung 7.1	8
Anforderung 1.2	0	Anforderung 5.2	9	Anforderung 6.1	10	Anforderung 7.2	11
Anforderung 2	0			Anforderung 6.2	12, 13		
Anforderung 3	0			Anforderung 6.3	14		

[297] Die Kriterien beruhen auf den in Kapitel 3.1.2 verwiesenen Quellenangaben.

Das Innovation-Board

Das Innovation-Board dient der Visualisierung der begrenzten Anzahl bevorstehender Anforderungen aus dem Innovation bzw. Sprint Backlog, die es von einem Innovationsteam innerhalb eines Low- bzw. Big-Sprints abzuarbeiten gilt (vgl. Tabelle 28). Für eine bessere Abgrenzung zum Kanban-System bzw. Taskboard wurde hierzu alternativ der Begriff Innovation-Board gewählt. Zu Beginn eines Low-Sprints werden die definierten Anforderungen aus dem Sprint Backlog im Innovation Board in der Spalte „Input" zusammengetragen. Innerhalb des Teams sind im Anschluss die Aufgaben, die mit der Erfüllung der jeweiligen Anforderung verbunden sind, jeweils zu definieren, im weiteren Verlauf in Form von User Stories mit der jeweiligen Arbeitspaketbeschreibung abzubilden und der jeweiligen Spalte zuzuordnen. Dem Team obliegt hierzu die Entscheidung darüber, ob einzelne Arbeitspakete gemeinschaftlich in Teamarbeit oder nur durch einzelne Mitglieder wahrgenommen werden. Die Zuständigkeit des jeweiligen Arbeitspaketes ist jedoch innerhalb der User Story zu vermerken, die jeweiligen Informationen weiteren Instrumenten hinzuzufügen. Zu beginnende Arbeitspakete sind in der „To do" Spalte festzuhalten und von dem jeweiligen Verantwortlichen im Anschluss zu starten. Dabei muss im Vorfeld darauf geachtet werden, dass sämtliche Spalten hinsichtlich ihres Fassungsvermögens von Arbeitspaketen im Vorfeld limitiert werden. Kann die jeweilige Person die Aufgabenstellung problemlos abschließen, wird das Ergebnis als „Fertig" gekennzeichnet und in die jeweilige Spalte überführt, sodass der Sprintleiter die ausgefertigte User Story überprüfen und anhand der im Team definierten Akzeptanzkriterien abnehmen kann. Tritt während der Bearbeitung hingegen ein Problem auf, das der Verantwortliche nicht selbstständig lösen kann, wird das Aufgabenpaket sofort in die Spalten „Probleme" und „offen" übertragen. Ein Problem wird am darauffolgenden Tag während der täglich stattfindenden Daily Reviews durch die betroffene Person näher erläutert. Das Team hat daraufhin für einen begrenzten Zeitraum die Aufgabe, mögliche Lösungsalternativen zu generieren und festzustellen, ob die Aufgabe ohne Unterstützung des Innovation Managers gelöst werden kann. Die endgültige Entscheidung hierzu obliegt dabei dem Sprintleiter. Wird eine Lösungsalternative gefunden, kann sie durch den früheren Verantwortlichen alleine oder mit Unterstützung wiederaufgenommen werden, sofern dadurch der Abschluss eines anderen Arbeitspaketes nicht gefährdet wird.

Tabelle 28: Beispiel eines Innovation-Boards[298]

Input	To do		Probleme			Abnahme		Output
	in Arbeit	fertig	offen	in Arbeit	gelöst	in Arbeit	fertig	
Anforderung (N) Anforderung (L)								(B) (A)
Anforderung (F)	(H)	(M) (J)		(C)	(E) (I)	(G) (D)	(K)	

Tabelle 29: Beispiel eines Innovation-Structure Plans

ISP	Concept-Sprint	Planung & Ermittlung des Ist-Zustandes										Ideation & Produktkonzept		
LS#	Team-mitglied	01.03.	02.03.	03.03.	05.03.	08.03.	11.03.	16.03.	18.03.	11.03.	12.03.	13.03.	03.03.	06.03.
I	Person 1	Kickoff	AP 2			AP 5	AP 5			SR	-	SR		
I	Person 2	Kickoff	AP 1	AP 1		AP 6	AP 6	AP 6		SR	-	SR		
I	Person 3	Kickoff	AP 3		AP 4	AP 4		AP 4	AP 4	SR	-	SR		
II	Person 4										-		AP 11	AP 11
II	Person 5										-	SR		AP 7

298 In Anlehnung an Gross: Kanban made simple, 2003, S. 99.

Parallel trägt der Sprintleiter, wie bereits dargelegt, die Verantwortung dafür, vor der nächsten Team bzw. Sprint Review die abgeschlossenen Arbeitspakete kontinuierlich zu überprüfen und abzunehmen. Werden diese nicht abgenommen, wird das jeweilige Arbeitspaket ebenfalls als Problem deklariert und der Spalte „Probleme" hinzugefügt. Am Tag vor der Sprint Review wird der vorliegende Arbeitsfluss unterbrochen und es werden Vorbereitungen für die Ergebnispräsentation getroffen. Im Mittelpunkt der darzulegenden Inhalte stehen innerhalb einer Review stets die:

1 Erfüllten Arbeitspakete (Output)
2 Offenen Arbeitspakete (Input)
3 Problematischen Arbeitspakete (Probleme)

Wie im klassischen Kanban-Board-System vorgesehen, werden noch nicht erfüllte Anforderungspakete dem Sprint Backlog zurückgeführt und auf Basis der ermittelten Daten einer erneuten Überprüfung und Priorisierung unterzogen.

Innovation-Structure Plan

Der Innovation-Structure Plan (ISP) dient der zeitlichen Dokumentation der einzelnen geplanten bzw. abgeschlossenen Arbeitspakete (AP) aus dem Innovation Backlog während des gesamten Innovationsvorhabens und ist vergleichbar mit klassischen Balkendiagrammen wie z. B. einem Gantt-Chart (vgl. Tabelle 29).[299] Neben den in Bearbeitung befindlichen Arbeitspaketen erfasst der ISP bevorstehende Team Reviews (TR), Sprint Reviews (SW), die dem Innovation Team als Orientierungshilfe zur Planung weiterer Aktivitäten dienen. Die Pflege des ISP unterliegt dem jeweiligen Sprintleiter und bedarf einer sofortigen Anpassung nach jeder Daily Review. Das Dokument dient zudem der späteren Analyse und Effizienzbewertung der jeweiligen Low-Sprints (LS#) und Teammitglieder und ist somit mit betriebswirtschaftlichen Kennzahlen (u. a. mit aufgewendeten Arbeitsstunden für das jeweilige Arbeitspaket pro Tag) zu hinterlegen. Aufgrund der komplexen Formen, die das Instrument im weiteren Verlauf unweigerlich annimmt, hat die Erfassung durch geeignete digitale Tabellenkalkulationsprogramme zu erfolgen. Simultan ist eine Anwendung des aus der Scrum Methodik angewandten Burndown-Charts möglich, das den prozentualen Projektfortschritt komprimiert abbildet.

299 Siehe hierzu Instrumente des Projektmanagements in Kapitel 2.3.2.

4.2.2.3 Innovationsbewertungsinstrumente und Kriterien

Als einer der Erfolgsfaktoren von Innovationsvorhaben gelten die Auswahl geeigneter Innovationsbewertungsinstrumente und -bewertungskriterien innerhalb der einzelnen Phasen.[300] Das Modell von von Ahsen et al. (Kapitel 3.1.1.7) identifizierte hierzu eine Auswahl geeigneter Innovationsbewertungsinstrumente bzw. -kriterien, die innerhalb verschiedener Phasen speziell auf ihre Eignung für KMU überprüft wurden (Erfüllung Kriterium 11). Für das 3-2-1-Modell ist der Einsatz der Instrumente, bedingt durch die Verschiebung der einzelnen Phasen abweichend von den vorliegenden Referenzmodellen, wie folgt vorgesehen (vgl. Tabelle 30):

Tabelle 30: Innovationsbewertungsinstrumente im 3-2-1-Modell[301]

Concept-Sprint	Realize-Sprint	Sale-Sprint
Checkliste Nutzwertanalyse Interdependenz-Analysen Budget- und Zeitkontrollen	Nutzwertanalyse Interdependenz-Analysen Target Costing Kapitalwertmethode Budget- und Zeitkontrollen	Nutzwertanalyse Interdependenz-Analysen Target Costing Kapitalwertmethode Budget- und Zeitkontrollen

Aufgrund der zu beantwortenden Forschungsfrage werden im Anschluss die Innovationsbewertungsinstrumente bzw. -kriterien, die es neben regulären Budget- und Zeitkontrollen umzusetzen gilt, kurz erläutert.[302]

Sie können bedarfsabhängig mit weiteren Instrumenten des klassischen Projektmanagements gekoppelt werden (vgl. Abbildung 33).[303]

Checklisten:

Eine Checkliste stellt ein universell einsetzbares Kontrollinstrument dar, mit dessen Hilfe unterschiedliche Prüfmerkmale in Form eines Fragenkatalogs auf ihren derzeitigen Ist-Zustand hin überprüft werden.[304] In frühen Phasen eines Innovationsvorha-

300 Siehe hierzu Ausführungen in Kapitel 3.1.

301 In Anlehnung an von Ahsen: Bewertung von Innovationen, 2010, S. 47.

302 Für eine detaillierte Betrachtung der Bewertungsinstrumente siehe von Ahsen: Bewertung von Innovationen, 2010, S. 47 ff.

303 Siehe hierzu Instrumente des Projektmanagements in Kapitel 2.3.2.

304 Vgl. Drews/Hillebrand/Kärner/Peipe/Rohrschneider: Praxishandbuch Projektmanagement, 2014, S. 161.

bens bzw. vor Projektbeginn gilt der quantitative Informationsbestand häufig als nicht ausreichend, was die Auswahl geeigneter Ideen für Unternehmen hinsichtlich strategischer Fragestellungen erschwert. Insbesondere bei geplanten radikalen Innovationen behindert dieser Mangel eine geeignete Bewertung von vorliegenden Ideen bzw. daran gestellten Anforderungen. Somit lassen sich Ideen insbesondere zu Beginn nur anhand qualitativer Merkmale messen.

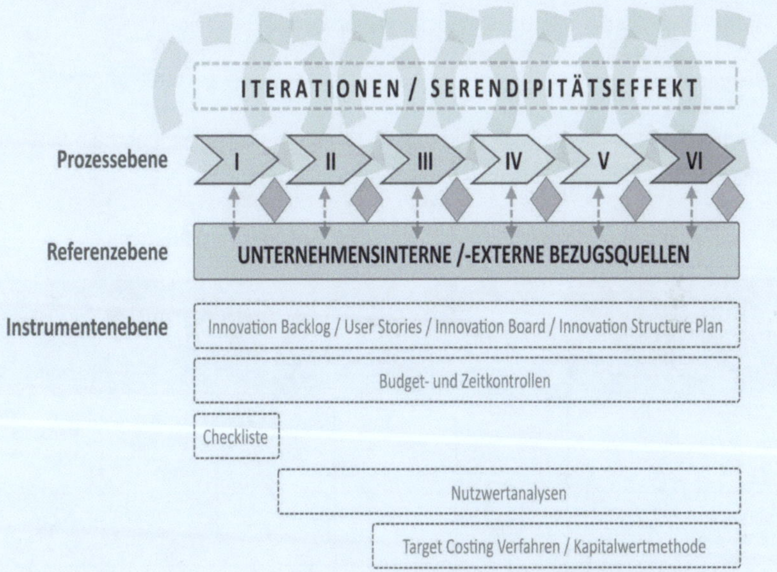

Abbildung 33: Verteilung der Instrumente und Artefakte

Sie können bedarfsabhängig mit weiteren Instrumenten des klassischen Projektmanagements gekoppelt werden (vgl. Abbildung 33).[305]

Beispielfragen qualitativer Bewertungskriterien von Innovationsvorhaben:[306]

1 Ist das Vorhaben mit der derzeitigen Unternehmensstrategie kompatibel?

2 Liegt das mögliche Innovationsvorhaben im Rahmen der unternehmerischen Kernkompetenzen?

---

305 Siehe hierzu Instrumente des Projektmanagements in Kapitel 2.3.2.

306 Vgl. von Ahsen et al.: Bewertung von Innovationen, 2010, S. 48 f.

3 Handelt es sich um eine radikale Innovation oder um eine Verbesserung eines bereits bestehenden Produktes/Prozesses?

4 Existiert bereits eine Nachfrage seitens relevanter Kunden, die eine Realisierung rechtfertigt?

5 Ist das Innovationsvorhaben mit den vorhandenen/verbleibenden Ressourcen realisierbar?

6 Erlaubt die Qualifikation der zukünftig involvierten Akteure den Start bzw. das Fortsetzen/Wiederholen des Innovationsvorhabens?

Nutzwertanalyse:

Empirischen Untersuchungen zu Folge stellt die Nutzwertanalyse innerhalb innovativer Unternehmen das am häufigsten eingesetzte Instrument dar.[307]

Tabelle 31: Beispiel Nutzwertanalyse zur Anforderungsbewertung[308]

Anforderungen	Gewicht	Idee 1		Idee 2	
		Punkte	Punkte x Gewicht	Punkte	Punkte x Gewicht
Attraktivität der Technologie	40 %	7	2,8	4	1,6
Lerneffekte	10 %	1	0,1	5	0,5
Wirtschaftlichkeit der Innovationsidee	30 %	3	0,9	5	1,5
Markteintrittsbarrieren	20 %	5	1	4	0,8
Gesamtnutzen	**100 %**	16	**4,8**	18	**4,4**

[307] Vgl. König: Forschungsbericht zum Forschungsprojekt Innovationsmanagement für Dienstleister (KMU), 2001, S. 41.

[308] In Anlehnung an Noe: Innovation 2.0, 2013, S. 307.

Sie dient der Bewertung nicht monetärer Teilziele[309] und eignet sich somit insbesondere für die Anfangsphase zur Bewertung und Priorisierung von unterschiedlichen Ideen oder Anforderungen, die im vorliegenden Modell in Form von User Stories ausformuliert dargelegt und im Innovation Backlog konkret festgehalten werden. Tabelle 32 verdeutlicht ein vereinfachtes Rechenbeispiel, in dem Idee 1 nach Gewichtung der Kriterien als geeignete Idee zur Umsetzung identifiziert wird.[310] Zur Sicherstellung, dass auf zwischenzeitlich veränderte Marktbedingungen reagiert werden kann, sind im weiteren Verlauf des Innovationsprozesses die anfangs gestellten Bewertungskriterien an den jeweiligen Meilensteinen neu zu bewerten und weitere Einflussfaktoren hinzuzufügen (vgl. Tabelle 31).

Beispielkriterien für eine Nutzwertanalyse:

Tabelle 32: Beispielkriterien zur Bewertung von Innovationen[311]

Marktattraktivität	Gewicht	1	2	3
Nutzenzuwachs für Kunden		keiner	mittel	ausgeprägt
Mitbewerber am Markt		viele	wenige/Mittel	wenige
Eintrittsbarrieren		hoch	mittel	wenige
Prognostiziertes Marktwachstum		sinkend	konstant	steigend
Nutzenzuwachs für Kunden		keiner	mittel	ausgeprägt
Risiko	**Gewicht**	**1**	**2**	**3**
Neuheitsgrad der Idee		gering	mittel	hoch
Technische Umsetzungswahrscheinlichkeit		gering	mittel	hoch
Ausreichendes Know-how zur Realisierung		nicht verfügbar	teilweise	verfügbar
Zielkunden bereits identifiziert		nein	teilweise	ja
Technologieattraktivität	**Gewicht**	**1**	**2**	**3**
Vergleichbare Technologie existent		ja	teilweise	nein
Markterschließung		kein neuer Markt	Erweiterung möglich	neuer Markt
Technologieakzeptanz		gering	mittel	hoch

309 Vgl. Noe: Innovation 2.0, 2013, S. 306 f.

310 Punktevergabe zur Bewertung der Idee zwischen 1 und 10 Punkten möglich (Synthese: 1 = schlecht; 10 = sehr gut).

311 In Anlehnung an von Ahsen et al.: Bewertung von Innovationen, 2010, S. 51 f.

Technologieattraktivität	Gewicht	1	2	3
Status der Patentlage		Patent bei Konkurrent	Patentierung nicht möglich	Patent vorhanden

Interdependenzanalysen:

Werden in einem Unternehmen mehrere Projekte gleichzeitig wahrgenommen, ist die Verträglichkeit im Vorfeld zu prüfen.[312] Zum einen lassen sich mittels dieses Verfahrens Beziehungen zwischen den unterschiedlichen Zielsetzungen der Projekte feststellen. Zum anderen werden auch mittels der umgesetzten Paarvergleiche wechselseitige Abhängigkeiten unterschiedlicher Variablen transparent dargestellt.[313] Aufgrund des begrenzten Umfangs dieses Buches wird von einer detaillierten Praxisbeschreibung abgesehen. Innerhalb der wissenschaftlichen Literatur finden sich hierzu jedoch einige Praxisbeispiele.[314]

Mögliche Fragestellungen der zu überprüfenden Interdependenzen: [315]

- Ist das neue Innovationserzeugnis B kompatibel mit den geplanten Vertriebswegen des Erzeugnisses aus Projekt A und lassen sich dadurch Investitionseinsparungen vornehmen?
- Können Räumlichkeiten für das Innovationsteam A gemeinsam mit dem Innovationsteam B genutzt werden?
- Behindert die Testphase von Innovationsteam A die Einführung des Testobjekts von Innovationsteam B oder lassen sich beide parallel innerhalb eines Testmarktes einführen?
- Lassen sich Komponenten von Innovationsprojekt A zur Realisierung von Innovationsprojekt B bereits implementieren?

Target-Costing Verfahren:

Mit Abschluss des ersten Big-Sprints beginnt die Realize-Phase bzw. der Realize-Sprint. Zu Beginn dieser Phase sind weitere Fachbereiche einzubeziehen, die Vorarbeit in Richtung Marktforschung hinsichtlich eines zu identifizierenden Zielpreises

312 Vgl. Raab/Unger/Unger: Methoden der Marketing-Forschung, 2009, S. 246.
313 Vgl. Drews/Hillebrand: Lexikon der Projektmanagementmethoden, 2007, S. 87 f.
314 Literatur für Praxisbeispiel einer Interdependenzanalyse in Heinrich/Lehner: Informationsmanagement, 2005, S. 344 ff.
315 Vgl. von Ahsen et al.: Bewertung von Innovationen, 2010, S. 54 f.

leisten. Für das Innovationserzeugnis gilt es, sofern es sich um eine Produktinnovation handelt, einen möglichen Preis zu ermitteln, den Kunden für das finale Erzeugnis zu bezahlen bereit sind.

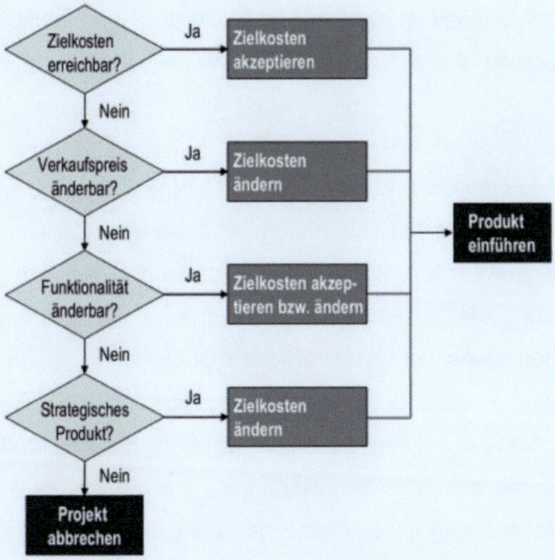

Abbildung 34: Beispielbewertung mittels Target Costing Verfahren[316]

Hierzu sind am Markt zunächst Erkundigungen bzgl. potentieller Zielkunden und Referenzerzeugnisse einzuholen und im Anschluss zu analysieren. Nachdem der Zielpreis feststeht, sind der durch den geforderten ROI ermittelte Zielgewinn von diesem abzuziehen, woraus sich die Allowable Costs ableiten lassen, also die maximale Höhe der kumulierten Kosten zur Herstellung des Innovationserzeugnisses.[317] Für das Innovationsteam innerhalb des 3-2-1-Modells ergibt sich an dieser Stelle eine neue Herausforderung. Mit Abzug des Zielgewinns wird dem Entwicklungsteam die Restriktion vorgegeben, wie viel ein Innovationserzeugnis maximal kosten darf. Demnach empfiehlt sich der Einsatz des Target Costings bereits während der Produktkonzept- und Prozesskonzeptphase, ohne dabei gravierende Einschränkungen in den kreativen Prozess vorzunehmen (vgl. Abbildung 34). Eventuelle Kosteneinsparungspoten-

316 Fischer: Kostenbewusstes Konstruieren, 2008, S. 63, in Anlehnung an Cooper/Slagmulder: Target Costing and Value Engineering, 1997, S. 116.

317 Vgl. Gassmann/Granig: Innovationsmanagement, 2013, S. 136.

tiale gilt es, innerhalb dieser Phasen permanent seitens der involvierten Akteure zu identifizieren und zu fokussieren.

Beispielkriterien für einen Abbruch des Innovationsvorhabens:

- Der ermittelte Zielpreis ist langfristig im Markt nicht durchsetzbar
- Eine Realisierung ist unter den ermittelten Allowable Costs nicht möglich

Kapitalwertmethod:

Zur Ermittlung des möglichen wirtschaftlichen Erfolgs eines Innovationsvorhabens für KMU ist laut dem Modell von von Ahsen et al. bereits während der Konzeptionierungsphase die Anwendung der Kapitalwertmethode vorgesehen. Das Verfahren dient der Abzinsung sämtlicher zukünftig erwarteten Zahlungsströme zu unterschiedlichen Zeitpunkten sowie zur wirtschaftlichen Überprüfung von getätigten Investitionen.[318] Die einfache Anwendung und die flexiblen Anpassungsmöglichkeiten über den gesamten Verlauf hinweg gestatten es Entscheidungsträgern, hinreichende Prognosen über die monetäre Vorteilhaftigkeit innovativer Projekte zu treffen und innerhalb von Meilensteingrenzen über Fortführung oder Abbruch zu entscheiden.

Kriterien für Fortführung und Abbruch eines Innovationsvorhabens:

- Kapitalwert < 0 → Abbruch des Innovationsvorhabens
- Kapitalwert = 0 → Abwägung unter Berücksichtigung weiterer Einflussfaktoren
- Kapitalwert > 0 → Fortführung des Innovationsvorhabens

4.2.3 Review-Typen

Der Innovationsprozess durchläuft dem agilen Ansatz entsprechend unterschiedliche Reviews am Ende eines jeden Sprints. Am Ende eines Low-Sprints werden hierzu Team-Reviews einberufen. Nach dem Durchlaufen eines Big-Sprints hat die Bewertung der Ergebnisse im Rahmen einer Sprint-Review zu erfolgen. Endet der gesamte Innovationsprozess, erfolgt die abschließende Retrospektive. Zur Bewertung der jeweiligen Sprints sind zusätzlich zu den nachfolgend beschriebenen Inhalten die für den Sprint-Typen relevanten Ideenbewertungsverfahren aus Kapitel 4.2.2.3 in ihrer jeweiligen Klassifizierung heranzuziehen. Jeder Review-Typ, mit Ausnahme der Daily Reviews, stellt somit einen Meilenstein innerhalb des Phasenmodells dar. Ferner gel-

[318] Vgl. Hoffbauer/Sangl: Professionelles Produktmanagement, 2011, S. 410.

ten für die unterschiedlichen Review-Typen die definierten Review-Regeln. Das Festlegen geeigneter Evaluationspunkte dient der Erfüllung der Kriterien 2 und 3 in Kapitel 4.1.

Review-Regeln:

Ein Low-Sprint oder ein Big-Sprint können maximal dreimal wiederholt werden.[319] Die dritte Einberufung einer Team-Review durch den Innovation Manager für den gleichen Sprint in Folge erfordert die Anwesenheit des Innovation Owners, der über die Fortführung oder den Abbruch und somit die Auflösung des bestehenden Teams entscheidet. Jeder Sprint kann im Anschluss durch ein neues Innovation Team gestartet oder fortgesetzt werden. Hierzu sind bereits nach der zweiten Review geeignete Mitglieder zu identifizieren. Scheitert das Vorhaben nach drei weiteren Anläufen erneut, kann ein automatischer Abbruch des Innovationsvorhabens bzw. Projekts erfolgen, sofern der noch ausstehende Aufwand die Nutzenprognosen übersteigt und die kalkulierten Ressourcen des jeweiligen Sprints aufgebraucht sind.

Resultierender Effekt:

Mit Einführung der Review-Regeln wird dem Design-Thinking Ansatz entspreched ein neuer Sicherungsmechanismus innerhalb des Projekts generiert, der den Innovationsprozess beschleunigt und zugleich das Scheitern bzw. zu lange Hinauszögern einer Abbruchentscheidung verhindert.

Tabelle 33: Sprintlaufzeiten

Laufzeiten	**Low-Sprint**	**Big-Sprint**			**Innovation-prozess**
Idealtypische Laufzeit in Tagen	10	Concept 30	Realize 20	Sale 10	60
Höchstlaufzeit in Tagen	60	Concept 180	Realize 120	Sale 60	360

319 Die Begrenzung dient der Veranschaulichung und ist je nach Projektumfang und Ressourcenkapazität individuell für den Planungsprozess anzupassen.

Den Review-Regeln entsprechend, durchläuft ein Innovationsprozess somit abhängig von der individuell festzulegenden Low-Sprint Dauer eine angestrebte/maximale idealtypische Laufzeit, jedoch auch eine Höchstlaufzeit, wodurch das Ende eines Big-Sprints und Innovationsvorhabens planbar gemacht wird. Im nachfoldenden Beispiel wird eine maximale Sprintlaufzeit von zehn Tagen für jeden Low-Sprint unterstellt (vgl. Tabelle 33).

4.2.3.1 Daily Review

In Anlehung an die beschriebenen agilen Methode sind tägliche Teammeetings ebenfalls als fester Bestandteil des 3-2-1-Innovationsmodells zu definieren. Eine Daily Review hat ausschließlich innerhalb des definierten Innovationsteams (Kernteam und Flexible Sprinter) zu erfolgen. Die Bedeutung dieser Vorgehensweise konnte bereits in den Analysen in Kapitel 3 hinreichend festgestellt werden und gilt als unverzichtbar innerhalb agiler Prozesse. Ziel ist es, innerhalb von wenigen Minuten[320] zu erfassen, die Aufgaben seit der vergangenen Daily Review bearbeitet/abgeschlossen wurden und die es bis zur nächsten Daily Review zu bearbeiten gilt. Ferner sind seitdem aufgetretene Problemfelder darzulegen.[321] Sieht sich das Team außer Stande, die Problemfelder selbstständig lösen zu können, hat der Sprintleiter den Innovation Manager mit der Lösung des Problems zu beauftragen. Für die zeitliche und methodische Einhaltung einer Daily Review ist der Sprintleiter ebenfalls direkt verantwortlich.

4.2.3.2 Team Review

Unmittelbar mit Ablauf der Frist eines zurückliegenden Low-Sprints erfolgt eine „Team-Review“, an der erstmals der Innovation Manager administrativ aktiv wird und die finale Entscheidung über die Überführung der Ergebnisse in den nächsten Sprint-Typen trifft. Der Innovation Manager entscheidet jedoch nicht über den Abbruch des gesamten Innovationsvorhabens. Diese Entscheidung obliegt den Ausführungen gemäß Kapitel 4.2.1.1 ausschließlich dem Innovation Owner nach Rücksprache mit dem Innovation Manager. An jeder Team Review haben neben dem Kernteam, das ausschließlich zur Beantwortung konkreter Fragestellungen seitens der anwesenden Parteien Stellung bezieht, jeweils sämtliche vergangenen und zukünftigen Sprintleiter

[320] Scrum sieht für einen Daily Scrum eine Dauer von maximal 15 Minuten vor.

[321] Die Daily Review erfolgt nach der in Kapitel 3.1.2.1 beschriebenen Vorgehensweise eines Daily Scrums.

des aktuellen Big-Sprints teilzunehmen. Die Anwesenheit dieser Personen ist von großer Bedeutung, da sie erstmals entweder mit ihrer zukünftigen Aufgabenstellung oder mit den auf ihrer Arbeit aufbauenden resultierenden Fortschritten konfrontiert werden, sofern sie nicht bereits im Vorfeld in das Projektgeschehen involviert waren. Ferner erhalten sie einen unbefangenen Überblick über die angewendete Methodik, bereits gestarteten Aktivitäten und bewerten somit objektiv, ob ihre vorliegende Aufgabenstellung mit den ermittelten Ergebnissen für ihre Tätigkeiten umsetzbar ist oder ob ein spezieller bzw. notwendiger Optimierungsbedarf für eine effektive Bearbeitung besteht. Sofern der zu bewertende Sprint wiederholt werden muss, können diese Personen zusätzlich zur Unterstützung in das jeweilige Team integriert werden. Ansonsten sind, sofern das vorliegende Ergebnis diese Maßnahme zulässt, Vorbereitungen für die nachfolgenden Sprints vorzunehmen, wodurch Leerlauf- oder Wartezeiten reduziert bzw. komplett umgangen werden. Im Verlauf der Review lassen sich neue Anforderungen bzw. Potentiale zur Optimierung identifizieren, die parallel zu den aktuellen oder bevorstehenden Sprintaktivitäten im Falle einer Fortführungsentscheidung bearbeitet werden können (vgl. Tabelle 34).

Dies erhöht zudem die Chancen für das Auftreten eines Serendipitäts-Effektes. Die Teilnahme des bzw. der Urheber(s) der Idee ist für jede Team Review anzustreben. Der ersten Team Review wird die erste User Story aus Sicht des Urhebers der finalen fiktiven User Story gegenübergestellt. Das Ziel liegt für alle Parteien darin, neue Anforderungen und Wünsche zu identifizieren und/oder bestehende Ergebnisse durch diese zu verifizieren. Der Innovation Manager hat diese Informationen zu erfassen und im Anschluss der Präsentation dem Innovation Owner darzulegen, damit das Innovation Backlog angepasst werden kann.

Zu präsentierende Inhalte durch den Sprintleiter:

Tabelle 34: Präsentationsinhalte einer Review

Low-Sprint	**Inhalte**
Allgemein	User Stories / Aufgabenpakete Innovation Board (Innovation Structure Plan)
Planung & Ist-Zustand	Marktanalysen
Ideation & Produktkonzept	Derzeitiger Stand des Konzeptes / vollständiges Konzept Modelle, Skizzen, erste Prototypen

Low-Sprint	Inhalte
Ideation & Prozesskonzept	Derzeitiger Stand des Konzeptes / vollständiges Konzept Modelle, Skizzen, erste Prototypen
Anpassung & Prototyping	Stand der Anpassung und Produktion Funktionsfähiger Prototyp
Test & Validierung	Marktreifer Prototyp Soll-Kennzahlen (z. B. Absatzvolumina, Zielpreis)
Umsetzung & Einführung	Marketingplan Marktanalysen Ist-Kennzahlen (z. B. Absatzvolumina, durchgesetzter Zielpreis)

Meyerbröker, langjähriger Berater für Projektmanagementmethoden, empfiehlt allerdings eine Begrenzung des Handlungsspielraums für Anforderungsänderungen mit steigendem Fortschritt eines Projekts. So ist das veränderbare Lastenvolumen bei einem Einsatz von klassischen Lastenheften prozentual im Vorfeld zu definieren. Meyerbröker empfiehlt, dass von 100 definierten Anforderungen maximal zwischen zehn und 20 Prozent veränderbar sein sollten, um den kontinuierlichen Prozessfluss nicht zu stören.[322] Diese Handlungsempfehlung wird auf das vorliegende Innovation Backlog projiziert, da der Einsatz eines klassischen Lastenhefts innerhalb dieses Modells nicht vorgesehen ist, jedoch einige Parallelen aufweist. Demnach ist somit auch der Einfluss des Urheberbers bzw. Kunden zu limitieren, um Innovationsvorhaben nicht durch ständige Veränderungsprozesse zu gefährden. Die Review sollte nach maximal 90 Minuten[323] beendet und eine endgültige Entscheidung über die Fortführung oder Wiederholung bis zum nächsten Tagesmeeting getroffen sein. Eine Abbruchentscheidung seitens des Innovation Owners hat spätestens bis zur nächsten Team bzw. Sprint Review zu erfolgen, sodass seine Teilnahme zwingend erforderlich ist. Das Team erhält demzufolge für die Dauer eines Low-Sprints die Gelegenheit, die erfassten Defizite und Kritikpunkte zu beheben und einen Abbruch abzuwenden. Eine Fortführungsentscheidung hingegen sieht die Übergabe der finalen Ergebnisse des aktuellen Sprintleiters an den Sprintleiter des nachgelagerten

322 Vgl. Meyerbröker/Kirchhof/Kraft: Agiles Projektmanagement, in: Projektmagazin/Spotlight, agiles Projektmanagement – Ein Überblick, 2014, S. 19.

323 Vgl. Gloger: Scrum – Produkte zuverlässig und schnell entwickeln, 2008, S. 2010.

Sprints vor. Weiterhin hat der Innovation Manager eine Zusammenfassung der Team-Reviews für den Innovation Owner auszuarbeiten und an ihn zu übergeben. Sofern das Sprintende nach einer Team-Review zusätzlich eine Sprint Review vorsieht, sind die dazu notwendigen Vorkehrungen direkt im Anschluss zu treffen. Die Team-Review dient der Ergebnisbewertung und als Berechtigungsgrundlage zur Übergabe der vorliegenden Ergebnisse in den nächstgelagerten Low-Sprint. Eine Überführungsentscheidung ist ausschließlich zu treffen, wenn das vorliegende Ergebnis durch den Urheber vollständig abgenommen und die Qualität und Funktionalität des Ergebnisses eine weitere Überführung bzw. Bearbeitung erlaubt. Nach Abschluss der Ergebnispräsentation gilt es, teamintern den zurückliegenden Low-Sprint zu reflektieren und Optimierungspotentiale festzustellen (vgl. Tabelle 35).

Tabelle 35: Team-Review-Summary

Merkmale der Review	**Inhalt**
Moderation der Reviews	Sprintleiter des aktuellen Sprints
Review Dauer	90 Min.
Weitere Anwesende	Innovation Manager Innovation Team Urheber (Kunde, Mitarbeiter, Zielnutzer) Alle Sprintleiter des jeweiligen Big-Sprints
Vorzustellende Inhalte	Aktuelle fiktive User Story / User Stories des vorgelagerten Prozesses Innovation Board
Aufgabe des Innovation Teams	Teilnahme ausschließlich zur Beantwortung konkreter Fragestellung seitens anwesender Parteien
Aufgabe des Sprintleiters	Präsentation der Inhalte Erfassung der veränderten/neuen Urheberanforderungen & sämtlicher Optimierungspotentiale
Aufgabe des Innovation Managers	Bewertung des Low-Sprints Erfassung der veränderten/neuen Urheberanforderungen Übergabe der neuen Anforderungen an Innovation Owner
Aufgabe des Innovation Owners	Überführung der veränderten Anforderungen in das Innovation Backlog

Merkmale der Review	Inhalt
Entscheidung am Ende der Review	Fortführung / Wiederholung des Sprints

4.2.3.3 Sprint Review

Am Ende eines Big-Sprints und nach der Fortführungsentscheidung der letzten Team Review durch den Innovation Manager erfolgt direkt im Anschluss die „Sprint-Review" (vgl. Tabelle 36). An dieser Stelle tritt der Innovation Owner in den Vordergrund und hat den gesamten Big-Sprint zu bewerten und abzunehmen. Die primäre Aufgabe liegt in der Gesamtbewertung des Big-Sprints anhand höherer Bewerungskriterien, unter anderen mit dem starken Fokus auf betriebswirtschaftliche Kennzahlen, und im Treffen einer Fortführungs-/Wiederholungs-/Abbruchentscheidung.

Zu präsentierende Inhalte durch den Innovation Manager:

1. Komprimierte Darstellung der Team Reviews des zurückliegenden Big-Sprints
2. Endergebnisse der jeweiligen Low-Sprints
3. Betriebswirtschaftliche Kennzahlen

Tabelle 36: Sprint-Review-Summary

Merkmale der Reviews	Inhalt
Moderation der Review	Innovation Manager
Review Dauer	90 Min.
Weitere Anwesende	Innovation Owner Urheber (Kunde, Mitarbeiter, Zielnutzer) Alle Sprintleiter des jeweiligen Big-Sprints
Vorzustellende Inhalte	Aktuelle fiktive User Story / Sammlung der bisherigen fiktiven User Stories Innovation-Structure Plan Prozentualer Projektfortschritt
Aufgabe des Innovation Teams	Von Teilnahme ausgeschlossen

Merkmale der Reviews	Inhalt
Aufgabe der Sprintleiter	Teilnahme ausschließlich zur Beantwortung konkreter Fragestellung seitens anwesender Parteien
Aufgabe des Innovation Managers	Präsentation der ermittelten Ergebnisse
Aufgabe des Innovation Owners	Bewertung des Low-Sprints Entscheidung über Fortführung/Wiederholung /Abbruch des Vorhabens Bereitstellung weiterer Mittel Erfassung der veränderten/neuen Urheberanforderungen Überführung der veränderten Anforderungen in das Innovation Backlog
Entscheidung am Ende der Review	Fortführung/Wiederholung/Abbruch des Vorhabens

Abweichend von der Vorgehensweise der Team Review, hat die Präsentation der Ergebnisse durch den Innovation Manager zu erfolgen. Weiterhin besteht keine Anwesenheitspflicht für das Kernteam, sondern ausschließlich für alle Sprintleiter des zu bewertenden Big-Sprints und für den Urheber. Am Ende der jeweiligen Präsentation müssen folgende Entscheidungen getroffen werden:

4. Bereitstellung weiterer Mittel
5. Fortführung/Wiederholung des Big- bzw. einzelner Low-Sprints oder Abbruch des Projektes.

Jede Sprint Review ist mit einem weitreichenden Einfluss auf die strategische Ausrichtung des Unternehmens verbunden. Die Entscheidung hat auf Grundlage der für den jeweiligen Big-Sprint identifizierten Innovationsbewertungsinstrumente zu erfolgen, deren Bearbeitung dem Innovation Owner unterliegt. Zum Sprint Review kann gegebenfalls der Innovation Manager hinzugezogen werden. Für die Sprintleiter gilt es, im Anschluss an die Ergebnispräsentation die zurückliegenden Big-Sprints zu reflektieren und Optimierungspotentiale festzustellen und festzuhalten.

4.2.3.4 Retrospektive

Die Retrospektive dient der Reflektion des Gesamtvorhabens und somit der Summe aller gesammelten Erkenntnisse der zurückliegenden Sprint Reviews bzw. Big-Sprints (vgl. Tabelle 37).

Tabelle 37: Retrospektive-Summary

Merkmale der Reviews	Inhalt
Moderation der Reviews	Innovation Owner
Review Dauer	120 Min.
Weitere Anwesende	Innovation Owner Urheber (Kunde, Mitarbeiter, Zielnutzer) Sprintleiter sämtlicher Big-Sprints
Vorzustellende Inhalte	Finales Ergebnis des Innovationsvorhabens Zwischenergebnisse der Team Reviews Feedback des Marktes/Teams
Aufgabe des Innovation Teams	Von Teilnahme ausgeschlossen
Aufgabe der Sprintleiter	Teilnahme ausschließlich zur Beantwortung konkreter Fragestellungen seitens anwesender Parteien
Aufgabe des Innovation Managers	Erfassung der Erfolgs- und Misserfolgsfaktoren des Projektes
Aufgabe des Innovation Owners	Bewertung des Innovationsvorhabens Einholung des Team Feedbacks
Entscheidung am Ende der Review	Abschluss des Projektes

Diese ist als Abschlussdiskussion zu klassifizieren, die durch den Innovation Owner moderiert und zu dessen Teilnahme der Innovation Manager, sämtliche Sprintleiter sowie der Urheber verpflichtet werden. Vorgestellt werden das finale Endergebnis und Teilergebnisse der jeweiligen finalen Sprint- bzw. Team Reviews. Aus der Retrospektive sollen primär Optimierungspotentiale hervorgehen, die für nachfolgende Projekte genutzt werden können. Die Retrospektive sieht im Anschluss aus einer linearen Betrachtungsweise heraus die Auflösung der jeweiligen Innovation Teams vor.

4.2.4 Concept-Sprint

Aus der klassischen Sicht stellen die Planung- und Ideengenerierungsphasen stets den Beginn eines Innovationsprozesses dar. Der Concept-Sprint greift diese Elemente ebenfalls auf. Während jedoch viele Modelle unterschiedliche Herangehensweisen und nur einen geringen Detailierungsgrad bei der Beschreibung dieser Phasen aufweisen, gilt es, diese Phasen in Form von Low-Sprints näher zu betrachten. Geschka machte die große Bedeutung einer frühen Planungsphase und Festlegung von Projektzuständigkeiten deutlich und verweist ferner darauf, dass nicht nur die strategische, sondern auch die operative Planung weitaus flexibler gestaltet werden muss.[324] Wie bereits dargelegt werden konnte, dient der Concept-Sprint ausschließlich der Erarbeitung theoretischer Konzepte. Er bringt maximal nicht markttaugliche, jedoch funktionsfähige Prototypen in Form von Skizzen oder Modellen zur Visualisierung hervor. Die Abgrenzung ist mit der Wolkenphase im Modell nach Gassmann/Sutter[325] vergleichbar und verhindert im Vorfeld, dass Projekte, die sich im weiteren Verlauf als weniger erfolgsversprechend herausstellen, einen zu frühen Einfluss auf das bestehende Zielsystem ausüben und zu hohe Kosten hervorrufen.

4.2.4.1 Planung und Ist-Zustand

Der Anstoß für ein Innovationsvorhaben erfolgt auf Grundlage einer bekannten Problemstellung oder durch die Vermutung über ein zukünftig bestehendes Bedürfnis auf Basis eines internen oder externen Urhebers. Die Identifikation und Konkretisierung einer derartigen Idee kann hierzu auf unterschiedlichen Wegen erfolgen: zum einen durch die aktive Suche des untersuchenden Unternehmens selbst (z. B. Marktrecherchen, durch betriebsinterne Ideenboxen, in die Mitarbeiter innerhalb eines Jahres kontinuierlich Versbesserungsvorschläge einreichen, durch ermittelte Kundenbeschwerden seitens Serviceschnittstellen)[326] oder zum anderen durch einen unternehmensexternen Input seitens Kunden, Kooperationspartnern oder sonstigen Bezugsquellen. Insbesondere ab einer Unternehmensgröße mit über 50 Mitarbeitern wird für KMU eine intensive Auseinandersetzung mit dem Marktgeschehen des Zielsystems empfohlen.[327] Für die aktive Ermittlung möglicher Themenfelder sieht das Modell bereits die Verwendung der Vorphase vor, deren Datenbestand innerhalb des

324 Siehe hierzu Hauptphase 0 nach Modell Geschka in Kapitel 3.1.1.3.
325 Siehe hierzu Modell nach Gassmann/Sutter in Kapitel 3.1.1.8.
326 Siehe hierzu Hauptphase 0 nach Modell Geschka in Kapitel 3.1.1.3.
327 Vgl. Rüggeberg/Burmester: Innovationsprozesse in KMU, 2008, S. 26.

ersten Low-Sprints komplettiert wird. Wurden potentielle Ideen bzw. Themenfelder erkannt, aus denen ein realistischer und signifikanter Nutzen abgeleitet werden kann, erfolgt die Ernennung eines Projektbeauftragten (Innovation Owners)[328] seitens der Entscheidungsträgerinstanz der strategischen Ebene. Zu Beginn werden die zu den Ideen bereits vorliegenden Sachverhalte zur Problemstellung und weitere Informationen zunächst durch diesen anhand qualitativer Kriterien[329] bewertet, erste Einschätzungen über bevorstehende Aufwendungen vorgenommen und ein geeigneter Kandidat für die Rolle des Innnovation Managers[330] ausgewählt. Derartige Schätzungen sind zu Projektbeginn häufig sowohl instabil als auch unpräzise und somit auf Basis des vorliegenden Wissens und auf Grundlage von Erfahrungen zu treffen.[331] In Kooperation mit dem Urheber der Idee, sofern es sich hierbei nicht um den Innovation Owner selbst handelt, sind in einem ersten gemeinsamen Kick-Off-Meeting Überlegungen über gemeinschaftliche Ziele zu präzisieren und erste Basis-Anforderungen bezüglich des zu generierenden Ergebnisses auszuarbeiten, zu definieren und festzuhalten. Besteht nur eine grobe Vorstellung zu einer Idee, tritt anstelle der Anforderungen nur eine grobe Beschreibung des Themas (z. B. erhoffter Kundennutzen, kritisierte Merkmale an bereits bestehenden Produkten). Allerdings sind spätestens nach der ersten Iteration des ersten Low-Sprints als Initialphase eindeutige Anforderungen zu definieren. Für den weiteren Erfolg der bevorstehenden Projektarbeit ist es von zentraler Bedeutung, dass dem Innovation Manager sämtliche zur Problemstellung bereits vorliegenden Informationen beider Seiten zur Verfügung gestellt werden und ein Kommunikationspartner seitens des Urhebers als Schnittstelle zugewiesen wird, sofern dieser nicht aus dem unternehmensinternen Umfeld stammt. Ziel ist die Sicherstellung eines kontinuierlichen und stabilen Austauschs von relevanten Informationen zwischen beiden Parteien für die Dauer des gesamten Innovationsvorhabens. Der Innovation Owner synthetisiert im Anschluss die vorliegenden Informationen in konkret umzusetzende Anforderungen in Form einer Basis-User Story (User Story#0) und überführt die Ergebnisse anschließend in das Innovation Backlog. Ferner skizziert er einen ersten groben Projektplan und legt sowohl das Budget als auch einen Startpunkt und eine fiktive Laufzeit der Low-Sprints als Orientierungspunkt fest. Parallel verfolgt der Innovation Manager die Auswahl geeigneter Mitglieder für das

328 Siehe hierzu Rollenbeschreibung Innovation Owner in Kapitel 4.2.1.1.
329 Siehe hierzu qualitative Bewertungskriterien in Kapitel 4.2.2.3.
330 Siehe hierzu Rollenbeschreibung Innovation Managers in Kapitel 4.2.1.2.
331 Vgl. Sohnemann: Hürden zur Agilität (8), 2013, abgerufen am 27.12.2014.

operative Innovation Team[332]. Sind beide Aufgabenbereiche abgeschlossen, erfolgt die Priorisierung der Anforderungen durch den Innovation Owner und den Innovation Manager und eine Selektion bestimmter Anforderungen, die es im ersten Sprint durch das Innovation Team zu behandeln und in einem Sprint Backlog[333] festzuhalten gilt.[334] Im Anschluss ist ein zweites Kick-Off Meeting einzuberufen. Dieses dient der Präsentation der Basis-User Story aus Sicht des Urhebers, des fertigstellten Innovation Backlogs, des Sprint Backlogs und der groben Zeit- und Budgetplanung durch Innovation Owner und Innovation Manager gegenüber Projektteam und Urheber. Ziel ist, ein einheitliches Verständnis über das bevorstehende Vorhaben zu schaffen und das Sprint Backlog mit dem Innovationsteam abzustimmen. Am Ende der Präsentation schließen sämtliche Parteien ein Commitment zur Realisierung des Projektes und zur Bearbeitung des ersten Low-Sprints ab. Im direkten Anschluss an das zweite Kick-Off-Meeting übergibt der Innovation Owner das weitere Projektgeschehen dem Innovation Manager, dessen weitere Aufgabe darin besteht, das Projektteam auf die Vorgehensweise und die anzuwendenden Methoden und Instrumente vorzubereiten. Der Zeitaufwand für die Vorbereitungsphase des Teams ist möglichst gering zu halten. Es gilt ausschließlich, ein Basiswissen zu schaffen und keine Vorgehensweise detailliert vorzuschreiben, um Kreativitätseinschränkungen vorzubeugen. Ferner ist in diesem Zeitraum ein Sprintleiter[335] innerhalb des Teams zu ernennen, der die Verantwortung über die Ideengenerierungsphase(n) zur konkreten Problemlösung innerhalb des Low-Sprints bzw. über den gesamten Big-Sprint übernimmt, die Arbeitspakete bzw. User Stories abnimmt und am Ende in der Team Review vorstellt. Mit Abschluss der Vorbereitungen beginnt die Ermittlung des tatsächlichen Ist-Zustandes (vgl. Abbildung 35).

Summary Box
- Identifikation einer Problemstellung durch IO//Urheber - Bewertung des vorliegenden Informationsbestandes durch IO - Auswahl des Innovation Managers durch IO

332 Siehe hierzu Rollenbeschreibung Innovation Team in Kapitel 4.2.1.4.
333 Siehe hierzu die Begriffserklärung Sprint Backlog in Kapitel 3.1.2.1.
334 Siehe hierzu Aufgaben des Product Owners in Kapitel 3.1.2.1.
335 Siehe hierzu Rollenbeschreibung des Sprintleiters in Kapitel 4.2.1.3.

Summary Box
- Erstes Kick-Off-Meeting mit IO/IM/Urheber
- Erstellung des Innovation Backlog und Konkretisierung der Big-Sprints durch IO
- Auswahl der Mitglieder des Innovationsteams durch IM
- Zweites Kick-Off-Meeting mit IO/IM/IT/Urheber → Commitment
- Übergabe der Verantwortung an IM durch IO
- Vorbereitungsphase des Teams

Abbildung 35: Summary Box Planung und Ist-Zustand

Ermittlung des Ist-Zustandes:

Das Team beginnt auf Basis des Sprint Backlog und der Basis-User Story mit der Selbstorganisation zum weiteren Vorgehen (vgl. Abbildung 36). Hierzu sind die gestellten Anforderungen aus dem Sprint Backlog zunächst in konkrete Arbeitspakete zu transformieren. Für die im weiteren Verlauf stattfindende Ideengewinnung zur Problemlösung ist es ferner primär erforderlich, dass sich das operative Team selbstständig sämtliche relevanten Informationen über das zu behandelnde Thema beschafft und ein einheitliches, fundiertes Basiswissen über den Ist-Zustand erlangt. Die gleiche Vorgehensweise wird nach dem Modell Cooper/Kleinschmidt empfohlen, um mögliche Defizite des Wissensbestandes zu kompensieren.[336] Dabei ist darauf zu achten, dass sich die gewonnenen Erkenntnisse nicht nur auf unternehmensinternes Wissen stützen. Für die Informationsbeschaffung ist die Vorgehensweise des Design Thinking Ansatzes heranzuziehen, der ebenfalls mit der Ermittlung des Ist-Zustandes beginnt, in seinen Überlegungen jedoch im weiteren Verlauf externes Wissen mittels Expertenbefragungen einbezieht.[337] Für das Team besteht die Aufgabe darin, sowohl im relevanten externen Suchfeld/Zielsystem als auch in den unternehmensinternen Fachabteilungen (z. B. Vertrieb, Kundensupport) gezielt nach Referenzergebnissen (z. B. zu bereits bestehenden Produkten, zu vergleichbaren Fertigungssystemen, zum Vorliegen von Kundenbeschwerden) und möglichen Kooperationspartnern zu suchen und sich sämtliche relevanten Kontaktdaten und Informationen zu beschaffen, die zur Bearbeitung der Problemstellung und Ermittlung weiterer Anforderungen

[336] Siehe hierzu Detailanalyse in Modell nach Cooper/Kleinschmidt in Kapitel 3.1.1.6.
[337] Siehe hierzu Analysephase des Ist-Zustandes in Kapitel 3.1.2.5.

erforderlich sind. Der Aufwand kann durch ein bereits etabliert innovationsförderndes System, wie in Kapitel 4.1.2.2 beschrieben, erheblich gemindert werden und macht bereits sehr früh die Bedeutung dieser Vorphase deutlich. Im weiteren Verlauf hat das Team sich u. a. mit folgenden Fragestellungen auseinanderzusetzen:

1. Verlangt oder erlaubt die Aufgabenstellung eine Kooperation mit anderen Unternehmen oder wissenschaftlichen Institutionen?
2. Wurde eine ähnliche Aufgabenstellung intern oder extern bereits behandelt und existieren Aufzeichnungen bzw. zugängliche Informationsbestände über diese Sachverhalte?
3. Existieren potentielle Interessenten, die relevante Informationen liefern können?
4. Erscheint eine Realisierung der Idee/der Anforderung/des Arbeitspaketes nach ersten Einschätzungen sinnvoll?

Auch die Modelle nach Reichwald/Piller und Gassmann/Suttner, Rothwell und Kline/Rosenberg setzen in ihrem Modell den Fokus auf eine frühe Integration externer Bezugsquellen. Der Innovation Manager hat diesbezüglich allerdings im Vorfeld Grenzen festzulegen, um sicherzustellen, dass sich das Team in seinem Vorhaben nicht übernimmt und der Aufwand nicht den gewünschten Nutzen übersteigt. Hierzu eignet sich der Einsatz des Innovation Boards[338], mit dem die jeweiligen Zuständigkeiten zu den anstehenden Aufgabenpaketen (z. B. Interviews, Feldbeobachtungen/-experimente durch Person X) im Team festgeschrieben und der Status der Abläufe visualisiert werden.

Insbesondere bei Prozessinnovationen bietet sich die Gelegenheit, Teammitglieder vorübergehend in einer betroffenen Abteilung in das Geschehen zu integrieren, eigene Erfahrungen sammeln zu lassen und sich in Zusammenarbeit mit den jeweiligen Personengruppen bereits möglichen Lösungsansätzen anzunähern. Sind alle relevanten Informationen zusammengetragen, hat das Team die neu ermittelten Informationen in Form von <u>echten</u> User Stories[339] zu beschreiben. Anderweitige Datenbestände, die nicht aus persönlichen Interaktionen, wie z. B. Interviewtätigkeiten resultieren, werden hingegen innerhalb <u>fiktiver</u> User Stories festgehalten.

---

338 Siehe hierzu die Begriffserklärung Innovation Board in Kapitel 4.2.2.2.
339 Siehe hierzu die Begriffserklärung User Stories in Kapitel 4.2.2.1.

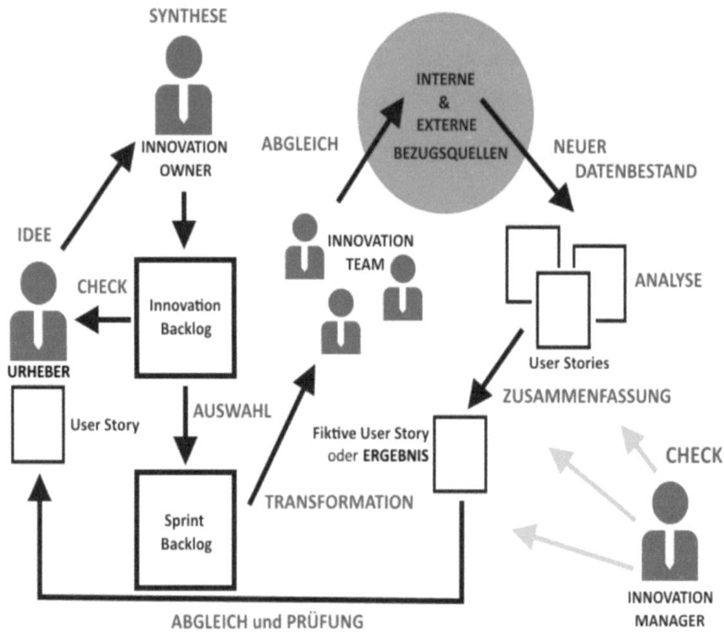

Abbildung 36: Ermittlung des IST-Zustandes

Dabei ist es nach dem Design-Thinking Ansatz nicht ungewöhnlich, wenn ein Sachgegenstand zur Darlegung seiner Funktionen oder Nutzen aus Sicht eines Objektes beschrieben wird. Danach gilt es, im Anschluss an die Daily-Review die User Stories vom jeweiligen Autor aus der Ich-Perspektive zu schildern und erstmals sowohl Hinweise auf mögliche Problemfelder als auch Lösungsansätze und neue Anforderungen hervorzuheben. Im direkten Anschluss an die Präsentation der einzelnen User Stories werden die gewonnenen Erkenntnisse im Team analysiert, diskutiert und bewertet. Es gilt, prägnante Ähnlichkeiten und Unterschiede zwischen den einzelnen Aussagen festzustellen und zur Komplexitätsreduktion möglichst zu einer einzigen, fiktiven User Story aus der Sicht des Innovationsteams zusammenzufassen. Alternativ kann ein einfaches User-Story Board[340] zur Komprimierung und Visualisierung erarbeitet werden, in dem die klar definierten Anforderungen in Bezug zu den jeweili-

340 Siehe hierzu Beschreibung User Story Board in Kapitel 4.2.2.2.

gen Quellen gesetzt und die wesentlichen Erkenntnisse dargelegt werden. Die alten User-Stories sind im Gegensatz zur Scrum-Methodik zu archivieren und für eine nachträgliche Betrachtung bereitzustellen.

Ziel ist es, im späteren Verlauf Lösungsvorschläge für die sowohl durch den Urheber gestellten als auch neu ermittelten Anforderungen innerhalb des Teams und im Idealfall mit den identifizierten Experten gemeinsam zu erarbeiten. Beide User Stories (User Story des Urhebers und neue fiktive User Story) oder das User Story Board in Verbindung mit den Ursprungsdokumenten werden am Ende des Low-Sprints innerhalb der Team Review[341] dem Urheber und Innovation Manager vom Sprintleiter präsentiert. Das Ziel besteht darin, von den ursprünglichen Vorstellungen des Urhebers ausgehend die neuen Erkenntnisse und möglichen neuen Anforderungen darzulegen und bereits vorliegende Lösungsmöglichkeiten gemeinsam zu bewerten und abzunehmen. Ferner ist es dem Urheber aufgrund der neuen Sachlage möglich, Änderungen oder neue Vorschläge vorzubringen. Dies verhindert, dass das gewünschte Ergebnis im weiteren Verlauf am Urheber bzw. Kunden vorbeioptimiert oder auf eventuell mögliche Lösungsalternativen verzichtet wird.[342]

Handelt es sich dabei um gravierende Änderungen, sodass sich die Zielformulierung ändert oder werden die Qualität oder Quantität der Informationen von beiden Parteien als nicht ausreichend bewertet, sind die vorangegangenen Aktivitäten zu wiederholen und zu intensivieren. Der jeweilige Status sowohl abgeschlossener als auch offenstehender Anforderungen, jedoch auch neu identifizierte Anforderungen, sind im Innovation Backlog zu vermerken. Wurden alle priorisierten Anforderungen der jeweiligen Sprint Backlogs fertig bearbeitet und rechtfertigt die vorliegende User Story eine Überführung in die nächste Phase, gilt der zurückliegende Low-Sprint als abgeschlossen (vgl. Abbildung 37).

Summary Box
- Selbstorganisation des IT - Commitment für tägliche Meetings des IT

341 Siehe hierzu die Beschreibung der Review-Typen in Kapitel 4.2.3.

342 Vgl. Geschka: Wettbewerbsfaktor Zeit, 1993, S. 167.

Summary Box
- Informationsbeschaffung mit Integration externer Bezugsquellen
- Interviews und Feldbeobachtungen/-experimente
- Erstellung der User Stories
- Auswertung der User Stories und Zusammenfassung zur fiktiven User Story
- Ergebnisvorstellung innerhalb der Team Review

Abbildung 37: Summary Box Ermittlung des Ist-Zustandes

4.2.4.2 Ideation und Produktkonzept

Mit Abnahme der neuen User Story des vorgelagerten Low-Sprints seitens der Prüfinstanzen gilt die Problemstellung als vollständig und faktisch untermauert. Sämtliche Hauptanforderungen für die weitere Bearbeitung sind innerhalb des Innovation Backlogs nun bekannt, sodass im direkten Anschluss die weiterführenden Tätigkeiten für die Erarbeitung konkreter Lösungswege und zur Erstellung eines Produktkonzepts beginnen. Das aktualisierte Innovation Backlog und die neue User Story dienen fortan als neue Basis für den anschließenden teaminternen Ideengenerierungsprozess, der mittels unterschiedlicher Kreativtechniken[343] umgesetzt wird. Bereits vorliegende Vorschläge werden hierbei in die weiteren Überlegungen mit einbezogen und ausgearbeitet. Der Fundus an Ideen ist im Anschluss unter Verwendung geeigneter Ideenbewertungsinstrumente[344] einer einschlägigen Überprüfung zu unterziehen. Wie bereits im vorangegangenen Low-Sprint dargelegt wurde, sind hierzu die zu realisierenden Lösungsvorschläge in kleine Arbeitspakete zu zerlegen, innerhalb des Teams zu verteilen, mittels des Innovation Boards zu steuern und innerhalb des Innovation-Structure Plans zu archivieren. Zusammenfassend wiederholt sich die Vorgehensweise in jedem Low-Sprint und lässt sich wie folgt komprimiert darstellen:

- Analyse der User Stories/User Story
- Prüfung und Identifikation neuer Anforderungen für Innovation Backlog
- Auswahl homogener Anforderungen aus Innovation Backlog für Sprint Backlog
- Transformation der Anforderungen in Arbeitspakete

343 Eine Auswahl anwendbarer Kreativtechniken bietet Nöllke, Kreativtechniken, 2006.

344 Siehe hierzu die Ideenbewertungsinstrumente in Kapitel 4.2.2.3.

- Abarbeitung und Visualisierung der Arbeitspakete und Dokumentation
- Zusammenfassung und Abnahme der Ergebnisse sowohl neuer User Stories/User Story als auch Sprint- und Innovation-Backlogs

Handelt es sich bei dem Innovationsvorhaben um eine angestrebte Produktinnovation, sind parallel auf Grundlage der abgenommenen User Story erste Designfragen zu beantworten. Hierzu besteht das primäre Ziel auf Basis der vorliegenden Daten darin, ein erstes Grobkonzept zum gewünschten Endergebnis zu erstellen. Zur Bearbeitung hat das Team sich u. a. mit folgenden Fragestellungen auseinanderzusetzen und sie mittels Marktanalysen zu beantworten:

1. Wie könnte das zu erzeugende Ergebnis konkret aussehen?
2. Ist das gewünschte Ergebnis mit den vorhandenen unternehmensinternen Ressourcen zu realisieren oder ist eine Kooperation mit der ermittelten Auswahl an möglichen Partnern erforderlich?
3. Welche Fachabteilungen und Prozessverantwortlichen sind in die zugrundeliegende Betrachtung mit einzubeziehen?
4. Wie manifestiert sich der zukünftige Produktnutzen/-vorteil?
5. Werden unterschiedliche Lösungsalternativen realisiert oder besteht der Fokus in der Realisierung eines einzigen Erzeugnisses?

In Anlehnung an den Design Thinking Ansatz ist zudem die Visualisierung eines Konzepts mittels eines ersten Prototypens (z. B. in Form von Modellskizzen oder Pappmodellen) anzustreben, der den Basisspezifikationen und Haupt-Anforderungen der ermittelten Lösungsvorschläge und der Datenlage des vorliegenden Sprint-Backlogs entspricht. Es können diesbezüglich unterschiedliche Lösungswege beschritten werden, die zur Realisierung von mehreren Produktkonzepten und somit Prototypen führen. Der Low-Sprint ist demnach stark von mehreren Trial-and-Error-Methode geprägt und je nach Definition der Sprintdauer nicht innerhalb einer Sprintlänge abschließbar. Zur Erstellung des jeweiligen Konzeptes als Problemlösungsansatz ist stets die Einbeziehung externer Akteure (bereits identifizierter Zielnutzer, Experten aus dem umliegenden Marktumfeld des vorgelagerten Low-Sprints) anzustreben, um weiterhin den Fokus auf ein kundenorientiertes und marktgerechtes Ergebnis zu richten. Insbesondere die Werkzeuge des Web 2.0 eignen sich diesbezüglich als weitreichende und umfassende Kommunikationsplattform, sofern ein marktaugliches Ergebnis in enger Zusammenarbeit mit einer externen Zielgruppe angestrebt wird. So lassen sich mittels eines eigens für das Innovationsvorhaben erstelltem unternehmensinternen Blogs, öffentlicher Kickstarter-Projekte[345] oder Einbindung weiterer sozialer Online-Netzwerke der Fortschritt des Projektes kontinuierlich dokumentieren und ein Informationsaustausch zwischen dem Unternehmen und einer Auswahl von externen Quellen (z. B. interessierten Zielnutzern) und dem Urheber gewährleisten. Ein Praxisbeispiel einer derartigen Vorgehensweise wurde in dem Modell nach Reichwald/Piller bereits vorgestellt und stellt somit eine Schnittstelle zum Open Innovation Ansatzes dar.[346]

Für KMU stellt sich allerdings die Frage, inwieweit die intrinsische oder extrinsische Motivation seitens der Personen, die einbezogen werden, aufrechterhalten bzw. gefördert werden kann, da monetäre und nicht-monetäre Anreizsysteme mit einem zusätzlichen, hohen Aufwand verbunden sind. Parallel zur Beantwortung, wie das konkrete Ergebnis am Ende aussehen wird, stehen kontinuierliche Analysen bzgl. der technischen[347] und wirtschaftlichen Umsetzbarkeit des Innovationsvorhabens im Vordergrund. Mit dem weiteren Fortschritt des Projektes sind seitens des Innovation Managers und Innovation Owners diesbezüglich Schätzungen vorzunehmen und Planzahlen u. a. hinsichtlich erwarteter Produktionskosten und Absatzpreise bzw. -volumina zu ermitteln. Das Innovation Team ist weitestgehend von diesen Überlegungen befreit und ausschließlich als Bezugsquelle der erforderlichen Daten heranzuziehen. Mögliche Restriktionen, die sich aus den Schätzungen ergeben, dürfen dabei nicht zu einer Einschränkung der vollen Potentialausschöpfung innerhalb operierender Teams führen. Am Ende des Low-Sprints sind die vorliegenden Ergebnisse in Form eines markt- und systemtauglichen Konzepts in der abschließenden Team Review dem Urheber vorzulegen und die jeweiligen Funktionen zu erläutern. Liegen dem Urheber mehrere Konzepte und erste Prototypen zur Präsentation vor, hat dieser das jeweilige Design und die jeweiligen Funktionen abzunehmen und den Wunsch zur Erstellung eines Hybridmodells zu äußern, was zwangsläufig in Absprache mit dem Innovation Manager zu einer Wiederholung des vorliegenden Low-Sprints führt. Für den Abschluss des Low-Sprints dürfen keine administrativen, technischen oder physikalischen Widersprüche mehr bestehen.[348] Entspricht das Konzept letztendlich vollständig den Hauptspezifikationen des Sprint-Backlogs und sind

345 Kickstarter dient als Crowdfunding-Plattform innovativer Ideen. https://www.kickstarter.com.
346 Siehe hierzu Modellbeschreibung Reichwald/Piller in Kapitel 3.1.1.5.
347 Vgl. Rüggeberg/Burmester: Innovationsprozesse in KMU, 2008, S. 26.
348 Vgl. Stern/Jaberg: Erfolgreiches Innovationsmanagement, 2007, S. 147.

keine weiteren zwingenden Optimierungsmaßnahmen notwendig, dient das Produktkonzept als Basis-Objekt zur Erstellung eines im nächsten Low-Sprint zu realisierenden Prozesskonzepts (vgl. Abbildung 38).

Summary Box
- Synthese und Auswahl abzuarbeitender Arbeitspakete
- Abgleich mit Referenzergebnissen
- Integration externer Bezugsquellen
- Erstellung eines Konzepts mit ersten Prototypen in Form von Skizzen
- Einschätzung der Umsetzbarkeit / Produktionskosten / Absatzpreise und -volumina
- Ergebnisvorstellung innerhalb der Team Review.

Abbildung 38: Summary Box Ideation und Produktkonzept

4.2.4.3 Ideation und Prozesskonzept

Mit Abnahme des finalen Produktkonzeptes befasst sich das darauffolgende bzw. gleiche Innovation Team mit der Entwicklung und Realisierung eines geeigneten Prozesskonzeptes. Jede Produktinnovation führt unweigerlich zu einer Anpassung vorliegender Organisations- und Produktionsprozesse, um ein neues Produkt innerhalb eines bestehenden Zielsystems einzuführen.[349] Sofern bereits eine Iteration des Low-Sprints „Ideation & Produktkonzept" durchlaufen wurde und nur noch geringfügige Änderungen zum erfolgreichen Abschluss vorzunehmen sind, können die Aktivitäten des Low-Sprints „Ideation & Prozesskonzept" bereits parallel zu diesem aufgenommen werden (Erfüllung Kriterium 10). Anderenfalls hat die Erstellung des Prozesskonzeptes bis zur Vorlage eines finalen Produktkonzeptes auszustehen. Die zu durchlaufenden Arbeitsschritte unterscheiden sich nur geringfügig von dem vorangegangenen Low-Sprint. Bestand zu Beginn des Innovationsvorhabens die Zielsetzung darin, eine Prozessinnovation hervorzubringen, so ist die Vorgehensweise deckungsgleich anzuwenden. Anderenfalls besteht im weiteren Verlauf die Aufgabe des Innovation Teams darin, unter Beachtung der prognostizierten Entwicklungs- und Produktionskosten in enger Zusammenarbeit mit den jeweiligen Fachabteilungen mögliche externe Alternativsysteme zu identifizieren und eine eventuelle Auslagerung der Produktion des Produktes zu evaluieren und hinreichend zu belegen. Das

349 Vgl. Geschka: Innovations- und Technologiemanagement, 1999, S. 9.

abschließende Konzept sieht eine umfassend strukturierte Prozessabbildung vor (Prozesslandkarte), in der das angestrebte Innovationsergebnis erreicht und in der abschließenden Team Review den relevanten Stakeholdern vorgestellt wird. Die Abnahme des Prozesskonzeptes stellt gleichzeitig auch den Abschluss des ersten Big-Sprints dar und zieht eine Einberufung der ersten Sprint Reviews im Anschluss an die Team Review nach sich.

Der Sprint-Review kommt am Ende eine weitreichende Bedeutung zu. Sie hebt sich von der Vorgehensweise bezüglich der Ergebnispräsentation und Ergebnisbewertung von den vorangegangenen Team-Reviews ab. Der Innovation Owner hat sämtliche vorliegenden Ergebnisse intensiv zu prüfen und eine Entscheidung hinsichtlich der Fortführung bzw- Wiederholung des Sprints oder Abbruch des Projektes zu treffen.[350] Eine Fortführungsentscheidung sieht die Freigabe hoher finanzieller Geldmittel vor, mit denen das Innovationsvorhaben die nächsthöhere Stufe erreicht, indem das vorliegende theoretische Konzept in die Realität überführt und erstmals in das unternehmerische Zielsystem implementiert wird. Das Projekt übt somit ab diesem Moment einen unmittelbaren Einfluss auf die bestehenden unternehmerischen Prozesse aus und zieht im Falle einer Fehlentscheidung weitreichende negative Konsequenzen nach sich. Wie bereits dargelegt wurde ist die Realisierungsphase mit der Freigabe erheblicher monetärer Mittel verbunden (vgl. Abbildung 39).

Folgende Ergebnisse sind u. a. in finaler Form zur Bewertung vorzulegen:

1. Ein in das Produktionssystem vollständig überführbares Produkt- und Prozesskonzept zur Erstellung eines funktionsfähigen Prototyps zu Marktforschungszwecken
2. Sämtliche abgeschlossenen Schätzungen (betriebswirtschaftliche Planzahlen) zur Überführung des Konzeptes in die Realisierungsphase inklusive möglicher Neuinvestitionsentscheidungen
3. Vollständige Abnahme der vorliegenden Ergebnisse seitens des Urhebers

Summary Box
- Auswahl abzuarbeitender Arbeitspakete
- Abgleich mit Referenzergebnissen

350 Siehe hierzu die Beschreibung der Review-Typen „Sprint Review“ in Kapitel 4.2.3.3.

Summary Box

- Integration externer Bezugsquellen
- Erstellung eines Konzepts mit ersten Prototypen in Form von Skizzen, Pappmodellen, Prozesslandkarte
- Einschätzung der Umsetzbarkeit / Prozessfähigkeit
- Ergebnisvorstellung innerhalb der Team Review
- Ergebnisvorstellung innerhalb der Sprint Review

Abbildung 39: Summary Box Ideation und Prozesskonzept

4.2.5 Realize-Sprint

Der Realize-Sprint dient der Transformation der vorliegenden, theoretischen Konzepte in ein konkretes, systemtaugliches Ergebnis. Bei einer Produktinnovation ist darunter die Realisierung eines funktions- und marktfähigen Erzeugnisses zu verstehen, bei einer Prozessinnovation die Veränderung innerhalb bestehender unternehmerischer Prozesssysteme. Ziel des Big-Sprints „Realize" ist die Evaluierung des Ergebnisses unter realen Bedingungen durch jeweilige Zielnutzer hinsichtlich Nutzerfreundlichkeit und Akzeptanz sowie die Identifikation von neuen Optimierungspotentialen. Innerhalb des Sprints werden zu den bereits angewandten Ideenbewertungsinstrumenten zusätzliche Verfahren hinzugezogen, um erstmals wirtschaftliche Erfolgspotentiale nicht ausschließlich auf Basis von Schätzungen näher ermitteln zu können. Hierzu zählen u. a. das Target Costing Verfahren und die Kapitalwertmethode. Diese Methoden sind je nach Umfang des Projektes um weitere Instrumente erweiterbar. Ferner dienen die parallel verlaufenden Marktanalysen einer ersten Gegenüberstellung ermittelter Planzahlen mit ersten Ist-Werten. Diese Maßnahmen werden dahingehend erforderlich, dass insbesondere Geschäftsführer technisch orientierter Unternehmen häufig nur in diesem Bereich über ein spezialisiertes Wissen verfügen und z. B. Wirtschaftlichkeitsrechnungen einer geringeren Priorität zukommen.[351] Die Definition und Steuerung der hierzu zu vergebenden Aufgabenpakete innerhalb des Innovation Teams erfolgt nach der gleichen Vorgehensweise und unter

[351] Vgl. Rüggeberg/Burmester: Innovationsprozesse in KMU, 2008, S. 27.

Verwendung der ermittelten Instrumente, wie sie im Concept-Sprint dargelegt wurden.

4.2.5.1 Anpassung und Prototyping

Den Beginn der neuen Hauptphase stellt der Low-Sprint „Anpassung & Prototyping“ dar. Er lässt ein theoretisches Konzept innerhalb eines begrenzten Rahmens und unter kontrollierten Bedingungen Realität werden. Wie das Modell nach Reichwald/Piller verfolgt diese Phase die schnelle Identifikation von Anforderungsänderungen und Optimierungspotentialen,[352] die allerdings nur in zwingenden Fällen eine direkte Bearbeitung erfahren und ansonsten für den nächsten Optimierungsprozess vorerst zurückgestellt werden. Das beauftragte Innovation Team steht während dieser Phase in engem Kontakt mit den jeweiligen Fachbereichen oder Kooperationspartnern der praktischen Umsetzung. Es beaufsichtigt die vorzunehmenden Anpassungen am Prozess und stellt die korrekte Umsetzung sicher. Weiterhin überwacht es im Falle einer geplanten Produktinnovation die Produktion des zu erzeugenden Ergebnisses. In beiden Fällen sind kontinuierlich Optimierungspotentiale zu identifizieren und zu dokumentieren. Das Team trägt die Verantwortung dafür, den Innovation Teams des vorgelagerten Concept-Sprints die neu ermittelten Ergebnisse zukommen und Veränderungen an den ursprünglichen Konzepten vornehmen zu lassen, sofern die Sachlage dies verlangt. Ermittelte Problemstellungen bzw. Optimierungsfelder sind hierzu weiterhin in Form von User Stories zu formulieren und einzureichen. Parallel gilt es bereits, potentielle Testmärkte zu identifizieren und Vorbereitungen für die Einführung des Objekts in das jeweilige Umfeld zu Testzwecken vorzunehmen. Hierzu sind primär Experten aus den Bereichen Vertrieb und Marketing einzubeziehen, die meist bereits über ein großflächiges Netzwerk von Kundenkontakten verfügen.

Dem Innovation Manager unterliegt zusammen mit dem Innovation Owner die Klärung rechtlicher Fragestellungen und die kontinuierliche Anpassung der vorliegenden Finanzanalysen anhand neuer Datenbestände. Innerhalb der abschließenden Team Review für den Low-Sprint ist der Fortschritt der Umsetzungsphase durch den Sprintleiter darzulegen und Problemstellungen bzw. Optimierungsfelder sind hervorzuheben. Der Low-Sprint endet mit der Präsentation des finalen, funktionsfähigen Prototyps, der den Anforderungen der vorliegenden – neu angepassten – Konzepte aus

352 Siehe Kapitel 3.1.1.5.

dem Concept-Sprint vollständig entspricht und durch den Urheber und Innovation Manager abgenommen wird (vgl. Abbildung 40).

Summary Box
- Sequentielle Prozessanpassung innerhalb des Zielsystems - Erstellung eines funktionsfähigen / marktreifen Prototyps - Identifikation & Dokumentation von Problemfeldern und Optimierungspotentialen - Überführung von Optimierungspotentialen an den jeweiligen vorgelagerten Low-Sprint in Form von User Stories - Vorbereitung des Low-Sprints Test & Validierung - Aktualisierung der Finanzanalysen / Klärung rechtlicher Faktoren - Ergebnisvorstellung innerhalb der Team Review

Abbildung 40: Summary Box Anpassung und Prototyping

4.2.5.2 Test und Validierung

Unmittelbar nach Erstellung eines finalen Prototyps gilt es für das Innovationsteam dieses Low-Sprints, das Innovationsergebnis einer ersten Überprüfung unter realen Bedingungen zu unterziehen. Im Fokus dieser Tätigkeit stehen bei einer Produktinnovation sowohl die Validierung des Objekts innerhalb des Zielmarktumfeldes als auch die damit verbundenen Prozesse zu Produktion und Vermarktung. Hierzu sind auf der Produktseite Nutzertests, Feldbeobachtungen und erste Verkaufstätigkeiten innerhalb einer begrenzten Anzahl von Testmärkten umzusetzen und erste Vorbereitungen für die zukünftige Vermarktungsstrategie zu treffen. Das Ziel liegt nicht in einer großflächigen, zeitintensiven, sondern schnellen Evaluation innerhalb des definierten Zielsystemumfelds. Für kontinuierliche, unternehmensinterne Test- bzw. Qualitätssicherungsverfahren[353] und/oder die Überprüfung der Zulieferer ist ebenfalls die Lieferung schneller Ergebnisse anzustreben. Der Aufwand ist hierbei abhängig von der definierten Sprintlaufzeit für diese Phase. Je kürzer die Laufzeit für etwaige Testzwecke angedacht ist, desto mehr ist von planungs- und ressourcenintensiven Validierungen abzusehen. Gleiches gilt für die damit verbundenen Prozesse selbst. Um eventuelle Fehlerquellen vor einer möglichen Serienfertigung und Markteinführung

[353] Vgl. Lieder/Roth: Scrum in Unternehmen einführen, in: Projektmagazin Ausgabe 06/11, S. 3.

identifizieren und beheben zu können, ist das Objekt hierzu zunächst in nur kleineren Stückmengen zu produzieren. Bei Prozessinnovationen ist eine ähnliche Vorgehensweise heranzuziehen. Umfasst eine Prozessinnovation beispielsweise die Anpassung mehrerer Maschinen innerhalb eines Fertigungssystems, hat die Änderung inkrementell zu erfolgen, indem das Innovationsteam jeweils die Veränderungen bei der Umstellung einer einzelnen Maschine untersucht und sich weiter vorarbeitet. Erst wenn sämtliche Ergebnisse eine markt- bzw. alltagstaugliche Reife erlangt haben und alle notwendigen Zulieferer für die Serienproduktion identifiziert sind, gilt der vorliegende Low-Sprint als abgeschlossen. Weitere Optimierungspotentiale sind dem jeweiligen Prozess sequentiell zuzuführen. Wie im vorherigen Low-Sprint dargelegt, sind Anpassungen, die eine Änderung des Produkt- oder Prozesskonzepts zwingend erforderlich machen, zu dokumentieren und innerhalb der Sprint Review vorzustellen. Für den Innovation Manager und den Innovation Owner sind zu Beginn des Low-Sprints bereits erste Vorkehrungen zur Erstellung eines Marketingplans mit gezielten Aktivitäten zu erstellen. Ferner sind die ermittelten Daten bzgl. Akzeptanz und Performance des Innovationsergebnisses im Testgebiet in der letzten Sprint Review durch den Sprintleiter dazulegen. Erfüllt das vorliegende Innovationserzeugnis die gesetzten Qualitätsstandards und Urheber- bzw. Kundenanforderungen des Sprint-Backlogs, gilt der Low-Sprint als abgeschlossen. Auch das Ende dieses Big-Sprints sieht eine Sprint Review als Abschlussmeeting vor und stellt die letzte Möglichkeit dar, das Projekt vor der Markteinführung zu beenden. Demnach sind die zurückliegenden Sprints und damit verbundenen Ergebnisse durch den Innovation Owner einer erneuten, intensiven Prüfung zu unterziehen. Eine Fortführungsentscheidung sieht bei Verfahrens- bzw. Prozessinnovationen die vollständige Etablierung des Verfahrenskonzeptes, bei Produktinnovationen die Freigabe zur Serienfertigung und anschließenden Markteinführung vor, mit denen das Innovationsvorhaben in die letzte Phase des Projekts eintritt (vgl. Abbildung 41).

Summary Box
- Unternehmensinterne Produkttests / externe Nutzertests / Feldbeobachtungen / Testverkäufe - Identifikation & Dokumentation von Problemfeldern und Optimierungspotentialen - Überführung der Ergebnisse an jeweiligen vorgelagerten Low-Sprint in Form von User Stories

Summary Box
- Vorbereitung des nachgelagerten Big- bzw. Low-Sprints Umsetzung & Einführung (Marketingplan)
- Ergebnisvorstellung innerhalb der Team Review
- Ergebnisvorstellung innerhalb der Sprint Review

Abbildung 41: Summary Box Summary Box Test und Validierung

4.2.6 Sale-Sprint

Den letzten Abschnitt des Modells stellt der Sale-Sprint und somit der Low-Sprint „Umsetzung & Einführung" dar. Das Ziel liegt in der vollständigen Überführung des vorliegenden Innovationsergebnisses in das definierte Zielsystem und den Nutzenabgriff (Benefit). Innerhalb dieser Phase werden die konkretisierten bzw. noch ausstehenden Aktivitäten aus dem Marketingplan umgesetzt und die neuen, finalen Ist-Werte ermittelt. Die Verteilung und Steuerung der Aufgabenpakete innerhalb des Innovation Teams erfolgt nach der gleichen Vorgehensweise und unter Verwendung der gleichen Instrumente, wie sie bereits im Concept- und Realize-Sprint dargelegt wurden.

4.2.6.1 Umsetzung und Einführung

Die Aktivitäten des Innovationsteams beziehen sich bei Produktinnovationen primär auf die Definition und Abarbeitung von Aufgabenpaketen für das Marketing und den Vertrieb und beinhalten die sequentielle Vorbereitung und Schulung der jeweiligen Fachbereiche. Der Urheber und relevante externe Zielkunden sind in diese Prozesse zu implementieren. Zudem sind gemeinsam geeignete Marketingmaßnahmen zu entwickeln und umzusetzen (Marketingplan). Das Modell nach von Ahsen et al. bezeichnet diese Phase als Einführungsvorbereitung und kann als separater Low-Sprint mit anschließender Team-Review im vorliegenden Modell definiert werden, sofern die Vorbereitungen nicht bereits in früheren Phasen abgeschlossen wurden. Mit dem Anlaufen der Serienproduktion und der anschließenden Markteinführung beginnt für das Team zudem die Ermittlung und Analyse realer Marktdaten, die dem Innovation Manager und Innovation Owner einen Vergleich der definierten Planwerte und aktuellen Istwerte ermöglichen. Die Markteinführung erfolgt nach einem sequentiellen Grundmuster, wie es Voigt dargelegt hat. Es sieht eine etappenweise Einführung des jeweiligen Innovationsergebnisses in unterschiedlich erfolgversprechenden Zielsystemen vor.[354] Zudem sind die im Concept- und Realize-Sprint identifizierten Experten zu reaktivieren, zu dem vorliegenden Ergebnis erneut zu befragen und nach Reichwald/Piller durch eine öffentliche Bekanntgabe zu würdigen. Handelt es sich bei dem Ergebnis um eine Individuallösung für eine kleine spezielle Kundengruppe, ist der Zeitpunkt des Releases abzustimmen. Mit der endgültigen Akzeptanz und Etablierung des Innovationsergebnisses im vorgesehenen Zielsystem endet der letzte Big-Sprint des vorliegenden Innovationsmodells. Der Abschluss des finalen Low-Sprints sieht im Vergleich zur vorherigen Herangehensweise keine Team-Review mehr vor. Mögliche Anpassungen und Optimierungspotentiale vorgelagerter Low-Sprints sind somit abschließend in der letzten Sprint-Review dem Innovation Owner darzulegen und hinreichend zu begründen. Ein Abbruch des Projektes ist in letzter Instanz durch den Innovation Owner noch immer möglich. Dies ist allerdings weniger wahrscheinlich, sofern die vorangegangenen Arbeiten sämtlicher Beteiligten sorgfältig wahrgenommen und das Ergebnis im Zielsystem angenommen wurden. Werden weitere Optimierungsmaßnahmen vorgesehen, die den Nutzen und die Akzeptanz signifikant erhöhen, sind diese der bereits beschriebenen Vorgehensweise entsprechend den jeweiligen Low-Sprints in Form von User Stories zu übergeben. Sofern keine weiteren Veränderungen notwendig sind, ist das Projekt als erfolgreich abgeschlossen anzusehen und mit einem geringen Zeitabstand eine Retrospektive einzuberufen.[355]

Summary Box
Fertigstellung und Umsetzung des Marketingplans - Serienproduktion & Markteinführung - Reaktivierung & Implementierung vorgelagerter Bezugsquellen - Identifikation & Dokumentation von Problemfeldern und Optimierungspotentialen - Ergebnisvorstellung innerhalb der Sprint Review - Überführung der Ergebnisse an den jeweiligs vorgelagerten Low-Sprint in Form von User Stories - Ergebnisvorstellung innerhalb der Retrospektive

Abbildung 42: Summary Box Umsetzung und Einführung

354 Vgl. Voigt: Industrielles Management, 2008, S. 445.

355 Siehe hierzu die Beschreibung des Review-Types „Retrospektive“ in Kapitel 4.2.3.4.

4.2.6.2 Vorbereitung für den Concept-Sprint

Treten während der Projektbearbeitung Serendipitäts-Effekte auf oder wird ein kontinuierlicher Optimierungsprozess zu einem durchgeführten Projekt bzw. Innovationsergebnis angestrebt, sind die jeweiligen Innovation Teams bzw. Teammitglieder der Vorphasen zu reaktiveren bzw. mit der neuen Aufgabenstellung zu betrauen. Handelt es sich um Anpassungen eines bereits vorliegenden Innovation Backlogs, ist dieses als Basis Backlog erneut heranzuziehen. Für eine neue Aufgaben- bzw. Problemstellung gilt es, ein neues Innovation Backlog zu erstellen, woraufhin sich das in den vorangegangenen Kapiteln beschriebene Ablaufschema wiederholt.

4.3 Fazit bezüglich des 3-2-1-Innovationsmodells

Für eine abschließende Betrachtung gilt es, das vorliegende Modell auf die Erfüllung der in Kapitel 3.3 definierten Eigenschaften zu überprüfen. Der strukturelle Aufbau und die zu bewertenden Kriterien bleiben hierzu von Veränderungen unberührt. Es wird lediglich ein Verweis zum Kapitel aufgeführt, in dem das jeweilige Themengebiet aufgegriffen wird. Durch die Selektion KMU-spezifischer Eigenschaften der Modelle und Methoden zu Beginn von Kapitel 3 und die anschließende Identifikation von geeigneten Grundaufbaukriterien, die die klassische Ansicht eines Phasenmodells mit den Erfüllungskriterien agiler Methoden kombinieren, konnte ein Ansatz für ein agiles Phasenmodell konzipiert werden. Durch die jeweilige Zielformulierung, die mit einer einschlägigen Phasendefinition einhergeht, werden Abschnitte des jeweiligen Themenschwerpunktes geschaffen, die mit Hilfe einer Review in Funktion von Meilensteinen als Abgrenzungs- und Bewertungspunkte fungieren. Gleichzeitig fördert das Modell durch die kontinuierliche Einbindung relevanter Stakeholder ein hohes Customer-Involvement, wodurch Akzeptanzrisiken schnell Identifiziert und gesenkt werden können. Der Fokus des Modells liegt primär in der Steuerung des Innovationsvorhabens durch den Faktor Zeit. Die begrenzte Laufzeit für einen Low-Sprint fordert direkt zu Projektbeginn die Lieferung schneller Ergebnisse durch ein operatives Team und die anschließende Präsentation und Validierung durch die Entscheidungsträger. Ferner beschränkt sich somit der Erfüllungsgegenstand auf eine Auswahl begrenzter Basisanforderungen, die eine realistische Einschätzung eines kurzfristig prognostizierbaren Aufwandes ermöglichen. Weiterhin werden mögliche Hindernisse aktueller Low-Sprints schnell durch die tägliche Reflektion zurückliegender

Aufgabenpakete innerhalb der Daily Reviews offengelegt, was eine Verschleppung in darauffolgende Phasen verhindert (vgl. Abbildung 42). Der in KMU oftmals als Innovationshemmnis bemängelte Bürokratieaufwand wird durch die Verwendung bzw. Archivierung von User Stories und den Innovationbacklog auf ein Minimum reduziert. Insbesondere kleinere Unternehmen setzen den Fokus eher auf die interne Kommunikation, die durch das Modell ebenfalls in den Vordergrund gestellt wird, als auf eine detaillierte Dokumentation.[356]

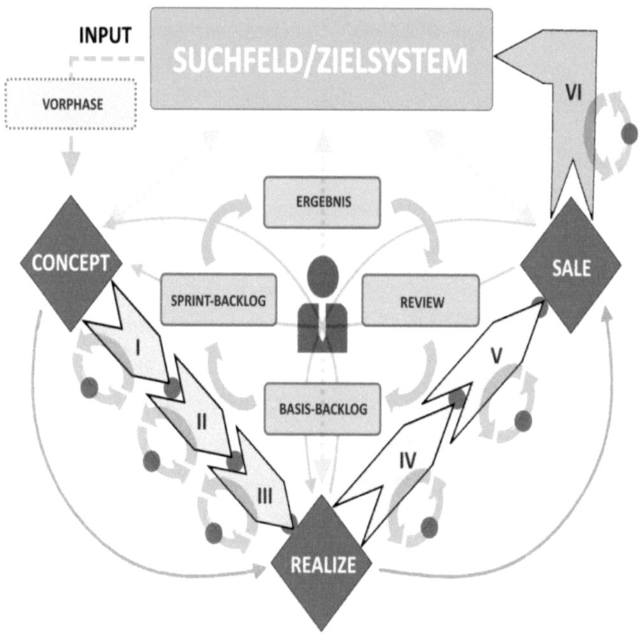

Abbildung 42: Das vollständige 3-2-1-Innovationsmodell

Das 3-2-1-Innovationsmodell ist aufgrund seiner allgemein gehaltenen Beschreibung sowohl für Produkt-, Prozess- als auch konzeptionelle Innovationen umsetzbar und konzentriert sich ausschließlich auf anpassungsfähige Basiselemente, wie sie traditionelle Phasenmodelle vorgeben. Das Modell erweitert diese Ansätze allerdings um eine Methodenbeschreibung zur konkreten Umsetzung. Hinsichtlich der ermittelten Problematik des frühen Scheiterns innerhalb der Anfangsphasen in Kleinstunterneh-

356 Vgl. Rüggeberg/Burmester: Innovationsprozesse in KMU, 2008, S. 26.

men, aber auch in ressourcenintensiven Phasen innerhalb mittlerer Unternehmen, stellt der reduzierte Planungsaufwand einen positiven und strategisch relevanten Erfolgsfaktor dar.[357] Das anvisierte Rotationsprinzip, das innerhalb der Teamkonstellation und durch die Verwendung mehrerer Teams zustande kommt, erlaubt die Bündelung unterschiedlicher Wissensbestände und einen Perspektivenwechsel. Mögliche Optimierungspotentiale an Erzeugnissen oder dem Projektablauf werden somit in Zusammenarbeit ermittelt, allerdings für eine nachträgliche Betrachtung zurückgestellt und erst nach Abschluss der jeweiligen Phase bzw. des jeweiligen Sprints verwertet.

Die Verwendung eines Innovation-Boards und eines Innovation Structure-Plans erlauben zudem eine einfache und transparente Prozessdarstellung bzw. -steuerung und Dokumentation über den gesamten Projektverlauf hinweg. Hierdurch können erreichte oder noch offene Zielpakete nachvollziehbar dargelegt und evaluiert werden. Zusätzlich ist die Kompatibilität zu Instrumenten des klassischen Projektmanagements und anderen agilen Methoden weiterhin gegeben, wodurch das Modell individuell auf die jeweiligen Kenntnisstände von Unternehmen anpassbar ist. Wie bereits festgestellt wurde, werden agile Methoden überwiegend in KMU der Softwareentwicklungsbranche eingesetzt, schließen jedoch nicht den Transfer auf Großunternehmen aus. Allerdings stellt die Organisation von mehreren Innovationsteams einen erheblichen Mehraufwand dar. Bei starken Interdependenzen zwischen unterschiedlichen, agil betriebenen Projekten besteht ein erhöhtes Risiko für den Einzelprojekterfolg, der durch eine zu starke Anhäufung von Iterationen von Teilprojekten verursacht werden kann. Die Beantwortung der Forschungsfrage b) stellt abschließend das im Anschluss aufgeführte komplettierte Vorgehensmodell dar.

b) Wie sieht ein zeitgemäßes Innovationsprozessmodell für KMU aus?

Hinsichtlich der beantworteten **Forschungsfrage b)** in Bezug auf das vorgestellte 3-2-1-Innovationsprozessmodell werden die ermittelten Ergebnisse und übernommenen **Eigenschaften** zur Überprüfung in den Tabellen 38 und 39 zusammengefasst und es wird in einer komprimierten Übersicht auf die jeweiligen einschlägigen Kapitel verwiesen. Für das Verständnis der komprimierten Ansicht dient folgende Legende (vgl. Tabelle 38):

---

357 Siehe hierzu Kapitel 3.2.1.

Tabelle 38: Legende der Merkmale/Eigenschaften

Kürzel	Aussage
X	Trifft zu
-	Trifft nicht zu
k. A.	Keine konkrete Aussage möglich / Beschreibung enthält keine Angaben
Gelbe Markierung	Berücksichtige Merkmale/Eigenschaften für Entwicklung eines neuen Modells

Tabelle 39: Überprüfung auf Kriterien agiler Prozesse und Erfolgsfaktoren[358]

Merkmale der Modelle nach	3-2-1-Modell	Nachzulesen in Kapitel
Transparente Darstellung der Prozesse	X	4.2.2.2
Geringer Dokumentationsaufwand	X	4.2.2.1
Kontinuierliche Qualitätsprüfung	X	4.2.3
Hoher Grad des Customer-Involvements	X	4.2.3
Frühzeitige Reaktion auf Anforderungsänderungen möglich	X	4.1.4
Geringe Einarbeitungszeit	bedingt	4.1.2
Klare Definition/Festlegung von Projektverantwortlichkeiten	X	4.2.1
Klar formulierte und transparente Innovationsstrategie seitens des Managements	k. A.	-
Konzentration auf Kernkompetenzen	k. A.	-
Innovationshemmende Widerstände frühzeitig unterbinden/abbauen	X	4.1.2
Innovationsfördernder Führungsstil	X	4.2.1
Effiziente Ermittlung relevanter Informationen über den Markt und Wettbewerb	X	4.2.4
Geringer Formalisierungsgrad	bedingt	4.1.3 - 4.1.4
Eindeutige Ideengenerierungs- und Ideenbewertungsphase	X	4.2.4.2 – 4.2.4.3
Verwendung geeigneter Instrumente zur Ideenbewertung	X	4.2.2.3
Ein fundiertes Methodenwissen	k. A.	-
Strukturiertes Vorgehen mit notwendiger Detailtiefe	X	4.1.3 - 4.1.4
Ständige Umsetzungs- und Kosten-Nutzen-Kontrollen	X	4.2.2.2 - 4.2.2.3

358 Die Kriterien beruhen auf den in Kapitel 3.3 verwiesenen Quellenangaben.

Merkmale der Modelle nach	3-2-1-Modell	Nachzulesen in Kapitel
Klare Markt- und Kundenorientierung während der Prozesse	X	4.1.3, 4.2.3
Einsatz von Meilensteinen (Reviews)	X	4.2.3
Einbezug von Kooperationspartnern bei radikalen Innovationen	X	4.2
Bereichsübergreifende Zusammenarbeit	X	4.2.1.4

Tabelle 40: Übersichtsmatrix der integrierten Modelleigenschaften

Auswahl zu berücksichtigender Eigenschaften der Modelle nach	3-2-1-Modell	Nachzulesen in Kapitel
Linear		
Iterativ	X	4.1
Interaktiv	X	4.2.3
KMU-Eignung	X	
Methode & Vorgehensweise	3-2-1-Modell	Nachzulesen in Kapitel
Ausreichende Modellbeschreibung verfügbar*	X	4.2.4 – 4.2.6
Anwendung wissenschaftlicher Methoden	bedingt	4.2.2.3
Anwendung von Projektmanagementmethode/-instrumenten	bedingt	4.2.2.1
Zeit-/Ressourcen-/Kostenplanung	X	4.2.2.3
Einsatz von Lasten- & Pflichtenheften	-	-
Projektdokumentation/-speicherung vorgesehen	X	4.2.2
Ablaufmerkmale	3-2-1-Modell	Nachzulesen in Kapitel
Leicht verständliches Modell*	X	4.1.3 - 4.1.4
Eindeutiger / Klarer struktureller Aufbau*	X	4.1.3
Beinhaltet eigene Ideationsphase (Ideengenerierung)	X	4.2.4.2 – 4.2.4.3
Ideationsphase in Kooperation mit externen Quellen	X	4.2.4

Ablaufmerkmale	3-2-1-Modell	Nachzulesen in Kapitel
Einbezug externer Quellen allgemein in Prozessen vorgesehen	X	4.2
Einbezug anderer Abteilungen in frühen bzw. relevanten Phasen	X	4.2.1.4
Separate externe Workshops vorgesehen	X	4.1.1.2
Kostenkontrollen bei Phasenübergängen	X	4.2.3.2 – 4.2.3.3
Frühzeitige Reaktion auf veränderte Anforderungen sind möglich	X	4.2.3
Bewertung von Innovationsvorhaben	**3-2-1-Modell**	**Nachzulesen in Kapitel**
Entscheidungen werden mittels Marktanalysen unterstützt	X	4.2.4.1
Kontrollkriterien für Abbrüche/Wiederholungen vorab definiert	X	4.2.2.1
Kontrollkriterien werden kontinuierlich neu bewertet	X	4.2.2.1
Kontinuierliche Bewertung des Innovationsprojektes (intern)	X	4.2.3
Kontinuierliche Bewertung des Innovationsprojektes (extern)	X	4.2.3.2 – 4.2.3.3
Objektive Bewertung gefährdet*	-	-
Aufbaumerkmale	**3-2-1-Modell**	**Nachzulesen in Kapitel**
Phasenüberlappung(en) möglich	X	4.2.4 – 4.2.6
Parallele Bearbeitung der Arbeitspakete möglich	X	4.2.2.2
Einsatz von Meilensteinen (Reviews)	X	4.2.3
Zeitnaher Abbruch des Projektes möglich	X	4.2.3
Rückschritte/Iterationen möglich	X	4.1.4
Trial & Error Maßnahmen möglich	X	4.2.5.1
Rollen & Verantwortlichkeiten eindeutig definiert	X	4.2.1
Serendipitäts-Effekt wird berücksichtigt	X	4.2.2.3
Weitere Merkmale	**3-2-1-Modell**	**Nachzulesen in Kapitel**
Kreativitätseinschränkungen aufgrund formaler Restriktionen möglich	-	-
Bedarf einer Forschungs- und Entwicklungsabteilung (oder ähnlichem)	-	-

4.4 Kritische Würdigung des Modells

Beim vorgestellten Modell handelt es sich primär um eine Abwandlung bereits bestehender, agiler Methoden und Vorgehensmodelle. Für eine erfolgreiche Implementierung bzw. praktische Umsetzung agiler Methoden außerhalb der Softwareentwicklung ließen sich keine konkreten Praxisbeispiele ermitteln und belegen. Somit wäre es empirisch bzw. experimentell zu prüfen, inwieweit die dargestellte Vorgehensweise außerhalb dieser Branche erfolgreich angewendet werden kann. Gloger, welcher sich intensiv mit der Scrum-Methodik befasst, warnte bereits vor einer Weiterführung oder Weiterentwicklung agiler Methoden, wenn ein Unternehmen keine hinreichende, praktische Erfahrung im Umgang mit bereits existierenden, agilen Methoden gesammelt hat und nicht in ihrer Anwendung erprobt ist. Ein ausschließlich auf theoretischen Fakten basierendes Modell kann somit keinen hinreichenden Praxisbezug herstellen und bedarf zur Verifizierung eines ausgiebigen Feldtestes außerhalb der Softwareentwicklungsbranche und einer anschließenden Dokumentation. Je nach Innovationstyp stellen die Build-Zyklen, also die Laufzeit vom Start des Vorhabens bis zur Generierung eines konkreten marktfähigen Ergebnisses, eine als kritisch zu bewertende Herausforderung für Unternehmen dar. Je nach Innovationstyp und Komplexität ist es oftmals unrealistisch, innerhalb eines Monats implementierungs- bzw. funktionsfähige Ergebnisse zu generieren. Insbesondere bei materiellen Produktinnovationen bedarf es hierzu meist eines erheblich höheren Zeitaufwands. Demnach sind für den Erfolg eines agilen Projektes sowohl die zugrundeliegende Ausgangssituation als auch die Projektgröße von entscheidender Bedeutung. Da agile Projekte zudem eine räumliche Nähe der involvierten Akteure in Verbindung mit täglichen Teammeetings erfordern gestaltet sich die Organisation und Kommunikation zwischen mehreren parallel operierenden Projektteams bei überregionalen Projekten ebenfalls problematisch. Die Koordination der Aufgabenpakete und der Abgleich ermittelter Daten oder die strategische Neuausrichtung sind zwangsläufig mit einem höheren Aufwand verbunden. Demnach eignet sich die beschriebene Vorgehensweise überwiegend für klein angelegte Projekte unter Verwendung weniger, parallel operierender Projektteams. Eine weitere Problematik, der alle agilen Methoden unterliegen, stellt die Auswahl eines geeigneten Preismodells für die Finanzierung des Projekts dar. Aufgrund der größtenteils ungewissen Anzahl notwendiger Iterationen und des Umsetzungsaufwands fällt es schwer, einen geeigneten Preis bzw. ein Budget für ein Innovationsvorhaben oder einzelne Sprints festzulegen, wodurch die Festlegung eines Festpreises zu Beginn ausscheidet. Zudem ist das gewünschte Ergebnis in diesem Zeitraum ebenfalls größtenteils noch unbekannt, was insbesondere bei unpräzisen Beschreibungen einer reinen Vision der Fall ist. Zur Stillung des

Sicherheitsbedürfnisses seitens des Urhebers bzw. Auftraggebers ist demnach ein agiles Vorgehensmodell mit dem gleichen Überzeugungscharakter zu „verkaufen" wie das gewünschte Ergebnis selbst und die Dringlichkeit einer engen gemeinschaftlichen Zusammenarbeit – insbesondere in den Team Reviews – hervorzuheben. Das Commitment muss dahingehend erreicht werden, dass der Kunde nur für derartige Eigenschaften zahlt, die dieser auch benötigt bzw. abnimmt. Von den Basisanforderungen abweichende, als weniger relevant klassifizierte Features sind somit auch für ein Projektteam für die Entwicklung als unerheblich bzw. unnötig zu klassifizieren und für eine Realisierung letztendlich zu ignorieren. Allerdings birgt diese Vorgehensweise die Gefahr, dass durch eine Fehlinterpretation mögliche Mehrwerte verlorengehen können. Zudem erfordert eine Inanspruchnahme von Förderprogrammen, die häufig eine strukturierte Planung von Projektenabläufen voraussetzen,[359] eine genaue Darlegung der agilen Vorgehensweise und Festlegung von prägnanten Meilensteinen. Innerhalb des beschriebenen Modells lässt sich feststellen, dass der aktive Einfluss eines Innovationsteams an der Produktgestaltung ab Beginn des Realize Sprints kontinuierlich abnimmt. Zurückzuführen ist dieser Umstand darauf, dass mit Beendigung des Concept-Sprints ein konkretes Ergebnis in Form eines umsetzbaren Konzeptes zur Realisierung eines Objektes vorliegen muss und weitreichende Veränderungen in späteren Phasen nur mit erheblichen Ressourcenaufwendungen möglich sind. Insbesondere für Produktinnovationen, die auf die Generierung physischer Objekte ausgerichtet sind, gestaltet es sich schwierig, kontinuierlich auf jede Anforderungsänderung reagieren zu können, da sie stets die jeweilige Veränderung eines bestehenden Produkt- und anschließenden Prozesskonzeptes erfordert. Besonders für KMU stellt dieser Umstand in Bezug auf die begrenzt verfügbaren Ressourcen ein erhebliches Risiko dar. Für den Innovationsprozess ist es daher erforderlich, dass die Ideenbewertungsinstrumente und die Auswahl der zu erfüllenden Anforderungen innerhalb der ersten Phasen hinreichend und mit äußerster Sorgfalt durch die jeweiligen Prüfinstanzen angewendet werden oder der Grad der Anforderungsänderungen begrenzt wird.

[359] Vgl. Rüggeberg/Burmester: Innovationsprozesse in KMU, 2008, S. 27.

5. Schlussbetrachtung

Im letzten Kapitel werden in einem abschließenden Fazit die wesentlichen Erkenntnisse dieser wissenschaftlichen Arbeit nochmals komprimiert dargestellt und es wird ein Ausblick auf weitere Handlungsschritte gegeben.

5.1 Fazit

In den vergangenen Jahren hat das Innovationsmanagement eine Vielzahl unterschiedlicher Pioniere und Vorgehensweisen zu Tage gefördert, die die Zielsetzung verfolgen, die Innovations- und Wettbewerbsfähigkeit von Unternehmen zu steigern und somit langfristig den Erfolg am Markt sicherzustellen. Besonders junge Innovationsprozessmodelle setzen hierzu vermehrt auf iterative und agile Vorgehensweisen für die Wertschöpfung. Im vorliegenden Buch wurden hierzu 14 unterschiedliche Phasenmodelle und fünf agile Methoden untersucht, die in ihren forcierten Themenschwerpunkten und ihrer Herangehensweise zur Problemlösung signifikante Unterschiede aufzeigen konnten. Es lässt sich weiterhin feststellen, dass keines der untersuchten Modelle eine Universallösung darstellt und stets individuelle Anpassungen, insbesondere für KMU, vorzunehmen sind. Die Analyse der Untersuchungsgegenstände diente hierzu primär der Ermittlung einschlägiger Eigenschaften und Aufbaukriterien, die sich für die Entwicklung eines eigenständigen Innovationsmodells für KMU eignen und mit denen die Beantwortung der Forschungsfrage a.) abgeschlossen wurde. Das abschließende Ergebnis in Bezug auf die Beantwortung der Forschungsfrage b.) konnte mit der umfassenden Entwicklung des 3-2-1-Innovationsmodells und der Ermittlung der Adaptionsfähigkeit bisher eingesetzter Methoden innerhalb bestehender innovationsfördernder Organisationsstrukturen dargelegt und innerhalb von Kapitel 4.3 abschließend abgebildet werden.

<u>Die wichtigsten Erkenntnisse dieses Buches lassen sich im Anschluss wie folgt zusammenfassen:</u>

- Agile Methoden gilt es nicht nur, aufgrund eines Trends zu wollen. Vielmehr hat sich deren Sinnhaftigkeit – unter Abwägung der Notwendigkeit einer Einführung – schrittweise zu erschließen. Statt einer „künstlichen" Revolution sollte vielmehr eine Evolution des neuen Projektmanagements stattfinden.

- Agile Methoden lassen sich nicht kurzfristig implementieren. Auch für die Einführung der Methodik selbst ist eine inkrementell-iterative Vorgehensweise in Form von Change-Projekten notwendig.
- Die Selbstständigkeit agiler Teams ist Schritt für Schritt zu fördern. Es gilt, auf allen Hierarchieebenen und für sämtliche involvierten Akteure kontinuierlich Sicherheit und Vertrauen zu schaffen.
- Jeder agile Ansatz bedarf eines von Akzeptanz geprägten Projektumfelds. Es gilt, jedwede Art von Widerständen frühzeitig zu identifizieren und aufzulösen.
- Der Erfolg agiler Projekte ist stark abhängig von der Kommunikationsbereitschaft und Zusammenarbeit des Urhebers/Auftraggebers/Kunden mit dem Projektteam.
- Eine Weiterentwicklung agiler Methoden bedarf stets praktischer Erfahrungen im Umgang mit agilen Prinzipien.
- Die Suche nach Innovationschancen hat nicht nur auf Nachfrage zu erfolgen, sondern ist als routiniertes System innerhalb des unternehmerischen Grundverständnisses zu etablieren.
- Die Einbindung externer Akteure innerhalb des Innovationsvorhabens ist anzustreben und nicht abzulehnen.
- Ein agil-iterativ angelehntes Modell bedarf mehrerer Kontrollstellen an strategisch relevanten Punkten in Form von Meilensteinen bzw. Reviews und Validierung der kurzfristig generierten Ergebnisse.
- Jede Phase als eigenständiger Sprint bedarf bezüglich der Laufzeit einer vorherigen zeitlichen Limitierung bis ein konkretes (Teil-)Ergebnis vorgestellt werden muss.
- Das Maß an Anforderungsänderungen gilt es zu begrenzen, um der Gefahr von Stagnation des Projekts oder Demotivation des Teams entgegenzuwirken.
- Jedes agile Modell benötigt für die erfolgreiche Bearbeitung sowohl der Definition und Einhaltung klarer Rollen- und Verantwortlichkeitsbeschreibungen als auch des Einsatzes geeigneter Artefakte und Instrumente zur Steuerung, Bewertung und Visualisierung des Projektvorhabens. Ein Verzicht führt unweigerlich zu Chaos.

Die gewonnenen Erkenntnisse, die aus den Untersuchungen der vorangegangenen Kapitel resultieren, liefern einen umfassenden Überblick über die vorherrschende Komplexität innerhalb von Innovationsprozessen, der sich Unternehmen täglich gegenübergestellt sehen. Einerseits sind Prozesse von der Idee bis hin zum konkret vollständigen Ergebnis zu strukturieren, andererseits müssen derartige Prozesse flexibel genug bleiben, um sich auf Veränderungen des Umfeldes und der Situation einstellen zu können und Kreativitätspotentiale nicht einzuschränken. Die Entwicklung oder Verwendung eines einzigen Modells stellt im Umgang mit dieser Problemstellung nur eine geringe Hilfestellung dar und kann ebenfalls nicht als universeller Lösungsansatz verstanden werden. Die Kernerfolgsfaktoren bestimmen Unternehmen noch immer selbst, indem sie die Notwendigkeit für ein unternehmerisches Umdenken erkennen und den erforderlichen Wandel vollständig akzeptieren und schlussendlich auch vollziehen. Jedes Unternehmen muss sich seiner strategischen Zielsetzung im Umgang mit sich verändernden Kundenanforderungen bzw. Marktgegebenheiten bewusstwerden und hierzu sämtliche notwendigen Maßnahmen ergreifen, die es auf den Weg der Veränderung zu bringen gilt.

5.2 Ausblick

Mit der Entwicklung eines agilen Vorgehensmodells ist nur ein halber Schritt in die richtige Richtung vollzogen. Die Herausforderung liegt für Unternehmen jedweder Unternehmensgröße noch immer darin, Notwendigkeit und Vorteile agiler Werte und Prinzipien für sich zu erkennen und anschließend als festen Bestandteil der Unternehmenskultur zu etablieren. Der aktuelle Mangel agiler Vorgehensmodelle, die die elementaren Bestandteile dieser Philosophie über die Softwareentwicklungsbranche hinaustragen und anderen Branchen somit einen besseren Zugang zu diesen ermöglichen, verdeutlicht, dass weitere Untersuchungen und Weiterentwicklungen in diesem Bereich folgen müssen. Ferner ist die Überprüfung der Adaptionsfähigkeit agiler Methoden, die branchenspezifische Bereitschaft zur Implementierung und anschließenden Sicherstellung einer nachhaltigen Etablierung innerhalb von KMU mittels Studien zu empfehlen. Ebenfalls legen die durchgeführten Sekundäruntersuchungen, die sowohl Innovationshemmnisse als auch Projektmanagementdefizite innerhalb von KMU aufzeigen, den Bedarf an weiteren Studien nahe, um zeitgemäße und vor allem geeignete Handlungsempfehlungen als Problemlösungsansatz zu identifizieren und an die Unternehmen herantragen zu können. Das stringente Festhalten an traditionellen Vorgehensweisen, Organisationsstrukturen und Arbeitsabläufen kann in einem schnelllebigen Marktumfeld, das von ständigem Wandel geprägt ist, nur kurzfristige Erfolge hervorbringen. Um von Mitbewerbern und der Zeit nicht letztendlich eingeholt zu werden, haben Unternehmen auf sämtlichen Hierarchieebenen ihre Wandlungs- und Anpassungsfähigkeit weiterzuentwickeln und angewandte Praktiken stets zu hinterfragen. Denn die andere Hälfte des Schrittes ist das Wagnis den Weg zu vollenden.

Literaturverzeichnis

Monographien:

Alpar, P. et al., 2014. *Anwendungsorientierte Wirtschaftsinformatik.* Wiesbaden: Springer Verlag.

Angermeier, G., kein Datum *Definition Auftraggeber (Glossar).* [Online] Available at: https://www.projektmagazin.de/glossarterm/auftraggeber [Zugriff am 23 Dezember 2017].

Baumgartner, M. et al., 2013. *Agile Testing.* München: Hanser Verlag.

Becherer, R. & Maurer, J., 1999. The proactive personality disposition and entrepreneurial behaviour among small company presidents. 1(37), pp. 28-36.

Beedle, M. et al., 2001. *Manifest für Agile Softwareentwicklung.* [Online] Available at: http://agilemanifesto.org/iso/de/ [Zugriff am 16 November 2017].

Beedle, M. et al., 2001. *Prinzipien hinter dem agilen Manifest.* [Online] Available at: http://agilemanifesto.org/iso/de/principles.html [Zugriff am 18 November 2017].

Berkun, S., 2009. *Die Kunst des IT-Projektmanagements.* Köln: O'Reily Verlag.

Böhle, F., Bürgermeister, M. & Porschen, S., 2012. *Innovationen durch Management des Informellen.* Berlin/Heidelberg: Springer Gabler Verlag.

Brandstäter, J., 2013. *Agile IT-Projekte erfolgreich gestalten.* Wiesbaden: Springer Vieweg Verlag.

Brockhoff, K., 1999. *Forschung und Entwicklung, 5. Aufl..* München: Oldenbourg Verlag.

Büdinger, T., 2012. *Agile Kultur. Gibt es so etwas?.* [Online] Available at: https://treffpunkt.buedinger.name/agile-kultur-gibt-es-so-etwas/ [Zugriff am 29 Dezember 2017].

Büdinger, T., 2012. *Agile Methoden unter der Lupe.* [Online] Available at: http://treffpunkt.buedinger.name/agile-methoden-unter-der-lupe/ [Zugriff am 29 Dezember 2017].

Buijs, J., 2003. Modelling product innovation processes, from linear logic to circular chaos. *Creativity and Innovation Management,* Issue 12, pp. 76-93.

Cooper, R. & Slagmulder, R., 1997. *Target Costing and Value Engineering.* New York: Productivity Pr Inc.

Corsten, H., 1989. *Die Gestaltung von Innovationsprozessen.* Münster: Erich Schmidt Verlag GmbH & Co.

Dittmar, J., 2014. *Interview Agile Resecure* [Interview] (08 Januar 2014).

Dräther, R., Koschek, H. & Sahling, C., 2013. *Scrum - kurz & gut.* Köln: O'Reily Verlag.

Drees, J., Lang, C. & Schöps, M., 2014. *Praxisleitfaden Projektmanagement.* München: Hanser Verlag.

Drews, G. & Hillebrand, N., 2007. *Lexikon der Projektmanagementmethoden.* München: Haufe Verlag.

Drews, G. et al., 2014. *Praxishandbuch Projektmanagement.* Freiburg: Haufe-Lexware GmbH & Co. KG Verlag.

Epping, T., 2011. *Kanban für die Softwareentwicklung.* Berlin/Heidelberg: Springer Verlag.

Europäische Kommission, Amtsblatt der Kommission, 2003. *EUR-Lex.* [Online] Available at: http://eur-lex.europa.eu/legal-content/DE/TXT/PDF/?uri=uriserv:OJ.L_.2003.124.01.0036.01.DEU [Zugriff am 02 November 2017].

Faber, M., 2008. *Open Innovation.* Wiesbaden: Gabler Verlag.

Faber, M. J., 2008. *Oben Innovation - Ansätze, Stretegien und Geschäftsmodelle.* Wiesbaden: Gabler Verlag.

FAZ - Forschung und Entwicklung, 2007. *Frankfurter Allgemeine.* [Online] Available at: http://www.faz.net/aktuell/wirtschaft/unternehmen/forschung-entwicklung-innovationen-gehen-am-kunden-vorbei-1460036.html

Feldmann, S., Gackstatter, S., Spieler, A. & Stephan, J., 2013. *[Studie] Innovation - Deutsche Wege zum Erfolg.* [Online] Available at: http://www.pwc.de/de/consulting/innovationsfaehigkeit-entscheidet-ueber-unternehmenserfolg.jhtml [Zugriff am 02 November 2017].

Fischer, J. O., 2008. *Kostenbewusstes Konstruieren.* Berlin Heidelberg: Springer Verlag.

Fox, M., 2010. *InnoLab Pro Studie 2009 - Ergebnisbericht.* s.l.:TU Chemnitz.

Franken, R. & Franken, S., 2011. *Integriertes Wissens- und Innovationsmanagement.* Wiesbaden: Gabler Verlag.

Führer, A. & Züger, R.-M., 2010. *Projektmanagement - Management Basiskompetenz.* Zürich: Compendio Bildungsmedien AG.

Gabler Wirtschaftslexikon, kein Datum *Gabler Wirtschaftslexikon.* [Online] Available at: http://wirtschaftslexikon.gabler.de/Archiv/54978/projektmanagement-pm-v6.html [Zugriff am 29 November 2017].

Gassmann, O. & Granig, P., 2013. *Innovationsmanagement - 12 Erfolgsstrategien für KMU.* München: Hanser Verlag.

Gassmann, O. & Sutter, P., 2008. *Praxiswissen Innovationsmanagement - Von der Idee zum Markterfolg.* München: Hanser Verlag.

Geiger, I. K. et al., 2009. *Projektmanagement - Zertifizierung nach IPMA (3.0)-Ebenen D und C.* Zürich: Compendio Bildungsmedien AG.

Geschka, H., 1993. *Wettbewerbsfaktor Zeit - Beschleunigung von Innovationsprozessen.* Landsberg/Lech: Moderne Industrie Verlag.

Geschka, H., 1999. *Innovations- und Technologiemanagement.* Berlin/Heildeberg: Springer Verlag.

Gloger, B., 2008. *Scrum - Produkte zuverlässig und schnell entwickeln.* München: Hanser Verlag.

Gloger, B. & Häusling, A., 2011. *Erfolgreich mit Scrum - Einflussfaktor Personalmanagement.* München: Hanser Verlag.

Gross, J. M., 2003. *Kanban made simple.* New York: Amacom Books.

Gürtler, J. & Meyer, J., 2013. *30 Min. Design Thinking.* Offenbach: GABAL Verlag.

Hafen, U., Künzler, C. & Fischer, D., 2000. *Erfolgreich restrukturieren in KMU - Werkzeuge und Beispiele für eine nachhaltige Veränderung.* Zürich: Hochschulverlag AG.

Hanser, E., 2010. *Agile Prozesse: Von XP über Scrum bis MAP.* Heidelberg: Springer Verlag.

Hauschildt, J., 1997. *Innovationsmanagement.* München: Vahlen Verlag.

Hemmrich, A. & Harrant, H., 2007. *Projektmanagement.* München: Hanser Verlag.

Herny, J. & Mayle, D., 2004. *Managing Innovation and Change.* London: SAGE Publication Ltd.

Herstatt, C. et al., 2007. *Erfolgreiches Projektmanagement in der Neuproduktentwicklung von KMU,* Hamburg-Harburg: TUHH.

Herstatt, C. et al., 2007. *Innovationshemmnisse in KMU der Metropolregion Hamburg,* Hamburg: s.n.

Hessen, M., 2009. *Innovationsportfoliomanagement.* Wiesbaden: Gabler Verlag.

Higgins, J. M. & Wiese, G. G., 1996. *Innovationsmanagement - Kreativtechniken für den unternehmerischen Erfolg.* Berlin Heidelberg: Springer Verlag.

Hindel, B., Meier, E. & Vlasan, A., 2005. *Prozessübergreifendes Projektmanagement.* Berlin Heidelberg: Springer Verlag.

Hochmeier, A., 2012. *Kritische Erfolgsfaktoren im Innovationsmanagement.* Wiesbaden: Gabler Verlag / Springer Fachmedien.

Hofbauer, G. & Sangl, A., 2011. *Professionelles Produktmanagement.* Erlangen: Publicis Publishing Verlag.

Holl, F.-L.et al., 2006. *Studie zum Innovationsverhalten deutscher Entwicklungsunternehmen,* Berlin: Friedrich-L. Holl.

Hölzle, P., 2007. *Projektmanagement.* München: Haufe Verlag.

Hüsgen, M., 2005. *Projektteams.* Göttingen: Vandenhoeck & Ruprecht.

IBM, 2011. *Cutting through Complexity with Business Agility,* New York: s.n.

IfM-Bonn - Institut für Mittelstandsforschung, 2012. *Unternehmensbestand - KMU insgesamt 2012.* [Online]
Available at: http://www.ifm-bonn.org/statistiken/unternehmensbestand/#accordion=0&tab=0
[Zugriff am 02 November 2017].

IfM-Bonn - Institut für Mittelstandsforschung, kein Datum *KMU-Definition des IfM Bonn.* [Online]
Available at: http://www.ifm-bonn.org/mittelstandsdefinition/definition-kmu-des-ifm-bonn/
[Zugriff am 02 November 2017].

Institut für Unternehmenskybernetik e.V., 2013. *Return on Open Innovation - Methode zur Investitions- und Effizienzsicherung von Open Innovation für KMU,* Aachen: Institut für Unternehmenskybernetik e.V..

Kaune, A., 2010. *Change Management mit Organisationsentwicklung.* Berlin: Erich Schmidt Verlag GmbH & Co..

Kenneth, R., 2014. *Essential Scrum.* Heidelberg: Hüthig Jehle GmbH.

Kern, R. & Nagengast, J., 2008. *Projektmanagement 2008 - Fakten und Trends zum Projektmanagement im deutschen Mittelstand 2008,* Deggendorf: Haufe Akademie.

Kerzner, H., 2008. *Projektmanagement.* Heidelberg: Redline GmbH.

Keßler, H. & Winkelhofer, G., 2002. *Projektmanagement.* Berlin / Heildelberg: Springer Verlag.

Kleinschmidt, E., Geschka, H. & Cooper, R., 1996. *Erfolgsfaktor Markt.* Berlin Heidelberg: Springer Verlag.

Kline, S. & Rosenberg, N., 1986. An overview in innovation. In: *Positive Sum Strategy.* Washington: Landau ,Ralph; Rosenberg, Nathan, pp. 275-305.

Komus, A. et al., 2014. *Internationale Studie: Status Quo Agile 2014 - Ergebnisbericht,* Koblenz: s.n.

König, M., 2001. *Forschungsbericht zum Forschungsprojekt Innovationsmanagement für Dienstleister (KMU),* Ludwigshafen: s.n.

Kraus, G. & Westermann, R., 2010. *Projektmanagement mit System.* Wiesbaden: Springer Gabler Verlag.

Kriegesmann, B. & Kerka, F., 2007. *Innovationskulturen für den Aufbruch zu Neuem.* Wiesbaden: Deutscher Universitäts-Verlag.

Kruse, P., 2013. *8 Regeln für den totalen Stillstand im Unternehmen.* [Online] Available at: http://www.european-change.com/people-blog/8-regeln-fr-den-totalen-stillstand-im-unternehmen
[Zugriff am 30 November 2017].

Lieder, T. & Roth, K., kein Datum Scrum in Unternehmen einführen. *ProjektMagazin,* 2011 November.

Litke, H.-D. & Kunow, I., 2007. *Projektmanagement.* München: Haufe Verlag.

Lynn, G., Morone, J. & Paulson, A., 1996. Marketing and discontinuous innovation: the probe and learn process. *California Management Review, 38. Jg.,* Issue 3, pp. 8-37.

Masak, D., 2005. *Moderne Enterprise Architekturen.* Wiesbaden: Springer Verlag.

McCarthy, I., Tsinopolous, C., Rose-Anderson, C. & Allen, P., 2006. New product development as a complex adaptive system of decisions. *The Journal of Product Innovation Management,* Issue 23, pp. 437-456.

Meyerbröker, P., Kirchhof, M. & Kraft, B., 2014. *Agiles Projektmanagement - ein Überblick.* s.l.:Projektmagazin.

MITP, 2012. *Agile Techniken für klassisches Projektmanagement.* Heidelberg: Verlagsgruppe Hüthig Jehle Rehm GmbH.

Müller-Prothmann, T. & Dörr, N., 2009. *Innovationsmanagement.* München: Hanser Verlag.

Naef, U. P., 2010. *MIGROS.* [Online]
Available at: http://www.migros.ch/mediaObject/migros_ch/Download-Dokumente/Meldungen/IceTea_pet_de/original/IceTea_pet_de.pdf
[Zugriff am 02 November 2017].

Noe, M., 2013. *Innovation 2.0.* Wiesbaden: Springer Gabler Verlag.

o.V., kein Datum *Duden.* [Online]
Available at: http://www.duden.de/rechtschreibung/agil
[Zugriff am 16 November 2017].

Peipe, S., 2011. *Crashkurs Projektmanagement.* Freiburg: Haufe Verlag.

Pfetzing, K. & Rohde, A., 2009. *Ganzheitliches Projektmanagement.* Gießen: Dr. Götz Schmidt Verlag.

Pleschak, F. & Sabisch, H., 1996. *Innovationsmanagement.* Stuttgart: Schaeffer-Poeschel Verlag.

Probst, H.-J. & Haunerdinger, M., 2007. *Projektmanagement leicht gemacht.* Heidelberg: Redline Wirtschaft, Redlinge GmbH.

Pufahl, M., 2012. *Vertriebscontrolling - So steuern Sie Absatz, Umsatz und Gewinn.* Wiesbaden: Springer Verlag.

Raab, G., Unger, A. & Unger, F., 2009. *Methoden der Marketing-Forschung.* Wiesbaden: Gabler Verlag.

Rauer, M., 2012. *Seibert Media Weblog.* [Online] Available at: https://blog.seibert-media.net/blog/2012/06/11/agile-studie-scrum-modelle-methoden-tools-erfolge-probleme/ [Zugriff am 28 Dezember 2017].

Reichwald, R. & Piller, F., 2009. *Interaktive Wertschöpfung.* Wiesbaden: Gabler Verlag.

Robbins, S., 2001. *Organisation der Unternehmung.* München: Pearson Studium Verlag.

Roth, R. & Ernsten, M., 2014. *IT Director - Projektmanagement.* [Online] Available at: http://m.it-director.de/home/a/projektplanung-an-marktbedingungen-anpassen.html [Zugriff am 29 Dezember 2017].

Rüggeberg, H. & Burmeister, K., 2008. *Innovationsprozesse in kleinen und mittleren Unternehmen,* Berlin: s.n.

Scheuring AG, 2014. *Scheuring - Der Schlüssel zum Projektmanagement.* [Online] Available at: http://www.pm-schluessel.com/index.php?option=com_content&view=article&id=39&Itemid=43 [Zugriff am 29 November 2017].

Schewe, G. & Becker, S., 2009. *Innovationen für den Mittelstand.* Wiesbaden: Gabler Verlag.

Schmitt-Grohe, J., 1972. *Produktinnovation.* Wiesbaden: Betriebswirtschaftlicher Verlag Dr. Th. Gabler.

Schoeneberg, K.-P., 2014. *Komplexitätsmanagement in Unternehmen.* Wiesbaden: Springer Verlag.

Schori, K. & Roch, A., 2012. *Innovationsmanagement in KMU.* Bern/Stuttgart/Wien: Haupt Verlag.

Schwaber, K., 2007. *The Enterprise and Scrum (Best Practise).* Redmond: Microsoft Press.

Smerlinski, M., Stephan, M. & Gundlach, C., 2009. *Innovationsmanagement in hessischen Unternehmen - Eine empirische Untersuchung zur Praxis In klein- und mittelständischen Unternehmen,* Marburg: Philipps-University Marburg.

Sohnemann, C., 2013. *Hürden zur Agilität.* [Online] Available at: http://www.computerwoche.de/a/zehn-huerden-zur-agilitaet,2363163,8 [Zugriff am 27 November 2017].

Springer Gabler Verlag, kein Datum *Gabler Wirtschaftslexikon.* [Online] Available at: http://wirtschaftslexikon.gabler.de/Archiv/74282/kanban-system-v8.html [Zugriff am 23 November 2017].

Stekelenburg, M., 2013. *Interview Can Do Projects - Agile Projekte außerhalb der IT* [Interview] (25 Juli 2013).

Stern, T. & Jaberg, H., 2010. *Erfolgreiches Innovationsmanagement.* Wiesbaden: Springer Verlag.

Stummer, C., Günther, M. & Köck, A. M., 2010. *Grundzüge des innovatios- und Technologiemanagements.* Wien: Facutas Verlags- und Buchandels AG.

Thom, N., 1980. *Grundlagen des betrieblichen Innovationsmanagements.* Königstein(Taunus): Peter Hanstein Verlag.

Thom, N., 1992. *Innovationsmanagement.* Bern: Schweizerische Volksbank.

Thom, N. & Müller, R. C., 2006. *Leadership - Best Practise und Trends.* Wiesbaden: Gabler Verlag.

Tintelnot, C., Meißner, D. & Steinmeier, I., 1999. *Innovationsmanagement.* Berlin/Heidelberg: Springer Verlag.

Vahs, D. & Brem, A., 2013. *Innovationsmanagement - Von der Idee zur erfolgreichen Vermarktung.* Stuttgart: Schäffer-Poeschel Verlag.

Vahs, D. & Burmester, R., 1999. *Innovationsmanagement: Von der Produktidee zur erfolgreichen Vermarktung.* Stuttgart: Schäffer-Poeschel-Verlag.

Vahs, D. & Burmester, R., 2005. *Innovationsmanagement: Von der Produktidee zur erfolgreichen Vermarktung.* Stuttgart: Schaeffer-Poeschel Verlag.

Verworn, B., Lüthje, C. & Herstatt, C., 2000. *Innovationsmanagement in KMU,* Hamburg: ECONSTOR.

Voigt, K.-I., 2008. *Industrielles Management.* Berlin Heidelberg: Springer Verlag.

Völker, R., Sauer, S. & Simon, M., 2007. *Wissensmanagement im Innovationsprozess.* Heidelberg: Physica-Verlag Heidelberg.

von Ahsen, A., 2010. *Bewertung von Innovationen im Mittelstand.* Berlin Heidelberg: Springer Verlag.

Walter, V., 2006. *Projektmanagement - Projekte planen, überwachen und steuern.* Norderstedt: Books on Demand GmbH.

Weis, B. X., 2012, 2014. *Praxishandbuch Innovation, 2 Auf..* Wiesbaden: Springer Verlag.

Wentz, R.-C., 2008. *Die Innovationsmaschine.* Berlin Heidelberg: Springer Verlag.

Wischnewski, E., 1999. *Modernes Projektmanagement.* Wiesbaden: Gabler Verlag.

Witt, J., 1996. *Produktinnovation - Entwicklung und Vermarktung neuer Produkte.* München: Vahlen Verlag.

Wolle, B., 2014. *Risikomanagementsysteme in Versicherungsunternehmen.* Wiesbaden: Springer Vieweg Verlag.

Wytrzens, H. K., 2010. *Projektmanagement - Der erfolgreiche Einstieg.* Wien: Facultas Verlags- und Buchhandel AG.

Studien:

Fox, M. (2010). InnoLab Pro Studie 2009 - Ergebnisbericht. *Innovationsverständnis und Strukturen für Veränderungsprozesse in sächsischen KMU.* TU Chemnitz.

Rüggeberg, H., & Burmeister, K. (2008). *Innovationsprozesse in kleinen und mittleren Unternehmen.* Working Paper (41), Fachhochschule für Wirtschaft Berlin, Business Management, Berlin.

Herstatt, C., Buse, S., Stockstrom, C., Tiwari, R., & Klatt, S. (2007). *Erfolgreiches Projektmanagement in der Neuproduktentwicklung von KMU.* Technische Universität Hamburg-Harburg, Institut für Technologie- und Innovationsmanagement. Hamburg-Harburg: TUHH.

Herstatt, C., Buse, S., Tiwari, R., Stockstrom, C., & Klatt, S. (2007). *Innovationshemmnisse in KMU der Metropolregion Hamburg.* Ergebnisbericht, Technische Universität Hamburg-harburg, Technologie- und Innovationsmanagement, Hamburg.

Holl, F.-L., Menzel, K., Morcinek, P., Mühlberg, J., Schäfer, I., & Schüngel, H. (2006). *Studie zum Innovationsverhalten deutscher Entwicklungsunternehmen.* Fachhochschule Brandenburg. Berlin: Friedrich-L. Holl.

IBM. (2011). *Cutting through Complexity with Business Agility.* New York.

Kern, R., & Nagengast, J. (2008). *Projektmanagement 2008 - Fakten und Trends zum Projektmanagement im deutschen Mittelstand 2008.* Hochschule Deggendorf. Deggendorf: Haufe Akademie.

Komus, A., Kuberg, M., Atinic, C., Franner, L., Friedrich, F., Lang, T., et al. (2014). *Internationale Studie: Status Quo Agile 2014 - Ergebnisbericht.* Ergebnisbericht, Hochschule Koblenz in Zusammenarbeit mit der GPM - Deutschen Gesellschaft für Projektmanagement und der International Project Management Assocation (IPMA), BPM-Labors, Koblenz.

Smerlinski, M., Stephan, M., & Gundlach, C. (2009). *Innovationsmanagement in hessischen Unternehmen - Eine empirische Untersuchung zur Praxis In klein- und mittelständischen Unternehmen.* Philipps-University Marburg, Department of Technology and Innovation Management. Marburg: Philipps-University Marburg.

Verworn, B., Lüthje, C., & Herstatt, C. (2000). *Innovationsmanagement in KMU.* Technische Univerität Hamburg-Harburg, Technologie- und Innovationsmanagement. Hamburg: ECONSTOR.

Internetquellen:

Angermeier, G. (kein Datum). *Definition Auftraggeber (Glossar).* Abgerufen am 23. Dezember 2017 von Projektmagazin: https://www.projektmagazin.de/glossarterm/auftraggeber

Beedle, M., van Bennekum, A., Cockburn, A., Cunningham, W., Fowler, M., Highsmith, J., et al. (2001). *Manifest für Agile Softwareentwicklung.* Abgerufen am 16. November 2017 von agilemanifesto: http://agilemanifesto.org/iso/de/

Beedle, M., van Bennekum, A., Cockburn, A., Cunningham, W., Fowler, M., Highsmith, J., et al. (2001). *Prinzipien hinter dem agilen Manifest.* Abgerufen am 18. November 2017 von agilemanifesto: http://agilemanifesto.org/iso/de/principles.html

Büdinger, T. (20. Dezember 2012). *Agile Kultur. Gibt es so etwas?* Abgerufen am 29. Dezember 2017 von https://treffpunkt.buedinger.name/agile-kultur-gibt-es-so-etwas/

Büdinger, T. (28. August 2012). *Agile Methoden unter der Lupe.* Abgerufen am 29. Dezember 2014 von http://treffpunkt.buedinger.name/agile-methoden-unter-der-lupe/

Europäische Kommission, Amtsblatt der Kommission. (06. Mai 2003). *EUR-Lex.* Abgerufen am 02. November 2017 von Empfehlung der Kommission - Die Definition der Kleinstunternehmen sowie der kleinen und mittleren Unternehmen, bekannt gegeben unter Aktenzeichen K(2003) 1422: http://eur-lex.europa.eu/legal-content/DE/TXT/PDF/?uri=uriserv:OJ.L_.2003.124.01.0036.01.DEU

Feldmann, S., Gackstatter, S., Spieler, A., & Stephan, J. (September 2013). *[Studie] Innovation - Deutsche Wege zum Erfolg.* Abgerufen am 02. November 2017 von PwC: http://www.pwc.de/de/consulting/innovationsfaehigkeit-entscheidet-ueber-unternehmenserfolg.jhtml

IfM-Bonn - Institut für Mittelstandsforschung. (2012). *Unternehmensbestand - KMU insgesamt 2012.* Abgerufen am 02. November 2017 von IfM-Bonn:

http://www.ifm-bonn.org/statistiken/unternehmensbestand/#accordion=0&tab=0

Kruse, P. (03. Juli 2013). *8 Regeln für den totalen Stillstand im Unternehmen.* Abgerufen am 30. November 2017 von http://www.european-change.com/people-blog/8-regeln-fr-den-totalen-stillstand-im-unternehmen

Naef, U. (11. November 2010). *MIGROS.* Abgerufen am 02. November 2017 von [MIGROS Medien Information, 2010] MIGROS Medien Information: Kult-Ice-Tea der Migros jetzt auch im PET: https://www.migros.ch/dam/jcr:8f65b2bd-18c8-43cf-b5af-d5e85688fa24/Kult-Ice-Tea-PET-Medienmitteilung.pdf

Rauer, M. (11. Juni 2012). *Seibert Media Weblog.* Abgerufen am 28. Dezember 2017 von Agile-Studie: Modelle, Methoden, Tools, Erfolge und Probleme in der Praxis der agilen Software-Entwicklung: https://blog.seibert-media.net/blog/2012/06/11/agile-studie-scrum-modelle-methoden-tools-erfolge-probleme/

Roth, R., & Ernsten, M. (10. Januar 2014). *IT Director - Projektmanagement.* Abgerufen am 29. Dezember 2017 von PROJEKTPLANUNG AN MARKTBEDINGUNGEN ANPASSEN: http://m.it-director.de/home/a/projektplanung-an-marktbedingungen-anpassen.html

Scheuring AG. (2014). *Scheuring - Der Schlüssel zum Projektmanagement.* Abgerufen am 29. November 2017 von Der Projektprozess: http://www.pm-schluessel.com/index.php?option=com_content&view=article&id=39&Itemid=43

Sohnemann, C. (07. Mai 2013). *Hürden zur Agilität.* Abgerufen am 27. November 2017 von Computerwoche: http://www.computerwoche.de/a/zehn-huerden-zur-agilitaet,2363163,8